建筑能效提升适宜技术丛书

机场航站楼能效提升适宜技术

左鑫　主编

中国建筑工业出版社

图书在版编目（CIP）数据

机场航站楼能效提升适宜技术 / 左鑫主编. —北京：中国建筑工业出版社，2020.2
（建筑能效提升适宜技术丛书）
ISBN 978-7-112-24724-0

Ⅰ. ①机… Ⅱ. ①左… Ⅲ. ①航站楼—节能—建筑设计 Ⅳ. ① TU248.6

中国版本图书馆 CIP 数据核字（2020）第 022077 号

责任编辑：齐庆梅
责任校对：赵 菲

建筑能效提升适宜技术丛书
机场航站楼能效提升适宜技术
左鑫 主编

*

中国建筑工业出版社出版、发行（北京海淀三里河路9号）
各地新华书店、建筑书店经销
北京光大印艺文化发展有限公司制版
北京建筑工业印刷厂印刷

*

开本：787×1092毫米 1/16 印张：16 字数：379千字
2020年9月第一版 2020年9月第一次印刷
定价：**98.00**元
ISBN 978-7-112-24724-0
（35155）

《建筑能效提升适宜技术丛书》

本书编写人员与分工

主　　编：左　鑫

副 主 编：崔沈夷　闻朝荣　董宝春

各篇参编人员

第 1 篇：崔沈夷

第 2 篇：左　鑫　闻朝荣　沈列丞　瞿　迅　俞　旭
崔沈夷　陈　新　孙健明　嵇　竑　邵晨华

第 3 篇：董宝春　王新林　董　蓉　刘　东

主要编写单位

华建集团华东建筑设计研究总院

上海民航新时代机场设计研究院有限公司

上海国际机场股份有限公司

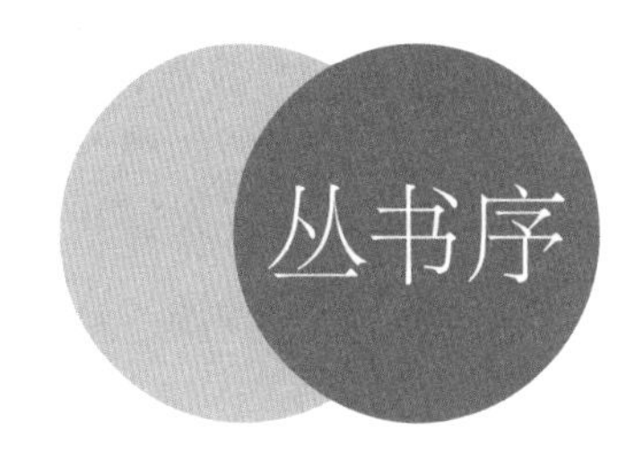

党的十八大以来，习近平总书记多次在各种重大场合阐释中国的可持续发展主张，彰显中国作为负责任大国的担当。习总书记指出，坚持绿色发展，就是要坚持节约资源和保护环境的基本国策；坚持可持续发展，形成人与自然和谐发展现代化建设新格局，为全球生态安全作出新贡献。当下，通过节能减排应对能源、环境、气候变化等制约人类社会可持续发展的重大问题和挑战，已经成为世界各国的基本共识。中国正处于经济高速发展阶段，能源和环境问题正在逐渐成为影响我国未来经济、社会可持续发展的最重要因素。直面我国严峻的能源和环境形势，回应国际社会期待中国越来越大的全球影响力所承担的责任，我国高度重视节能环保工作，全力推进能源系统能效提升事业的发展，正在逐步通过法律法规的完善、技术的进步和管理水平的提高等综合措施来提高能源利用效率，减少污染物的排放；以创新的技术和思想实现绿色可持续发展，引领人民创造美好生活，构建人与自然和谐共处的美丽家园。

目前我国建筑用能的总量及占比在稳步上升，其中公共建筑的用能增量尤为明显。受规划、建筑形式、材料、暖通空调、电气、给水排水等系统的设计、建造和运维等诸多因素的综合影响，全国公共建筑的环境营造和能源应用水平参差不齐；公共建筑的总体能效水平与发达国家水平相比，差距仍然明显，存在可观的节能潜力。“工欲善其事，必先利其器。”我们须对公共建筑的能效水平提升予以充分重视，通过技术进步管控公共建筑使用过程中的能耗，不断提高建筑类技术人员在能源应用方面的专业化素质。对建筑能效提升的专业知识学习是促进从业人员水平和方法不断提高的有效手段。为了在公共建筑能源系统中有效、持续地实施节能措施，建筑能源管理人员需要学习和掌握与能效提升相关的专业知识、方法和思想，并通过积极的应用来提高能源利用效率和降低能源成本。

建筑能效提升也是可持续建筑研究的重要方向之一，作为公共建筑耗能权重最大的暖通空调专业需要有责任担当的意识。我们发起编著的这套建筑能效提升适宜技术丛书拟通过梳理基本的专业概念、设备性能、系统优化、运维管理等因素对能效的影响，提出构建各类公共建筑能效提升适宜技术体系。这套丛书共讨论了四个方面的问题：一是我国各类公共建筑的发展及能源消耗现状、建筑节能工作成效等；二是国内外先进的建筑节能技术对我国建筑能效提升工作的借鉴作用；三是探讨针对不同公共建筑的适宜的能效提升的技术路线和工作方法；四是参照国内外先进的案例，分析研究这些能效提升技术在公共建筑中的适宜性。

相信这套基本覆盖了主要公共建筑领域的丛书能够为我国的建筑节能减排工作提供强有力的技术支撑。

该丛书各本都具有独立性，但是也具有相互关联性，涉及的领域包括室内环境的营造、能源系统能效的提升以及环境和能源系统的检测与评估等方面，有前沿的理论和一定深度的实践，在业界很有交流价值。读者不必为参阅某一问题而通读全套，可以有的放矢、触类旁通。疑义相与析，我们热忱欢迎读者朋友们提出宝贵的改进意见与建议。

同济大学 

序

随着国民经济的快速增长，民用空港的需求显示出极快的增长趋势，民航业务量不断增长。特别是近十年以来，全国各大城市出现了日益增长的航空出行及货物运输需求。参考《中国民用航空发展第十二个五年计划》中的数据，全国2010 ~ 2015年间每年旅客运输量从2.68亿人次增长到4.5亿人次，同期货邮运输量从每年563万吨增长到900万吨。中国民用航空局近年发布的《年民航机场生产统计公报》中显示：2016年全年旅客吞吐量首次突破10亿人次。2016 ~ 2018年我国境内机场主要生产指标保持平稳较快增长，三年中年旅客吞吐量分别以11.1%、12.9%、10.2%速率增长。为适应快速增长的需求，十年内全国民用运输机场的建设及规划数量也与之匹配。到2020年为止，我们民用运输机场数量将从10年前的175个增加到244个。

2020年以后，民用机场的建设力度依然强劲不减。各地机场建设将呈现出新的三大态势：

（1）强化枢纽机场建设；

（2）推进容量受限机场建设；

（3）合理新建支线机场。

在这些民用机场建设项目中，新建的机场项目数量增加，密度提高。已有机场呈现出“滚动式建设”发展模式，很多已有机场在规划框架下，形成了5~7年内进行一次改建或扩建工程的规律。藉以民用机场建设的快速增长，各地发展了以机场为核心的临空经济，进一步带动周边地区发展。

无论是国家、地方政府，还是民航总局，都对民用机场的建设给予极大的关注，并提出了极高的要求。机场运行的能效提升已经是机场建设、运行管理关注的重点。

作为民用机场建设中最核心的建筑之一——航站楼及其配套的辅助建筑，也是机场项目功能最为复杂、规模最大、运行使用要求最高、最具社会影响力的建筑。从多个已经建成的项目来看，航站楼及其配套的辅助建筑带来巨大的能源需求的同时，也体现出对能效提升研究的需求。如何在全寿命期内，最大限度地节约资源（节地、节能、节水、节材），保护环境，减少污染，满足适用、高效、便捷、人性化的要求，无论是新建的航站楼，还是原有航站楼的改扩建，都需要充分考虑。能效提升作为其中一项重要的研究内容，具有很高的实用价值。

本书主要从航站楼与配套设施–环境系统控制设计、航站楼机电设备节能运行与维护两大方面入手，内容涉及航站楼的自然通风、自然采光、遮阳技术、太阳能利用、冷热源技术、空调循环水输配技术、空调末端技术、供配电系统谐波防治、照明节能技术及智能照明控制、节水技术及应用、智能化设计及控制管理、设备节能运行策略与系统优化、设备维护与管理以及在运维中应用的思考与探讨等，从多个角度、层次来探讨提升航站楼及其配套辅助建筑能效。

本书的编写人员来自于多个领域，他们分别是工程设计人员、机场航站楼管理人员、专业工程技术人员等，本着对航站楼建设事业的热爱及研究精神参与到本书的编写中，希望本书能给读者提供工程实际参考价值。鉴于水平有限，本书难免存在缺点和阙误，热忱欢迎读者朋友们提出宝贵的改进意见与建议。

中国民用航空局空中交通管理局

前　言

我经常搭乘飞机出行，在国内各大机场航站楼之间飞来飞去。二十多年来也从个人的角度，直接见证了国内机场航站楼建设的巨大飞跃。

记忆最深刻的是二十多年前的一段经历。为了节省巨大的空调运行能耗，南方某地机场的航站楼，提取行李的地方被设计成类似竹子茅草搭建的通风长亭，四周都没有围墙。在酷热潮湿的空气中，旅客们急不可耐地在提取行李。而在门外，是满头大汗的接机人员在等待。

如今这样的场景早已经不复存在。国内各大机场航站楼在设计、建设和运行管理上付出的巨大努力所保证的舒适度良好的室内环境，已经是人们出行习以为常的标准配置了。

很多次的出行，我已经习惯性地徜徉在巨大明亮、温湿度怡人的候机空间与人闲聊。这些人通常是我的同事、客户或工作相关的合作者，他们有的是工程建设方、工程顾问或者工程承包人员；当然有些是我的朋友或是旅途结识的、甚至是周边临时有共同话题的人员。他们有的是建筑工程行业内或相关的行业的从业人员，有的则完全不是。但是，当他们得知我是一名专业的航站楼暖通空调工程设计师时，很多人都会问及一个问题：像机场航站楼这么大的空间，得用怎么样的空调才算合适啊？

这样的问题让我意识到，不仅是专业人员关心这样的问题，即便是一个非行业内的人士，也会同样有这样的关注。机场航站楼留给旅客的不仅是高大上的形体构造印象，而其背后带来的能源消耗和管理问题，也是很多善于思考的旅客所关心的。

于是，我一直在琢磨怎么能通过系统性的说法来应对这样的问题，既能用于与专业人员进行交流，也能在一定程度上让非行业内的人员快速理解。一直到两年前的某一天，同济大学的刘东（能效提升系列丛书的主编）找到我和一些其他专业人员，谈及编写机场航站楼能效提升分册的时候，我觉得先前一直存在的困惑顿然有了解决方向：我可以和大家一起汇编一些现有的工程技术资料，把机场航站楼暖通空调系统如何重点考虑节能、提高效率的方法整理出来。如果整理成一本书的话，那将再完美不过了。因为把它介绍给那些提出问题的人，也许是最好的办法。

对于这本书内容的设计，我和参编人员共同的想法是：它将是以机场航站楼建筑机电系统中涉及能耗较大的系统或应用为对象，技术性地把在这些系统或应用中采取提升能效的方法介绍出来。我们希望这本书的潜在读者，既可以是机场航站楼的建设者、工程设计人员、工程顾问等专业人员，也可以是机场航站楼运营管理人员、设备供应商等相关人员，还可以是技术行业外对此有兴趣或需要的人员（例如投资方、咨询等）。因此，这本书的技术深度经过控制筛选后，使它区别于专业技术讨论的刊物或设计手册或发表的论文。这本书最大的目的是：将实际切实可行的、具有工程应用价值的各种方法呈现给上述潜在的读者。它指向明确、方法清晰，是技术方案策划、前期决策的良好帮手；同样，我们也设想它会是工程设计技术人员的良好帮手，所不同的是进一步的技术手段（计算方法、数据来源、细节问题等）完全可以通过其他途径获得。

本书只是一个抛砖引玉式的开端，希望将来能有更多的读者关心此话题，为我们国家机场航站楼能效提升献计献策，提供更多创新途径。

目　录

绪 论

中国民用航空局近年发布的《民航机场生产统计公报》中显示：2017~2019年我国境内机场主要生产指标保持平稳较快增长，年旅客吞吐量排名分别见表1、表2、表3。

2017年民航机场吞吐量排名 表1

机场	旅客吞吐量（人次）			
	名次	本期完成	上年同期	同比增速（%）
合计		1 147 866 788	1 016 357 068	12.9
北京/首都	1	95 786 296	94 393 454	1.5
上海/浦东	2	70 001 237	66 002 414	6.1
广州/白云	3	65 806 977	59 732 147	10.2
成都/双流	4	49 801 693	46 039 037	8.2
深圳/宝安	5	45 610 651	41 975 090	8.7
昆明/长水	6	44 727 691	41 980 339	6.5
上海/虹桥	7	41 884 059	40 460 135	3.5
西安/咸阳	8	41 857 229	36 994 506	13.1
重庆/江北	9	38 715 210	35 888 819	7.9
杭州/萧山	10	35 570 411	31 594 959	12.6
南京/禄口	11	25 822 936	22 357 998	15.5
厦门/高崎	12	24 485 239	22 737 610	7.7
郑州/新郑	13	24 299 073	20 763 217	17.0
长沙/黄花	14	23 764 820	21 296 675	11.6
青岛/流亭	15	23 210 530	20 505 038	13.2
武汉/天河	16	23 129 400	20 771 564	11.4

2018年民航机场吞吐量排名 表2

机场	旅客吞吐量（人次）			
	名次	本期完成	上年同期	同比增速（%）
合计		1 264 688 737	1 147 866 788	10.2
北京/首都	1	100 983 290	95 786 296	5.4
上海/浦东	2	74 006 331	70 001 237	5.7
广州/白云	3	69 720 403	65 806 977	5.9
成都/双流	4	52 950 529	49 801 693	6.3
深圳/宝安	5	49 348 950	45 610 651	8.2
昆明/长水	6	47 088 140	44 727 691	5.3
西安/咸阳	7	44 653 311	41 857 229	6.7

续表

机场	旅客吞吐量（人次）			
	名次	本期完成	上年同期	同比增速（%）
上海/虹桥	8	43 628 004	41 884 059	4.2
重庆/江北	9	41 595 887	38 715 210	7.4
杭州/萧山	10	38 241 630	35 570 411	7.5
南京/禄口	11	28 581 546	25 822 936	10.7
郑州/新郑	12	27 334 730	24 299 073	12.5
厦门/高崎	13	26 553 438	24 485 239	8.4
长沙/黄花	14	25 266 251	23 764 820	6.3
青岛/流亭	15	24 535 738	23 210 530	5.7
武汉/天河	16	24 500 356	23 129 400	5.9

2019年民航机场吞吐量排名　　表3

机场	旅客吞吐量（人次）			
	名次	本期完成	上年同期	同比增速（%）
合计		1 351 628 545	1 264 688 737	6.9
北京/首都	1	100 013 642	100 983 290	−1.0
上海/浦东	2	76 153 455	74 006 331	2.9
广州/白云	3	73 378 475	69 720 403	5.2
成都/双流	4	55 858 552	52 950 529	5.5
深圳/宝安	5	52 931 925	49 348 950	7.3
昆明/长水	6	48 075 978	47 088 140	2.1
西安/咸阳	7	47 220 547	44 653 311	5.7
上海/虹桥	8	45 637 882	43 628 004	4.6
重庆/江北	9	44 786 722	41 595 887	7.7
杭州/萧山	10	40 108 405	38 241 630	4.9
南京/禄口	11	30 581 685	28 581 546	7.0
郑州/新郑	12	29 129 328	27 334 730	6.6
厦门/高崎	13	27 413 363	26 553 438	3.2
武汉/天河	14	27 150 246	24 500 356	10.8
长沙/黄花	15	26 911 393	25 266 251	6.5
青岛/流亭	16	25 556 278	24 535 738	4.2

全国机场数量统计及规划参见表4。

机场数量统计及规划2010~2020　　表4

	2010年	2020年
民用运输机场数量	175	244
航空运输覆盖范围（以100km为服务半径）	55%的县城、62%的人口、82%GDP生产区域	80%的县城、82%的人口、96%GDP生产区域

作为机场建设中的核心建筑之一，航站楼及其配套的辅助建筑也是主要的耗能建筑。如何从多个角度与层次提升航站楼及其配套辅助建筑的能效，将在接下来的正文中讨论。

第 1 篇

机场建筑概要

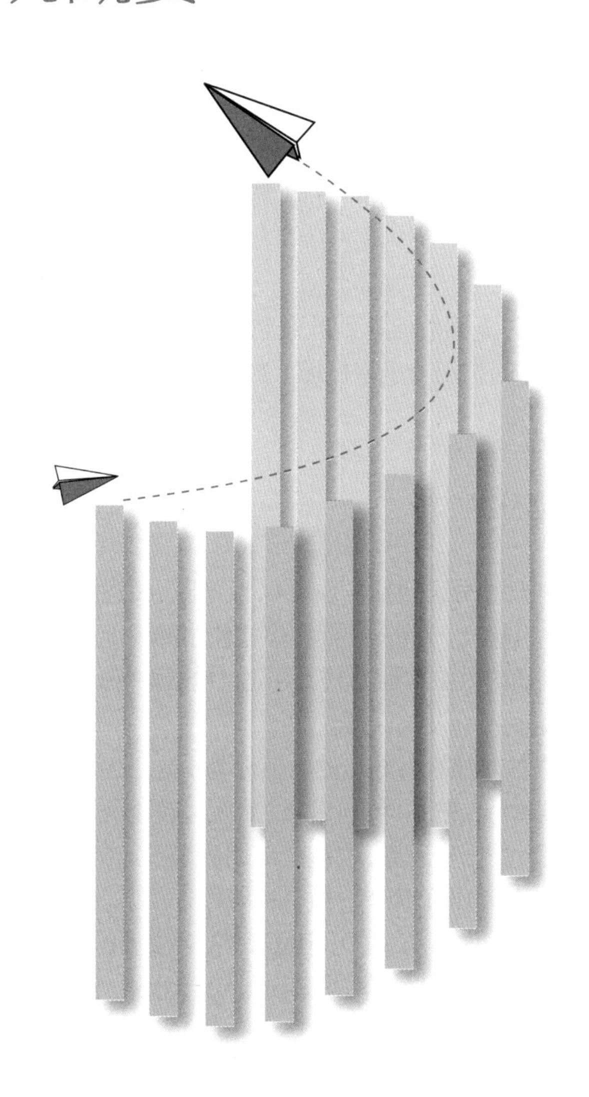

第1章　机场建筑简介

1.1　我国机场规模定义

1. 超大型机场

旅客吞吐量占全民航旅客吞吐总量的份额大于（含）4%的机场为超大型机场。如北京首都国际机场、上海浦东国际机场、广州白云国际机场、成都双流国际机场、上海虹桥国际机场等。

2. 大型机场

旅客吞吐量占全民航旅客吞吐总量的份额小于4%、大于（含）1.5%的机场为大型机场。如西安咸阳国际机场、重庆江北国际机场、杭州萧山国际机场等。

3. 中型机场

旅客吞吐量占全民航旅客吞吐总量的份额小于1.5%、大于（含）0.2%或旅客年吞吐量大于300万人次（以小者为准）的机场为中型机场。如浙江龙湾国际机场、温州机场、宁波栎社国际机场等。

4. 小型机场

旅客吞吐量占全民航旅客吞吐总量的份额小于0.2%或旅客年吞吐量小于300万人次（以小者为准）的机场为小型机场。如稻城亚丁机场、新疆阿勒泰机场、福建三明沙县机场等。

1.2　机场功能分区

机场的主要功能分区包括：飞行区、航站区、货运区、机务维修区、工作区。

飞行区：飞机起飞、着陆、滑行和停放使用的场地。

航站区：机场内以旅客航站楼为中心，包括站坪、旅客航站楼建筑和车道边、停车设施及地面交通组织所涉及的区域。

航站区可以按年旅客吞吐量的数值分为6类，见表1.1。

航站区主要建筑：航站楼、航管楼、旅客过夜用房、交通换乘中心等。

货运区主要建筑：货运库、物流仓储用房等。

机务维修区主要建筑：机库、航材库等。

工作区主要建筑：消防站、医疗急救站、公安安检楼、行政楼、航食楼、特种车库、场务机务楼、动力中心、配电站、污水站、消防、给水站、油库。

有国际航班的机场还需设置海关、联检楼。

超大型机场示意图如图1.1所示。

航站区分类指标　　表1.1

指标	年旅客吞吐量P（万人次）
1	$P<50$
2	$50 \leqslant P<200$
3	$200 \leqslant P<1000$
4	$1000 \leqslant P<2000$
5	$2000 \leqslant P<4000$
6	$P \geqslant 4000$

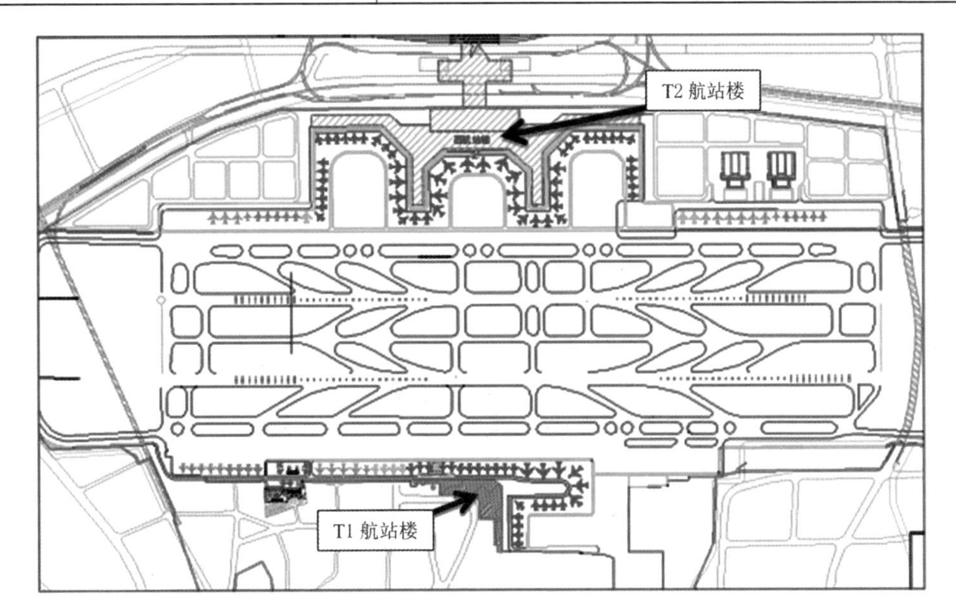

图1.1　华东地区某超大型机场

大、中型机场示意图如图1.2、图1.3所示。

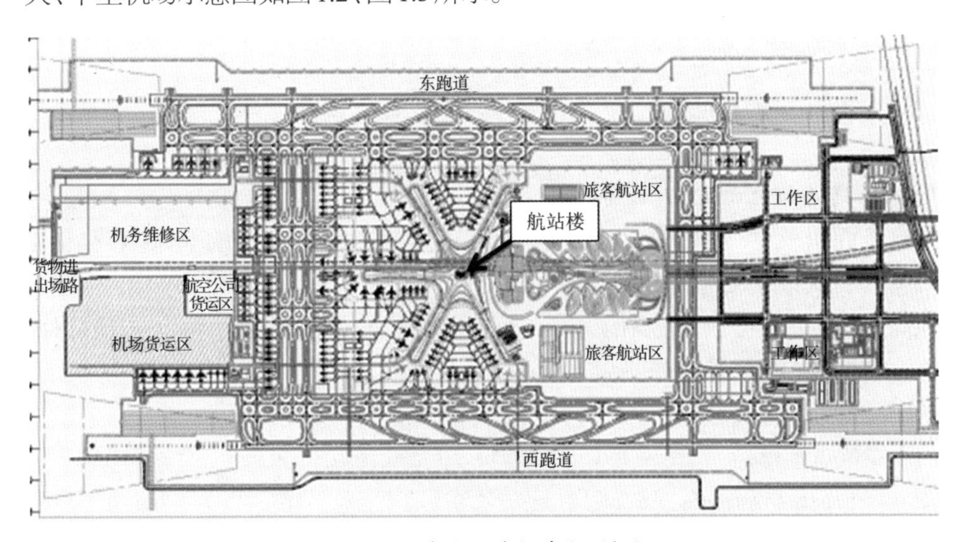

图1.2　华东地区某新建大型机场

中型机场示意图如图1.3所示。

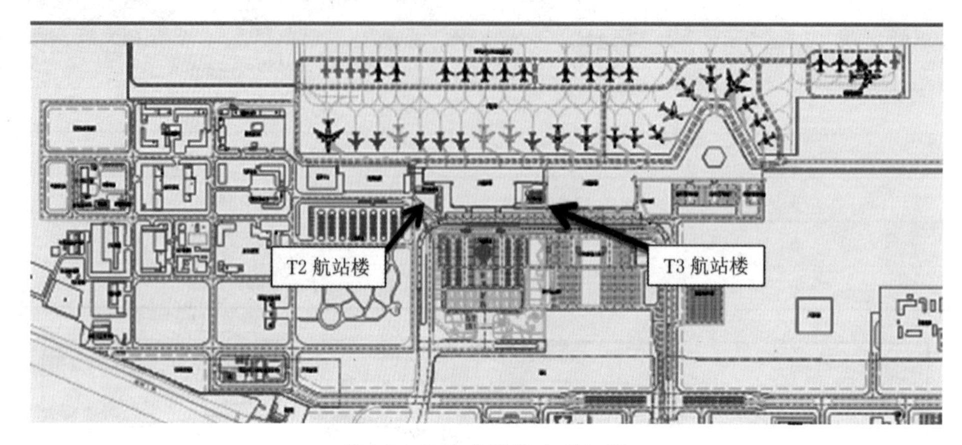

图1.3　西北地区某中型机场

小型机场示意图如图1.4所示。

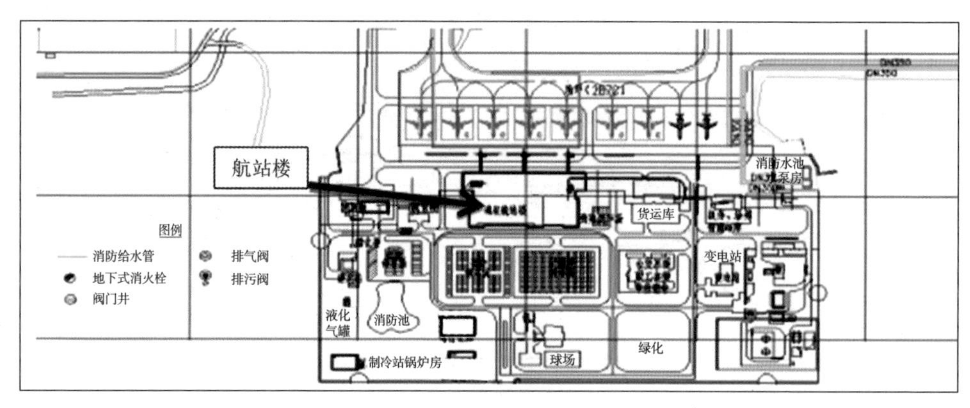

图1.4　江西某小型机场

1.3　机场建筑与地面设施、设备节能减排要求及现状

1. 机场建筑与地面设施、设备

以建筑面积来说，航站楼、飞机维修库、交通换乘中心为最大的单体，其次是旅客过夜用房、办公楼、航空食品楼等。

地面设施、设备可分为航站区能源中心、消防供水站、变电站、油库区及特种车辆、飞机地面空调、飞机电源、飞机除冰设备等。

节能减排要求及现状：

(1)绿色航站楼。

定义：在全寿命周期内，最大限度地节约资源(节地、节能、节水、节材)、保护环境、减少污染，满足适用、高效、便捷、人性化要求的航站楼。

具体要求：在对运行期间，在对各项运行数据进行跟踪分析的基础上，采取有效措施，对航站楼的安全、能耗、便捷性、舒适度等进行持续改进，促使航站楼内各项设施功能、服务水平始终处于最佳状态，充分发挥航站楼的绿色潜能。

（2）对暖通空调专业影响较大的航站楼室内大空间的高度限制（表1.2）。

航站楼室内大空间平均净高要求　　表1.2

<table>
<tr><th>序号</th><th>航站楼面积（$1\times10^4m^2$）</th><th>主楼室内大空间平均净高（m）</th><th>指廊室内大空间平均净高（m）</th></tr>
<tr><td>1</td><td>>40</td><td>≤25</td><td>≤12</td></tr>
<tr><td>2</td><td>5 ~ 40</td><td>≤20</td><td rowspan="2">≤10</td></tr>
<tr><td>3</td><td>1 ~ 5</td><td>≤15</td></tr>
<tr><td>4</td><td><1</td><td colspan="2">≤10</td></tr>
</table>

（3）对暖通空调专业的气流及水力输送距离影响较大的旅客出港流线距离的要求（表1.3）。

旅客出港流线距离要求　　表1.3

序号	航站楼面积（$1\times10^4m^2$）	距离（m）
1	>40	≤1000
2	20 ~ 40	≤800
3	<20	≤600

（4）对航站楼能源中心的冷热源设备能效值提出更高的要求（表1.4）。

冷热源设备能效值提高幅度要求　　表1.4

<table>
<tr><th>序号</th><th colspan="2">机组类型</th><th>能效指标</th><th>提高或降低幅度</th></tr>
<tr><td>1</td><td colspan="2">电机驱动的蒸汽压缩循环冷水（热泵）机组</td><td>制冷性能系数</td><td>提高6%</td></tr>
<tr><td>2</td><td colspan="2">单元式空气调节机、风管送风式和屋顶式空调机组</td><td>能效比（EER）</td><td>提高6%</td></tr>
<tr><td>3</td><td colspan="2">多联式空调（热泵）机组</td><td>制冷综合性能系数［IPLV（C）］</td><td>提高8%</td></tr>
<tr><td rowspan="2">4</td><td rowspan="2">锅炉</td><td>燃煤</td><td>热效率</td><td>提高3%</td></tr>
<tr><td>燃油燃气</td><td>热效率</td><td>提高2%</td></tr>
</table>

注：比选对象为《公共建筑节能设计标准》GB 50189-2015。

（5）对航站楼采用自然风作为通风的要求

应合理设计航站楼空间、平面和构造，改善公共区域的自然通风效果。应对航站楼各高大空间区域风压和热压作用对通风和空调的影响进行定量分析，并进行风量平衡计算，确定最优的自然通风设计方案。在过渡季节，自然通风的换气次数宜大于2次/h。取风口应设在陆侧。

（6）对航站楼环境控制基础上的能源管理系统的要求

绿色航站楼设计应对航站楼内的声、光、热、空气质量等参数进行控制，同时要求建立与航班动态、客流监控系统相对应的能源管理体系（后续章节详细论述），实时进行负荷分析，及时调整能源供给策略，并结合大数据分析，合理制定出针对季节航班调整及节假日旅客高峰期的年运行方案。

（7）根据《民用机场航站楼能效评价指南》要求，对航站楼的总能耗、能耗强度指标、能源系统能效指标等提出了指标约束值和引导值。对绿色机场的设计、评价、运营管理有一定的指导意义。

航站楼常年耗热、冷方面指标的约束值和引导值见表1.5、表1.6。

机场航站楼单位面积年耗热量指标约束值和引导值（GJ/m^2）　表1.5

按照旅客吞吐量划分的机场航站楼	按照地理位置划分的机场航站楼	
	Ⅰ类机场航站楼	
	约束值	引导值
甲类机场航站楼	0.36	0.25
乙类机场航站楼	0.30	0.20

其中，甲类机场为年旅客吞吐量大于1000万人次的机场或严寒和寒冷地区的机场；乙类机场为年旅客吞吐量50万至1000万人次的机场或除严寒和寒冷地区之外的机场。

机场航站楼单位面积年耗冷量指标约束值和引导值（GJ/m^2）　表1.6

按照旅客吞吐量划分的机场航站楼	按照地理位置划分的机场航站楼			
	Ⅰ类机场航站楼		Ⅱ类机场航站楼	
	约束值	引导值	约束值	引导值
甲类机场航站楼	0.40	0.30	0.80	0.60
乙类机场航站楼	0.20	0.15	0.35	0.25

能效管理方面指标的约束值和引导值见表1.7、表1.8。

电制冷冷水机组能效比指标约束值和引导值COP（W/W）　表1.7

电制冷冷水机组制冷量CL（kW）	约束值	引导值
$CL \leqslant 528$	4.4	5.5
$528 < CL \leqslant 1163$	4.7	5.8
$CL > 1163$	5.1	6.0

吸收式冷水机组能效比指标约束值和引导值（W/W）　表1.8

吸收式制冷系统	约束值	引导值
吸收式机组能效比	0.9	1.1

冷水、冷却水、供暖热水输送系统指标的约束值和引导值见表1.9。

冷水、冷却水、供暖热水输送系数指标约束值和引导值　表1.9

参数	约束值	引导值
冷水输送系数	30	45
冷却水输送系数	25	45
供暖热水输送系数	45	80

上述指标的计算公式详见《民用机场航站楼能效评价指南》。

2. 绿色飞行区

建设绿色飞行区要求充分利用场区自然条件，选择合理的能源结构，选用先进适宜的设备及设施，并通过照明控制系统的优化设计，采用新型节能光源与灯具，实现能源集约利用和能源节约。

近机位应采用飞机地面空调、飞机地面动力单元替代在飞机停机状态下开启的飞机辅助发动机。

远机位应采用飞机地面动力单元，有选择性地采用飞机地面空调以及与飞机地面空调、飞机地面动力单元相配套的地井系统（后续章节会详细论述），以进一步降低飞机地面空调送风管道的能耗，降低风管及电缆的使用成本。

特种车辆采用新能源动力，具体包括摆渡车、客梯车、行李牵引车、飞机牵引车、平台车、污水车、清水车、垃圾车等的清洁能源设备。

3. 机坪集约化

超大型机场及大型机场应建立机坪侧的公共管廊，将为飞机提供服务的空调风管、电缆、清水管、污水管、气源管等设置在公共管廊内，便于维护及管理。同时，结合地井系统，减少机坪服务车辆，如空调车、电源车、污水车、清水车等，使机坪的各项功能得到集约化。

图1.5、图1.6为目前正在使用的广东沿海某机场以及其登机桥下的站坪综合管廊。

图1.5 目前正在使用的广东沿海某机场

图1.6 登机桥下的站坪综合管廊

第2篇

机场航站楼与配套设施——环境系统控制设计

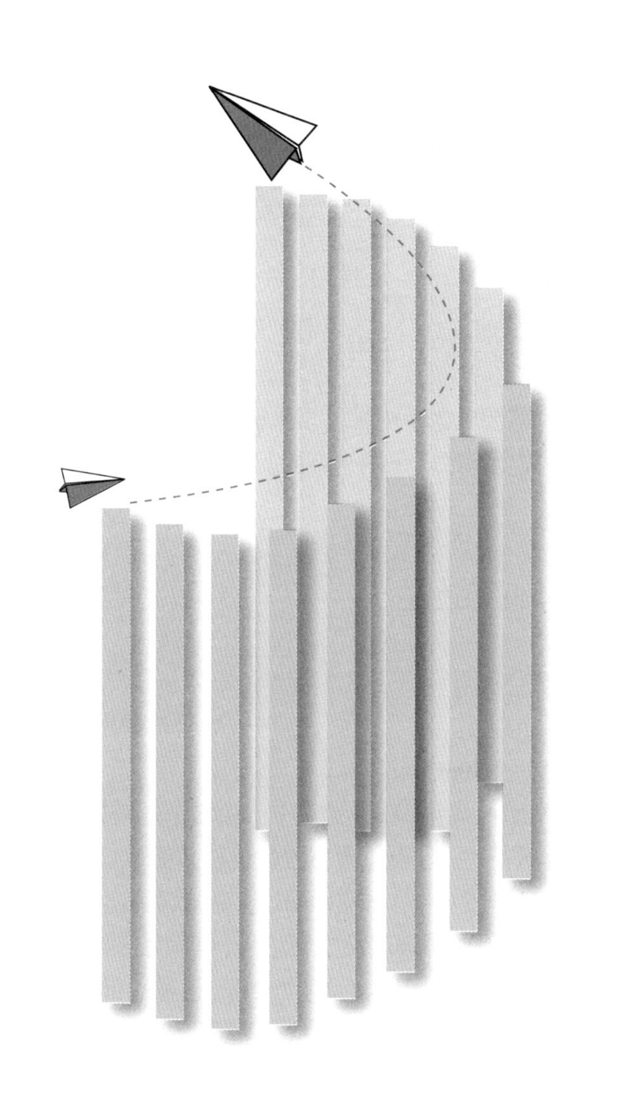

第2章　航站楼设计中提高节能性的原则与关注点

作为一个城市的门户形象，航站楼通常是机场航站区建设中最重要的标志性建设项目，各类航站楼（枢纽型、区域枢纽型、干线、支线）的基本功能与布局有相似之处。按照旅客流线划分功能布局，一般分为两大人员流线板块：①出发流线，其由出发送客区、办票大厅、安检区、候机区几个大块组成；②达到流线，其由下机到达区、行李提取区、迎客区几个大块组成。其他还有一些辅助功能区：航站楼控制中心、贵宾、商业、办公等设置于各个大功能区里。典型的航站楼功能布局如图2.1所示。

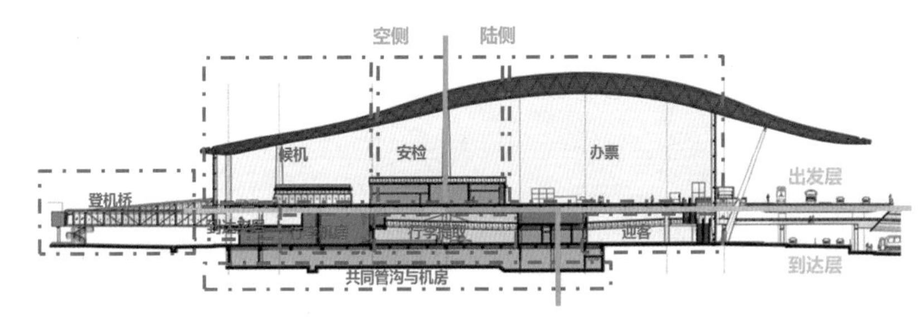

图2.1　典型的航站楼功能布局

从地域空间管理上划分，还习惯把航站楼分成空侧和陆侧两大区域，分界面如图2.1所示。

航站楼设计需要考虑节能性。根据航站楼建筑的特点及问题关注点，针对性地采取设计手段和方法，需要考虑以下两个方面的适宜性：与建筑空间相适宜；与负荷特性相适宜。

2.1　与建筑空间相适宜

航站楼建筑空间具有以下几个特点：

（1）出发层为大跨度、大空间，各地机场航站楼出发层室内净高普遍超过10m，大型航站楼基本在15 ~ 30m。

（2）钢结构屋面高度高，下方装饰吊顶造型多样化、设计个性化，屋面天窗面积较大，为保证整体效果，一般不适合布置数量较多的风口、灯具等装置。

（3）大空间的建筑外立面及屋面，景观玻璃的比重很大，有的航站楼的立面维护结构几乎全部都是由大面积玻璃及框架组成，以满足旅客空间室内视线通透感的要求。

（4）到达夹层、迎客大厅、远机位候机、指廊端部候机与出发层形成贯通空间，通过自动扶梯、楼梯形成穿越楼板式贯通，或者沿外立面幕墙处无水平楼板的直接式贯通，如图2.2所示。

图2.2　某航站楼出发层候机大厅

（5）单层面积与进深大，通常出发层内局部有餐饮、贵宾、商业、办公等功能的房中房。

（6）由于运行管理、建筑景观以及使用要求的需要，中大型航站楼一般与其能源中心分离设置，相距较远。

基于以上航站楼建筑设计的特点，从节能设计的角度出发，须重点考虑以下几个方面：

（1）高大空间普遍存在竖向的温度分层现象，空间越高大，温度分层现象越明显。因此，合理的空调、通风气流组织对于降低空调系统的能耗就变得非常重要。

（2）航站楼地处地势宽广的机场大环境，全年室外风环境具有季节规律及稳定性。同时，航站楼本身具有内部空间高大、贯通的特性，可有效利用室外自然通风，降低人工机械制冷能耗。

（3）太阳辐射直接对整个航站楼空调负荷产生影响。烈日下，机坪辐射通过大面积的幕墙玻璃影响到室内，特别是对候机区域旅客舒适性造成影响。但另一方面，通透的玻璃对于日间的自然采光以及冬季的空调供热又是有利的，可以显著地降低日间照明的电力消耗和空调热负荷。因此，如何有效利用自然采光及太阳辐射能。并兼顾空调制冷的能源消耗，也是需要考虑的问题。

（4）内区数量众多的餐饮、贵宾、商业、办公、控制机房、特殊的设备机房等功能的房中房，其空调冷热需求各不相同，与航站楼主系统的供冷、供热时间也可能存在差异。单纯地采用航站楼主系统提供的冷热源或者系统划分，将会给这些区域的使用带来不便，同时给航站楼空调冷热源主系统运行的节能性、经济性带来不利的影响。

（5）从能源中心到航站楼一般距离几百米到几千米不等，空调采暖需要的冷热水输送能耗较大，这是机场运行节能需要重点考虑的问题。

2.2　与负荷特性相适宜

1. 空调、采暖负荷大小特性

各地气候的不同，造成了航站楼对于空调制冷、空调供热、采暖需求重点的不同；另一方面，航站楼为由于不同的功能和人员分布情况，各区域的负荷大小也存在较大差异。

2. 空调、采暖负荷时变特性

（1）空调、采暖负荷日变性明显，尤其是空调制冷负荷日变性较大，随室外气温、太阳辐射角、气候变化明显。

（2）空调、采暖负荷分布与航班分布关联性强，通常情况下，根据航班时间分布规律，负荷需求也会出现相应的规律，这种规律在航站楼国际部分较为明显。

（3）年供冷期与供热期

每年的供冷期与供热期的负荷总量逐月变化，逐月负荷的预测、计算和分析是节能设计需要考虑的重要内容。

航站楼负荷需求特性由上述两方面因素叠加而成，形成多变的负荷变化性。因此，在航站楼的系统设计中，围绕着负荷变化的适应性来考虑设计能效提升是下面讨论的核心内容。

航站楼机电系统提升能效，还可以在避免使用的能源或者资源浪费方面进一步探索。在防止电力损耗、节水使用、水电使用计量方面，可以通过优化设计进一步提升。

综合上述设计思考原则，在本书以下的内容中将从降低能耗、提高能效两方面入手，对航站楼设计节能提升的重点领域进行系统、技术手段、方法、工程案例等介绍。

被动式节能技术设计（降低能耗）主要由以下几方面组成：

自然通风；自然采光；遮阳技术；太阳能光伏及储能系统；太阳能热水系统；海绵城市理念。

主动式节能技术设计（提高能效）主要由以下几方面组成：

空调冷热源系统，包括冰蓄冷、水蓄冷、地源热泵、分布式能源系统、局部冷热源系统；空调冷热源输配系统，即三级泵供冷直供技术；空调末端系统，包括排风热回收技术、地面辐射供冷（热）技术、分层空调气流组织方式；供配电系统的谐波防治；照明灯具节能技术及智能照明控制；雨水回用水系统；节水技术应用。

第3章　被动式节能技术设计

3.1　自然通风

在一年适当的季节中，自然通风取代空调制冷技术有两方面意义：一是实现了被动式制冷，在不消耗不可再生能源的情况下降低室内温度，改善室内热环境；二是可提供新鲜、清洁的室外空气，带走潮湿污浊的空气，有利于人体健康。

自然通风及复合式空调对于长年需要空调的航站楼，有节能意义与经济价值。室外较冷空气自然进入或由机械引进室内，直接作冷却用，可省去机械空调必须利用的冷媒。由于仅需要极少的电力，变动极少的设备，再加之不多的控制装置，其廉宜可想而知。在航站楼主楼的设计中引入自然通风系统的研究，目的是在春、秋或者一年中适当的过渡季，充分利用机场附近风压较大的优势进行自然通风以降低建筑空调能耗。

表3.1是通常情况下使用自然通风时的建筑条件。

使用自然通风时的建筑条件　　表3.1

建筑位置	周围是否有交通干道、铁路等	一般认为，建筑的立面应该距离交通干道20m，以避免进风空气的污染或噪声干扰；或在设计通风系统时，将靠近交通干道之处作为通风的排风侧
	地区的主导风向与风速	根据当地的主导风向与风速确定自然通风系统的设计，特别注意建筑是否处于周围污染空气的下游
	周围环境	由于城市环境与乡村环境不同，对建筑通风系统的影响也不同，特别是建筑周围的其他建筑或障碍物将影响建筑周围的风向、风速、采光和噪声等
建筑形状	建筑宽度	建筑的宽度直接影响自然通风的形式和效果。宽度不超过10m的建筑可以使用单侧通风；宽度不超过15m的建筑可以使用双侧通风；否则将需要其他辅助措施，例如烟囱或机械与自然通风的混合模式等
	建筑朝向	为了充分利用风压，系统的进风口应面对建筑周围的主导风向，同时建筑的朝向还涉及减少得热措施的选择
	开窗面积	系统进风侧外墙的窗墙比应兼顾自然采光和日射得热的控制，一般为30%～50%
	建筑结构形式	建筑结构可以是轻型、中型或重型结构。对于中型或重型结构，由于其热惰性较大，可结合晚间通风等技术措施改善自然通风系统运行效果
建筑内部设计	层高	比较大的层高有助于利用室内热负荷形成的热压，加强自然通风
	室内分隔	室内分隔的形式直接影响通风气流的组织和通风量
	建筑内竖直通道或风管	可利用竖直通道产生的烟囱效应有效组织自然通风
室内人员	室内人员密度和设备、照明得热的影响	对建筑得热超过40W/m^{2}的建筑，可以根据建筑内热源的种类和分布情况，在适当的区域分别设置自然通风系统和机械制冷系统
	工作时间	工作时间将影响其他辅助技术的选择（如晚间通风系统）

航站楼内适合自然通风的区域一般集中在上层的高大空间区域。旅客出发层的办票大厅、候机大厅、连接通廊等均可以形成较为理想的自然通风场所。

特别要注意的是，由于候机楼外飞机噪声可能会对室内区域造成强烈干扰，同时，候机楼外飞机发动机排放的废气会导致室外空气质量下降，所以，对候机楼区域一般不建议考虑采用自然通风系统。当候机楼的位置可以避免上述噪声、废气的影响时，也可以酌情在合适的候机楼位置考虑自然通风。

在航站楼采用自然通风，必须保持其内部舒适度。根据2004年版美国采暖、制冷与空调工程师学会标准 55–2004（ASHRAE STANDARD 55–2004），当室外月平均最高气温为19.0℃时，在人员热舒适度达到90%的情况下，自然通风条件的最高室内温度不可超过26.0℃，可将此条件作为自然通风的设计标准。图3.1为ASHRAE STANDARD 55–2004 自然通风舒适度图。

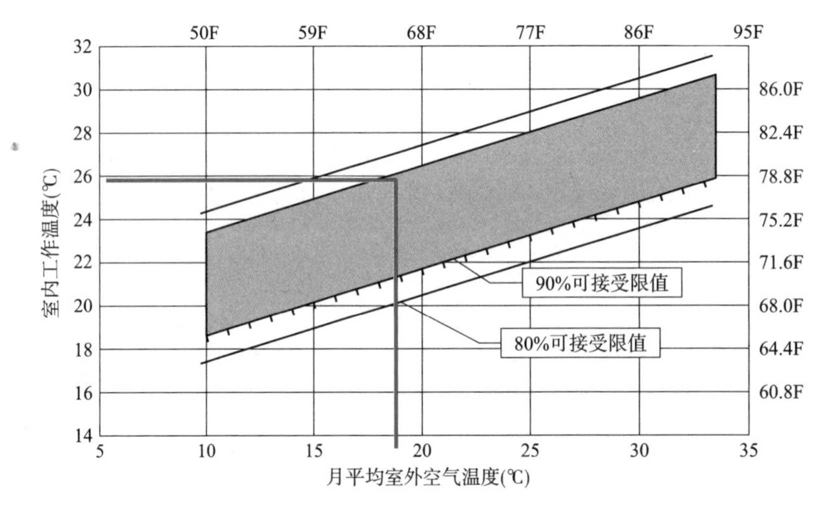

图 3.1　ASHRAE STANDARD 55-2004 自然通风舒适度图

自然通风在实现原理上有利用风压、利用热压、风压与热压相结合以及机械辅助通风等几种形式。见图3.2、图3.3。根据航站楼建筑周围环境、建筑布局、建筑构造、太阳辐射、气候、室内热源等组织和诱导自然通风。在建筑构造上，通过大空间、屋顶天（侧）窗、入口大门等构件的优化设计实现良好的自然通风效果。

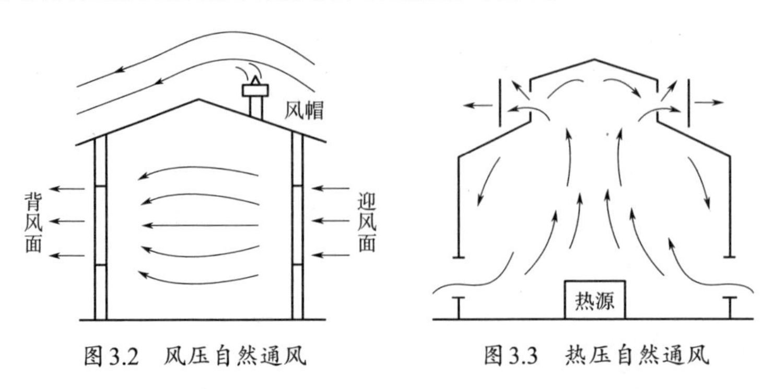

图 3.2　风压自然通风　　图 3.3　热压自然通风

通常情况下，航站楼的基本外型为扁平状，内部构造复杂多样，其内部发热量分散在平面各处，且大都为低温发热体（人员、灯光为主）。在春、秋两个过渡季节，建筑内外的温差不大，航站楼内部形成的热压差比较微弱，相比室外风速引起的风压作用的强度，可以忽略不计。因此，在实际分析航站楼自然通风时，主要的研究方向是风压自然通风。

自然通风分析包含大量的数值计算，工程量非常巨大，依靠人工计算或简易的计算机计算都不易实现。工程上可以采取计算机数值模拟的方案进行分析（computational fluid dynamics，CFD）。CFD方法也是得到预测结果的一种非常经济的方法，它能给出所研究问题的主要特征。除了流动特点，CFD还可以模拟其他空间参数，包括温度分布、压力分布、含湿量和标量浓度。三维模拟技术可以模拟空间每个点的属性，通过采用不同的边界条件和材料物性，可以在虚拟环境中模拟得到不同结构和建筑设计的差别。在稳态或者瞬态模式下，可以模拟得到热流密度和其他环境或者内部源项的动态影响。

根据自然通风的评价指标和室外的气候条件，自然通风主要是在春、秋（或者与自然通风条件匹配的室外气象参数条件下）两季采用，因此，可以根据这两个季节的室外气候特征进行模拟分析。首先，建立整个交通枢纽的物理模型，分析在春、秋两季主导风向和风速下，屋面和侧墙表面的风压分布，由此结合建筑设计确定合理的自然通风开口位置；然后根据建筑能耗模拟软件和设计参数确定建筑内部冷负荷的大小和分布，根据室外自然通风温度和热舒适控制温度初步估计自然通风风量；最后，根据自然通风压差确定开口的尺寸。

自然通风研究主要包括外部环境风模拟分析和内部自然通风模拟分析，因此，自然通风研究须建立外部环境风模型和内部自然通风模型。

1. 外部环境风模型

外部环境风模拟的主要目的是根据航站楼春、秋季节盛行风向，结合建筑外观及朝向，寻找最佳的开口位置。建筑模型的建立需完整地包含航站楼整体建筑群。图3.4 为华东某机场二期航站楼工程模型外观和盛行风向与建筑朝向的关系；图3.5为华东某机场二期工程模型三维视图。

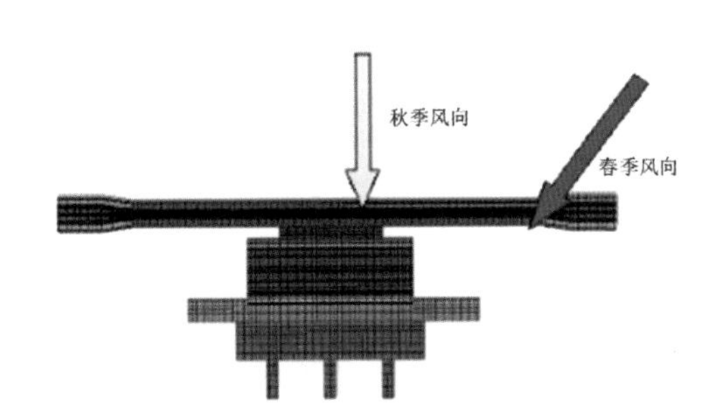

图3.4　华东某机场二期航站楼工程模型外观和盛行风向与建筑朝向的关系

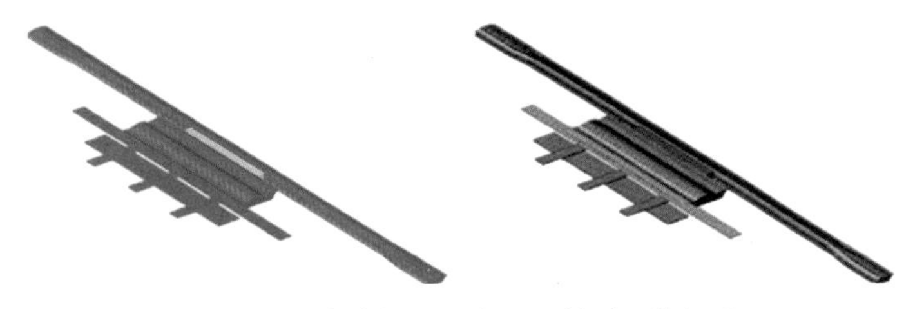

图3.5　华东某机场二期工程模型三维视图

外部环境风模拟的输出结果可获得航站楼外围护面（包括屋面）上的压力分布图，以此来判断自然通风进风口（一般为正压区或者压力值较高区域）、出风口（一般为负压区或者压力值较低区域）的基本位置和方向。图3.6为某航站楼主楼屋面的压力分布图。

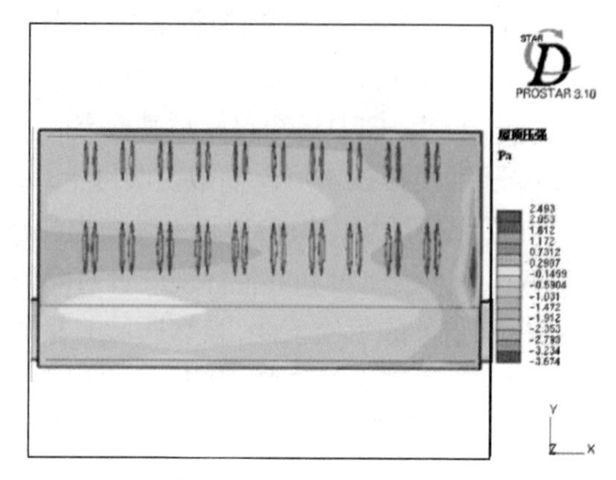

图3.6　某航站楼主楼屋面的压力分布图

2. 航站楼内部自然通风模型

航站楼内部自然通风模拟的主要目的是模拟航站楼内部的气流速度、温度和舒适度，检验自然通风利用的可行性。图3.7为华东某机场二期航站楼模型内部结构（主楼三楼）。

图3.7　华东某机场二期航站楼模型内部结构（主楼三楼）

航站楼内部自然通风模拟输出可以获得航站楼内部的气流速度与温度分布，对比自然通风舒适性的标准来判断是否可以满足使用要求。图3.8为某航站楼主楼内的温度分布，图3.9为某航站楼主楼内的气流速度分布。

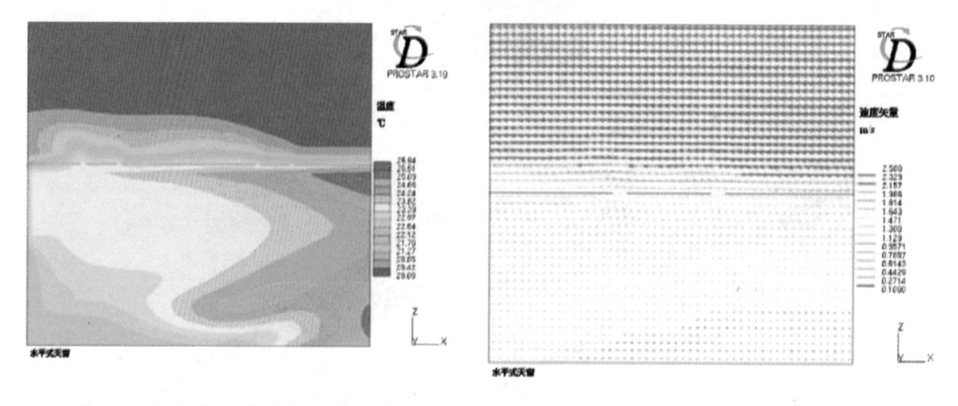

图3.8　水平式天窗室内温度分布　　　　图3.9　水平式天窗室内气流速度分布

案例：华东某机场扩建工程航站楼＋交通中心春季室外风场模拟结果和分析（注1）

该机场春季主导风向为东南，地面高度10m处平均风速为3.2m/s；秋季主导风向为东北，地面高度10m处平均风速为3.6m/s。图3.10为该机场扩建工程模型图。图3.11为该机场扩建工程分析模型网格。

图3.10　华东某机场扩建工程模型图

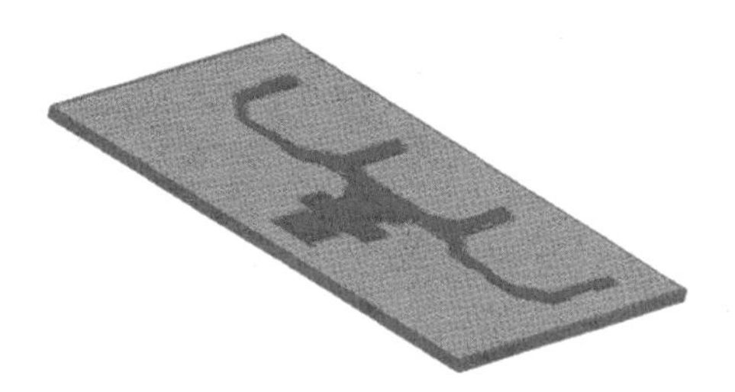

图3.11　华东某机场扩建工程分析模型网格

（1）外部风环境

自由来流风速与建筑物高度的关系应满足公式（3–1）：

$$V = uKh^{a} \tag{3–1}$$

式中　u——空旷地区10m高度处的特征风速，m/s；

h——相对高度，无因次量；

a——系数，具体可根据表3.2取值，根据项目所在地理位置，地面类型按照B类型取值；

K——常数。

系数K的取值　　表3.2

地面类型	适用区域	指数a	梯度风高度（m）
A	近海地区，湖岸，沙漠地区	0.12	300
B	田野，丘陵及中小城市，大城市郊区	0.16	350
C	有密集建筑的大城市区	0.22	400
D	有密集建筑群且房屋较高的城市市区	0.3	450

根据以上公式得到地区大气边界层风速廓线分布，如图3.12所示。

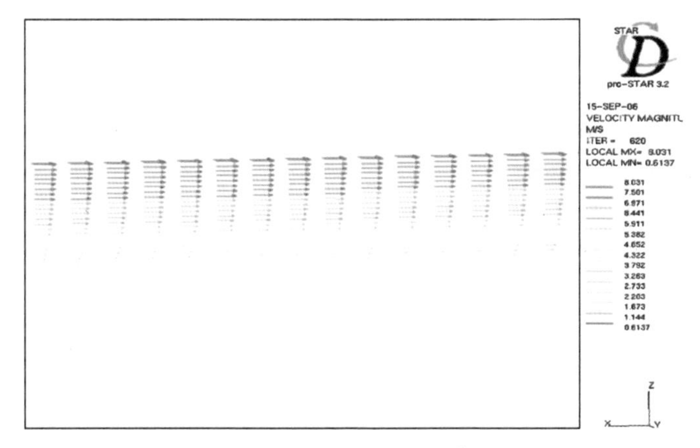

图3.12　地区大气边界层风速廓线分布图

（2）室外风场模拟结果和分析

图3.13、图3.14为航站楼平面与剖面示意图。

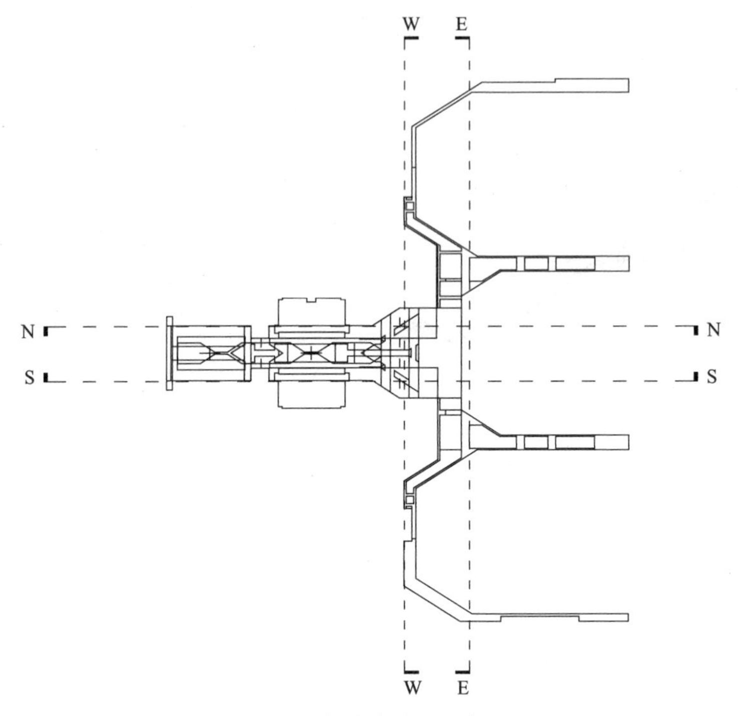

图3.13　航站楼平面示意图

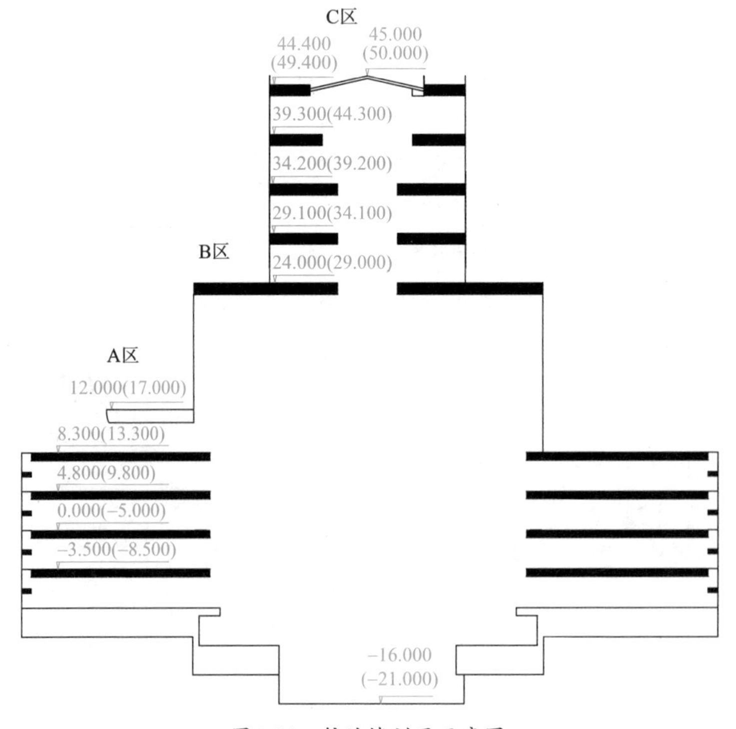

图3.14　航站楼剖面示意图

（3）春季室外风环境模拟结果

图3.15～图3.26为春季室外风压分布云图。

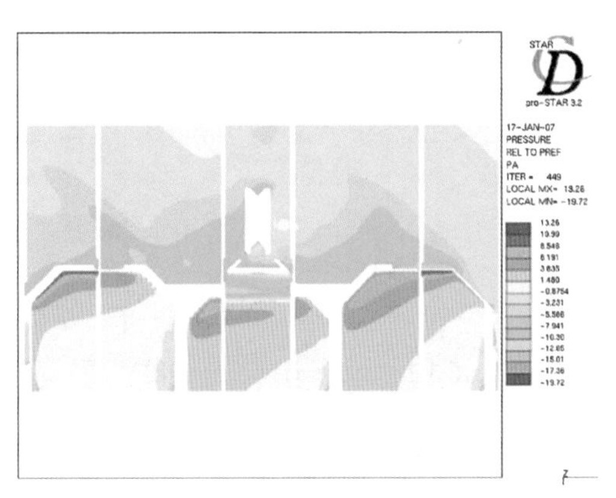

图3.15　屋面风压分布图

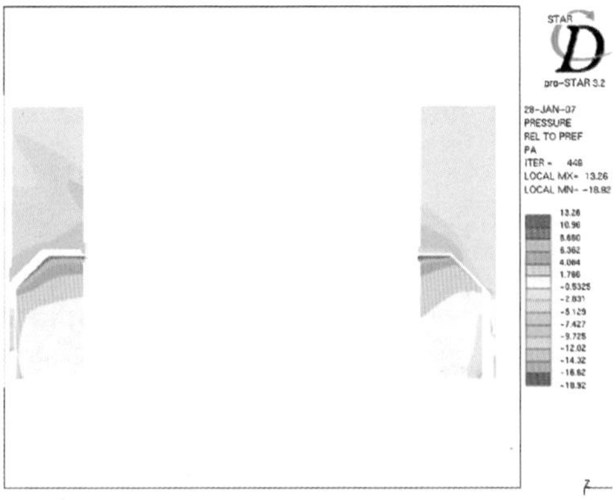

图3.16　A区屋面风压分布图

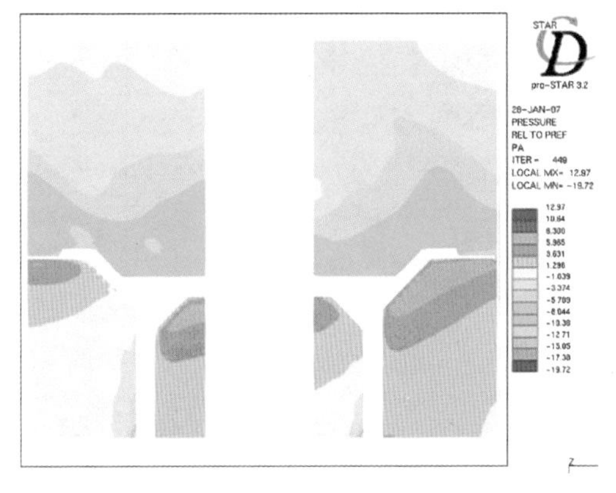

图3.17　B区屋面风压分布图

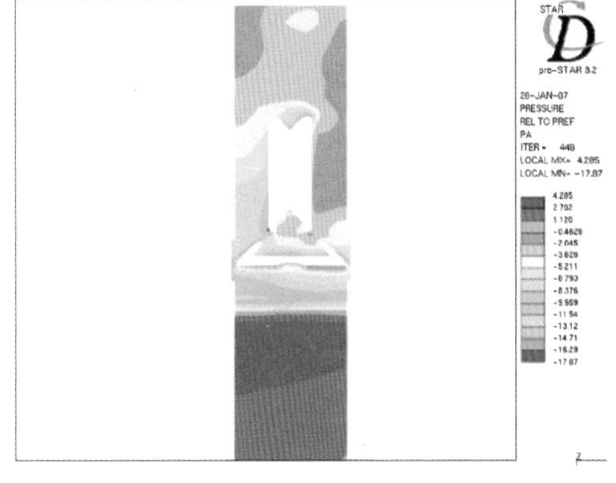

图3.18　C区屋面风压分布图

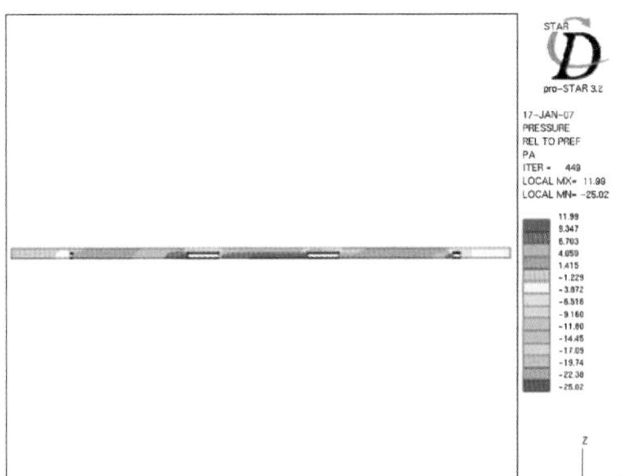

图3.19　东立面风压分布图

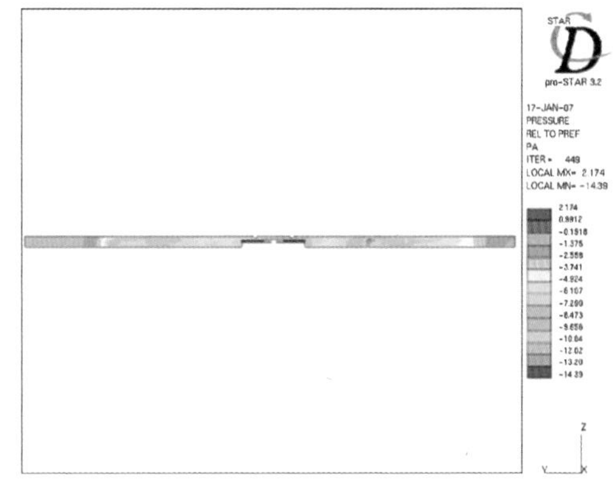

图3.20　西立面风压分布图

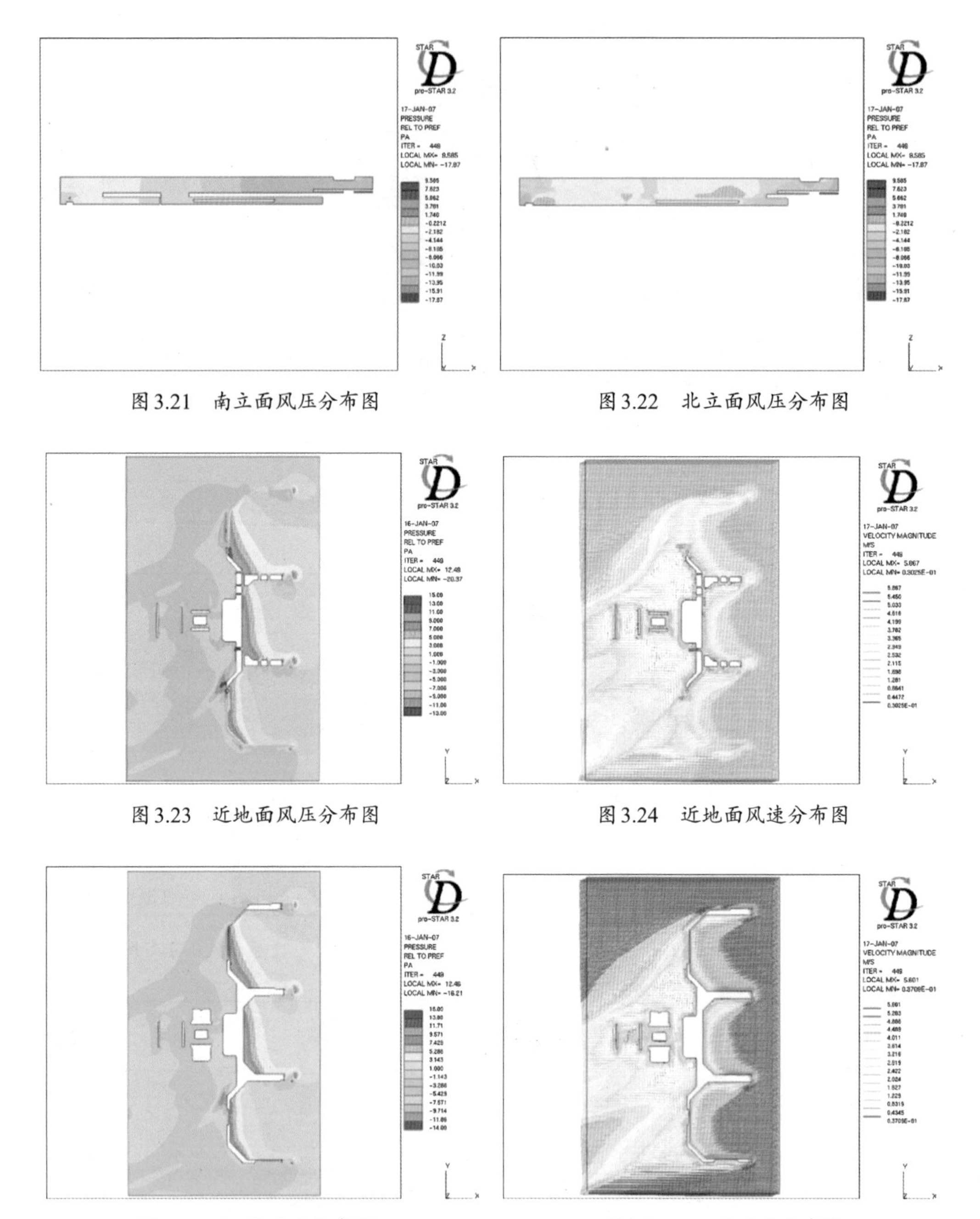

图 3.21　南立面风压分布图

图 3.22　北立面风压分布图

图 3.23　近地面风压分布图

图 3.24　近地面风速分布图

图 3.25　9m 处风压分布图

图 3.26　9m 处风速分布图

（4）春季室外风环境模拟结果分析

1）从屋顶压强分布图可以看到，交通中心和主楼办票厅天窗周围的压力分布较均匀，其中，最大风压约为-8Pa，出现在屋面天窗，最小风压约为-3Pa，出现在建筑底部，有利于在建筑底部和屋面之间形成自然通风。

2）A 区（12m）屋顶，即车库上方的最小风压约为-12Pa，最大风压约为-2Pa；B 区（24m）屋顶，即公共区上方的最小风压约为-12Pa，最大风压约为-1Pa；C 区（45m）屋顶，即交通中心上方最小风压约为-9Pa，最大风压约为-2Pa；根据上述计算结果，屋面部位最佳进风口分布在主楼屋面西侧，即办票厅屋面处。

3）从建筑立面风压分布可以看出，东立面（即E立面）为正压，范围在1.4 ~ 12Pa，下半部分正压较大，在下部开口有利于自然风进入，但由于东立面面向停机坪，噪声问题较为严重，不宜在此处开口。

4）从南北立面（即N、S立面）的模拟结果可以看出，这两个立面均为负压。但南面下半部分的风压约为–6Pa，北面下半部分的风压约为–2Pa，两处形成压差，仍有利于自然通风的形成，但是由于室内平面复杂，阻力较大，仅靠风压型通风不足以满足要求。

5）从速度分布矢量图可以看出，在1.5m高处（即人员活动区），室外风速都在1m/s以下，满足绿色建筑设计标准要求。

（5）相关软件介绍

该模拟方法采用的计算软件是由CDadapco公司开发的STARCD程序，它是全球著名的商用计算流体软件之一，采用基于完全非结构化网格和有限体积方法的核心解算器，具有丰富的物理模型，最少的内存占用，良好的稳定性、易用性、收敛性和众多的二次开发接口。STARCD独特的全自动六面体/四面体非结构化网格技术，满足了用户对复杂网格处理的需求。使用STARCD没有任何几何限制，无论多么复杂的几何形状，用户都可以在最短的时间内灵活生成最佳的网格，并用它获得可靠而精确的结果。STARCD还包含了不断更新与扩展的各种最新物理模型，具有非凡的灵活性及众多的用户程序接口。

3.2　自然采光

自然光具有一定的杀菌能力，是人体健康所必需的。其不仅可以预防传染性疾病，还可以调节人体的生物钟规律，并且对人体的心理健康起着很重要的作用。航站楼内的大空间众多，大规模的玻璃幕墙使自然光在航站楼建筑设计中能够显示出丰富的空间效果和光影变化，给人以立体、开放、有层次的感觉，不仅为航站楼的建筑、室内设计增添了自然美化的效果，还可以使航站楼内的旅客有自然舒适的感觉，给旅客以符合自然时间规律的舒适体验。充分利用自然光，既能够节约航站楼照明和空调系统所消耗的电能，又能改善航站楼内建筑空间的生态环境，对降低建筑能耗和建设节约型城市具有非常重要的意义。

航站楼由于其功能的特殊性，建筑照明消耗的电能往往在整个建筑总电能消耗中占有很高的比例，例如上海浦东国际机场二期工程航站楼的建筑照明电耗在整个建筑总电耗中所占的比例最大，约为37%。同时，相同照度的自然光比人工照明所产生的热量要小得多，可以减少空调系统所消耗的电能。因此，采用自然采光是节能的有效途径之一。通常情况下，航站楼内最具自然采光条件的区域为：出发层候机大厅、出发层办票大厅。

设计合理的自然采光系统应该能够为室内提供基本照明，佐以人工照明作为补充。设计采光系统时，应兼顾室内采光照度和开窗比例，过高的开窗比例虽然提高了室内照度，但会增加供冷季节的空调负荷。自然采光系统必须避免太阳直射和眩光，以确保室内的视觉舒适。因此，航站楼的自然采光系统应同时满足以下三个设计目标：最大程度地利用自然采光，尽量减少人工照明的使用；尽量减少供冷季节的太阳辐射得热；尽可能提高室内视觉舒适度。

自然采光系统的性能评价，将采用下列三个参数评价，即用这三个性能参数判断采光设计是否同时满足照度和视觉舒适的目标：照度（lx）、采光系数（DF）、采光均匀度（平均-最小对比率）。

《建筑采光设计标准》GB 50033—2001中的3.2节和LEED™ -NC 2.2 EQ（室内环境质量）8.1规定的采光系数（daylight factor）指标将作为自然采光亮度的评价基准，见表3.3。

自然采光亮度评价基准　　表3.3

	GB 50033—2001	LEED™ EQ得分点
采光系数最低值	2%	2%

为满足LEED对室内空间自然采光的要求，在春分或秋分正午时分，人员常驻区域离地面0.76m的平面上必须有75%的面积自然采光照度达到250lx以上。

在获得合理的自然采光性能的情况下，还须考虑尽量减少由太阳辐射引起的空调负荷。

通常情况下，无论是太阳辐射可见光进入室内的照度分析，还是夏季空调负荷（包含太阳辐射）的计算分析，计算工程量都非常巨大，依靠人工计算或简易的计算机计算都不太能够实现。虽然理论上有多种方法可以进行自然采光的综合分析计算，但仍缺少可以结合空调负荷计算的统一的计算方法。因此，目前工程上实际可以实施的方法之一如下：

（1）首先确定多个自然采光的可实施方案。可实施方案需综合考虑自然采光性能、工程建造成本、建筑外观、室内造型等，在均可以接受的情况下，进行仿真模拟计算，获得各个方案的自然采光性能评价值。图3.27是模拟分析步骤示意图。

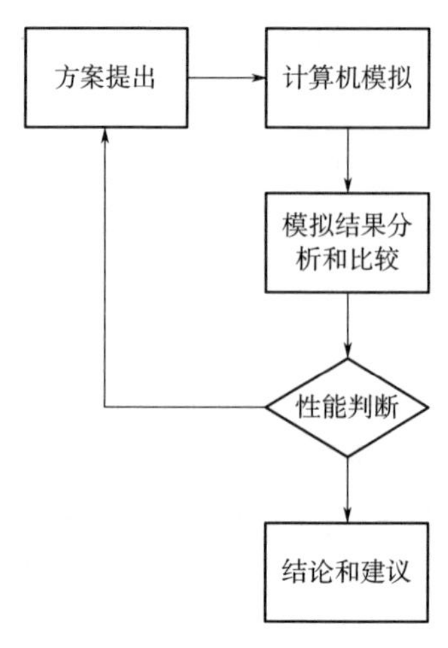

图3.27　模拟分析步骤示意图

模拟分析是在真实建筑三维模型的基础上进行的，三维模型须包含建筑设计的多种信息：建筑设计精确地理位置、精准尺寸、外墙材料性能、玻璃的光学性能参数、热工性能参数、窗墙比例、内外遮阳构造、室内天花吊顶、室内平面布局等。模拟分析将输出室内的自然采光照度分布，根据此结果确定是否满足自然采光的性能要求。图3.28为华东某交通枢纽机场用于自然采光分析的模型正视图。

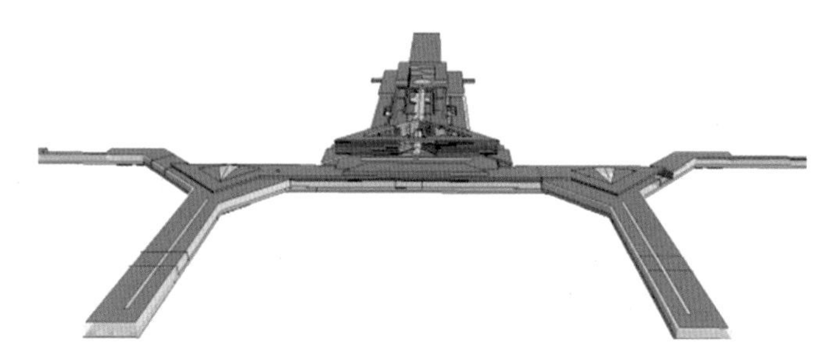

图3.28　华东某交通枢纽机场模型正视图

（2）在确定的多个符合自然采光性能要求的土建设计方案的基础上，对每个设计方案进行全年逐月空调冷负荷累计模拟计算，将获得全年最低空调负荷的自然采光方案作为优选的推荐方案。全年空调冷负荷计算的软件较多，计算结果可以以图表、数值表格等形式输出。

案例：华东某机场扩建工程西航站楼8.55m候机厅自然采光研究（注1）

位于8.55m标高的候机厅层高9.6m，南、北立面上设置100%的玻璃幕墙，且顶部有宽为3m左右的上翻区域。屋顶上设置天窗，天窗位置如图3.29所示。

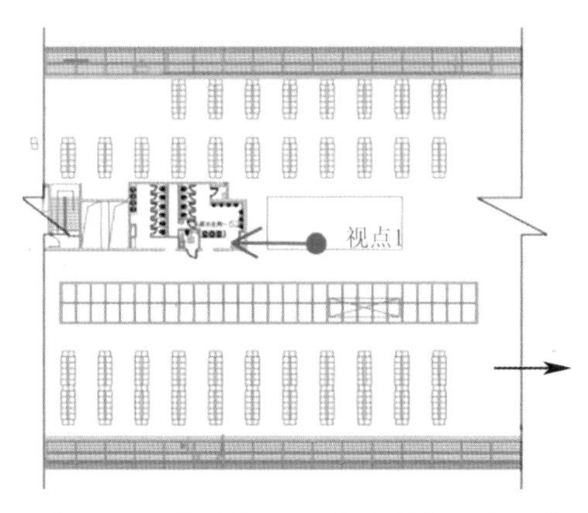

图3.29　西航站楼8.55m标高候机厅平面图

（1）自然采光方案一

南、北立面上的玻璃幕墙采用遮阳型Low-E玻璃1；天窗及立面幕墙上翻部分采用遮阳型Low-E玻璃1。

图3.30为西航站楼8.55m标高候机厅工作平面上的照度分布——方案一。从图中可以看出工作平面靠近南、北立面，尤其是幕墙上翻区域和下方的区域照度最大，照度部分在3000lx左右，最大可达4000lx。工作平面最暗的区域为图中浅蓝色部分，照度在400lx左右。天窗下部区域的照度在2000lx左右。工作平面上照度差异较大，尤其是窗边区域

与最暗区域的照度比接近8:1。因此考虑在外立面增加外遮阳，这样不仅可以防止窗边区域过亮，还可以降低太阳辐射，降低供冷季节的空调能耗。为了保证室内人员的视觉通透性，只考虑在幕墙上部设置外遮阳百叶。立面幕墙上翻区域和天窗区域增加内遮阳措施，如穿孔铝板或透明织物，主要是避免其下方区域产生眩光，同时可保持通透的视觉效果。

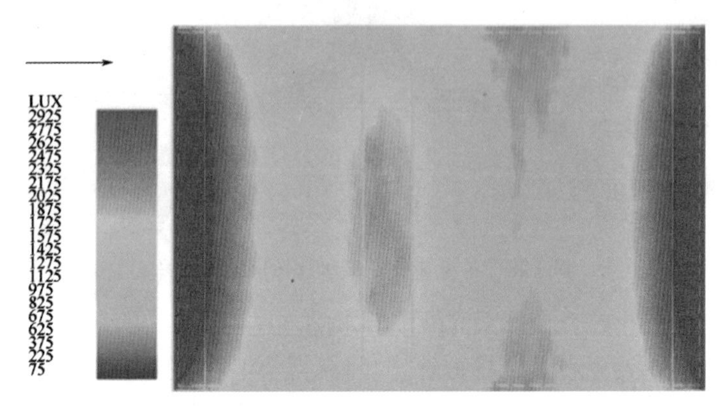

图 3.30　西航站楼 8.55m 标高候机厅自然采光照度分布图——方案一

（2）自然采光方案二

南、北立面玻璃幕墙上部6m的区域设置铝质水平外遮阳百叶。水平百叶与幕墙外表面间距为300mm，百叶宽度为400mm，每片百叶间距为300mm。天窗上方设置垂直外遮阳百叶，如图3.31所示。南、北立面玻璃幕墙采用遮阳型Low–E玻璃1。天窗及立面幕墙上翻部分玻璃均采用遮阳型Low–E玻璃1。

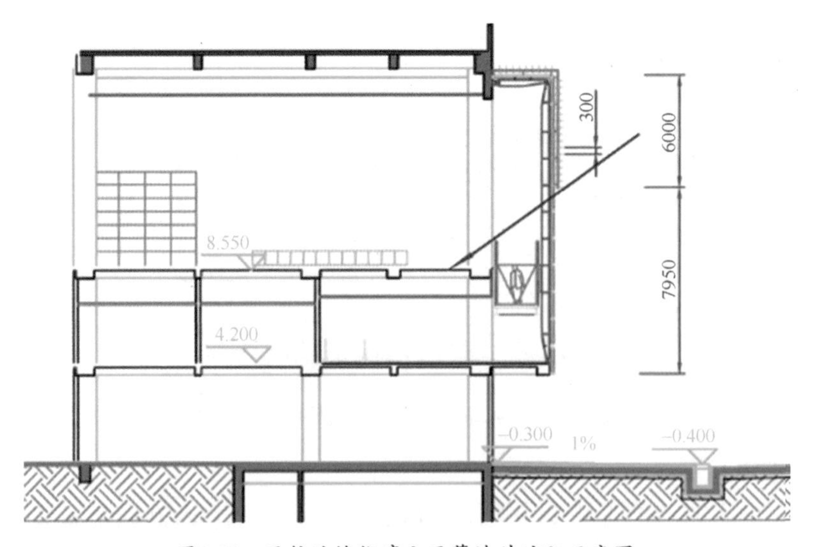

图 3.31　西航站楼指廊立面幕墙外遮阳示意图

北半球在“春分–夏至–秋分”时期的9:00 ～ 16:00这段时间内，太阳的高度角均在36° 以上。因此，采用如上所述的遮阳方案，可以在“春分–夏至–秋分”期间12时前后4个小时内避免阳光直射到离窗户4 ～ 5m以外的区域，冬至日则全天可以接受阳光照射。

图3.32为西航站楼8.55m候机厅工作平面上的照度分布——方案二。从图中可以看

出天窗采用内遮阳后，下方区域的照度也下降到400lx左右，工作平面大部分区域照度在300 ~ 500lx。南、北立面周围区域的照度仍然较亮，照度在3500lx以上，但是距幕墙周边4m左右的区域内为无人区域。在距幕墙4m以外的区域内照度降到1500lx以下，该区域内光照差异度可以控制在5倍之内。图中仅黑线包围的区域照度在250lx以下，整个工作平面84%的面积照度达到了250lx以上。

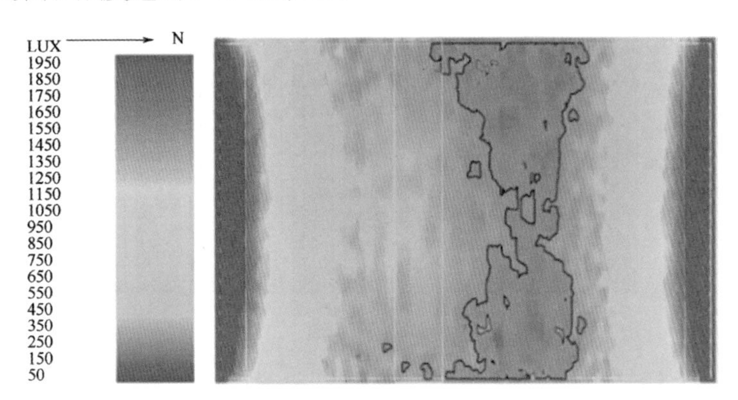

图3.32　西航站楼8.55m候机厅自然采光照度分布图——方案二

（3）自然采光方案三

南、北立面玻璃幕墙上部6m的区域设置铝质水平外遮阳百叶。水平百叶与幕墙外表面间距为300mm，百叶宽度为400mm，每片百叶间距为300mm。天窗上方不设置垂直外遮阳百叶，但在下方设置内遮阳。南、北立面玻璃幕墙采用遮阳型Low-E玻璃1。天窗及立面幕墙上翻部分玻璃均采用遮阳型Low-E玻璃1。

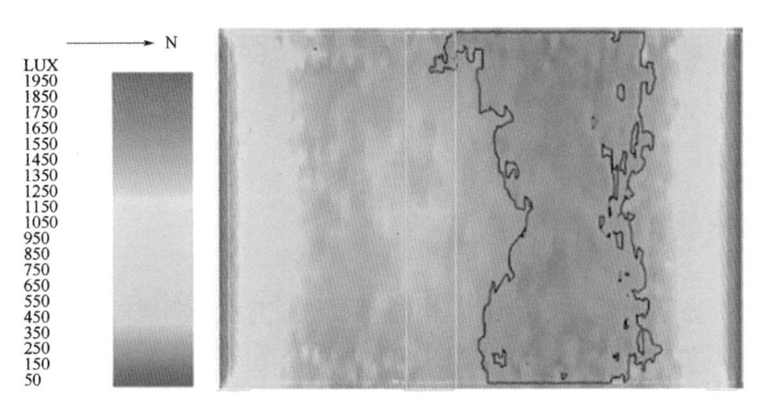

图3.33　西航站楼8.55m候机厅自然采光照度分布图——方案三

图3.33为西航站楼8.55m候机厅工作平面上的照度分布——方案三。从图中可以看出加水平外遮阳百叶以后，工作平面在靠近南北立面的区域照度下降到2000lx左右。天窗下部区域的照度也下降到380lx左右。工作平面大部分地区颜色为浅蓝色或蓝绿色，即这些区域照度在300 ~ 500lx。图中仅黑线包围的区域照度在250lx以下，整个工作平面71.6%的面积照度达到了250lx以上。

（4）三种自然采光方案的空调负荷比较

图3.34列出三个遮阳及玻璃配置方案下，8.55m候机厅逐月的冷负荷。可以看出，由

于方案二在南、北立面幕墙及幕墙的上翻部分均设置了外遮阳设施，所以全年冷负荷较方案一和方案三都有明显地减少，因此推荐采用方案二。

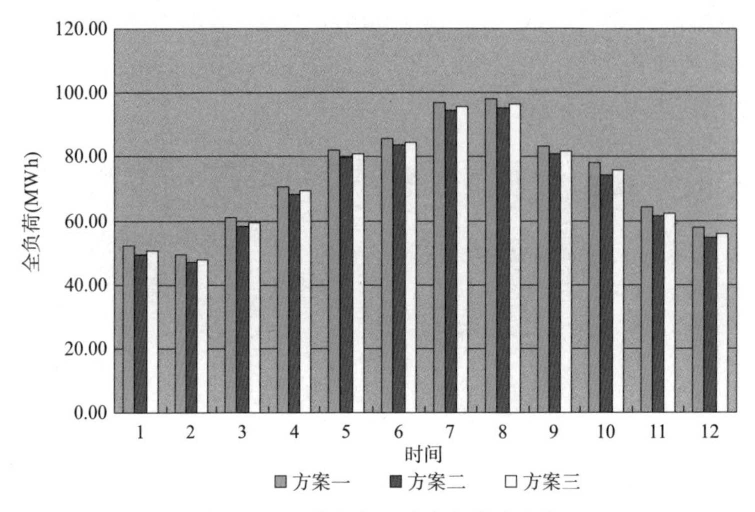

图 3.34　三种方案逐月冷负荷的比较

（5）相关软件介绍

自然采光的计算机模拟采用国际公认的Radiance进行。这是由美国劳伦斯伯克利国家实验室（Lawrence Berkeley National Laboratory，LBNL）开发的采光计算分析软件，可以通过建立虚拟采光模型设计建筑的照明和采光方案，用以评估采旋光性能。此外，该软件自带了一个材料、玻璃、照明设备和家具的数据库，外部采光环境、外部和内部的遮挡、表面反射和房间结构在每个模型中都会同时考虑。Radiance 可以对照明和自然采光进行定性和定量分析，主要输出结果为模拟计算的采光系数和照度在室内空间的三维分布。

3.3　遮阳技术

遮阳设计一方面要顾及充分应用日光照明，从而节省照明能源消耗，另外一方面要考虑过量的太阳光对室内空间舒适度的影响，其中包括因过量太阳得热而提升室内气温及过大的光差。遮阳系统的应用就是要在节省照明能源消耗与维持室内空间舒适度之间作出平衡控制。

航站楼的办票厅和出发大厅是位于最上层的大空间，具有大面积的立面幕墙及屋盖，总围护结构面积巨大，是航站楼遮阳技术研究的重点区域。

通过在屋面设置一定数量的天窗，办票厅和出发大厅区域最容易引入自然光，达到舒适合理的自然光照度，节约该层空间的照明电力负荷。通常情况下，航站楼的屋面面积很大，一般不超过15%的屋面面积设计成玻璃天窗即可满足自然光的照度要求，其余面积部分均可以设计成不透明的保温层屋面，很大程度降低了通过屋面进入室内的辐射得热。屋面天窗自然光照明虽然在一定程度上增加了夏季制冷的能耗，但有研究数据表明，在降低人工照明的电力消耗上，由天窗自然采光而节省的能量值更加突出。因此，屋面部分的遮阳设计分析，主要是研究玻璃天窗对室内照明效果的影响，为兼顾屋面整体造型以及室内的装饰效果，遮阳设计考虑内遮阳手段较多，也可以采取外遮阳的技术方法。

航站楼的立面透明玻璃面积大，可以占立面总面积的85%以上。通过侧立面进入航站楼内部的自然光虽然较多，对室内的自然照明起到一定的促进作用，但因其光照角度的局限性，不如屋面天窗的自然光照明合理舒适，再加上由此太阳得热量也较大，制冷时带来的空调显热负荷也随之增加。因此，航站楼的立面遮阳研究重点通常是为了将夏季的太阳辐射（直射）减至最低，以有效减少因太阳得热而增加的空调负荷，通常情况下外遮阳是主要手段。航站楼的立面透明玻璃面积较大，除去被外遮阳直接遮挡的面积，剩余的透光面积仍然可以让大量的可见光散射进入楼内。

航站楼遮阳设计需要的外部条件：

1. 航站楼所在地的太阳路径图

图3.35为太阳路径图案例。通过太阳路径图可以得知不同季节、不同时间太阳辐射（直射）的入射角度。

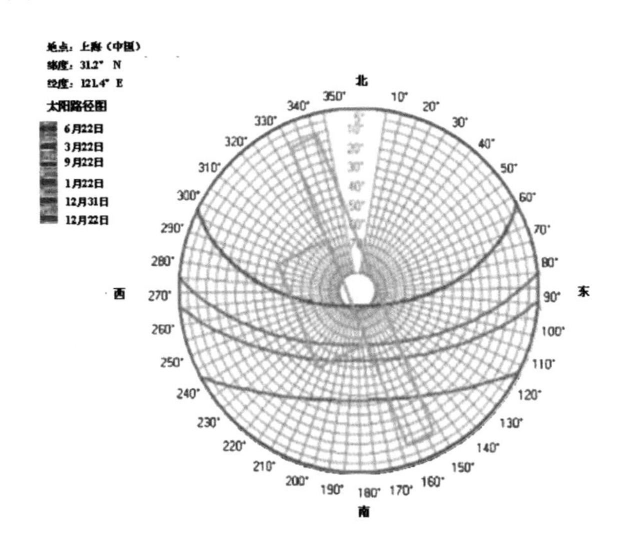

图3.35　上海地区太阳路径图

由太阳路径图得知，航站楼不同立面的遮阳板角度应该都不同。遮阳系统的优化设计应适当减少夏季及秋季（5 ~ 11月）日间（上午9时至下午5时）的太阳辐射（直射），尽量吸收冬季太阳辐射以降低采暖负荷。

2. 天窗/玻璃幕墙材料特性

表3.4列举了一些航站楼常用的透光材料的透射率和反射率的数值。如有其他特殊材料，应同样获得这些数据。

材料特性 表3.4

材料	图例	透射率	反射率
透明玻璃		0.88	0.12
磨砂玻璃		0.49（漫射）	0.12
PTFE遮阳板		0.21（漫射）	0.71
柱子、内墙、天花板及地板			0.50
地面			0.20

3. 遮阳方案

遮阳方案可以多种配置，表3.5列举了几种由透光玻璃、磨砂玻璃、遮阳板等单个或多个材料组成的遮阳方案。

几种遮阳方案 表3.5

遮阳设计方案		
基本设计 	方案一	方案二 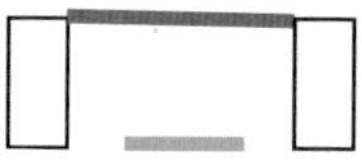
方案三 	方案四 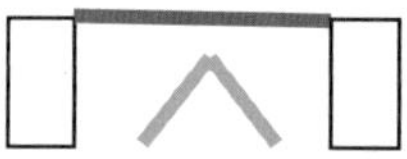	方案五 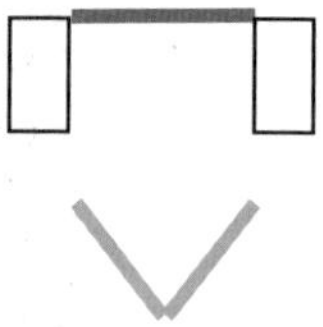
方案六 	—	—

4. 建立航站楼各个部位的计算模型

针对天窗遮阳的分析计算，可以首先用AutoCAD-revit构建建筑模型文件，将此模型文件导入Ecotect Analysis专业软件中生成计算天然光模型，利用计算天然光模拟分析评估视觉的舒适度和室内的照明效率，从而选择合适的遮阳方案。

针对立面遮阳主要是通过对夏季太阳辐射直射角度的研究，设置合理的遮阳板遮阳角度、遮阳板的形式、数量、尺寸，将夏季的直射太阳辐射减至最低。同时，须考虑不同遮阳方案对室内产生的光影深度，一般选用光影深度较短的方案，并结合工程经济性、安全性等多种因素来确定立面遮阳方案。

案例：华东某机场二期航站楼出发大厅遮阳分析（部分）（注1）

出发大厅天窗由多组“眼”形天窗组成（图3.36）。每组天窗由两个间距9m的天窗组成，每组天窗间距36m。主楼中部的天窗较大，长度为49m，面积为87m^2。主楼东部的天窗较小，长度为37m，面积为47m^2。

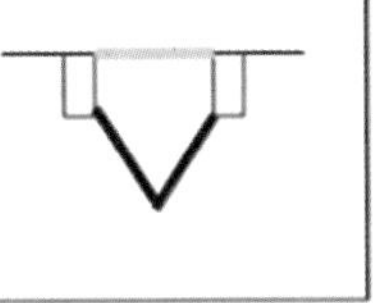

图3.36 出发大厅的天窗组成

天窗遮阳方案的研究方法是先从简单的计算天然光模型评估合适地遮阳设计，形成初步的天窗遮阳方案，再进一步利用计算天然光模型，模拟计算出天窗下室内地面区域的光亮性及均匀性（光差度）两个基本指标，以判断遮阳方案的合理性。通常情况下，由于是自然光照射，光亮度基本都可以满足照度要求，室内均匀性（光差度）的指标是判断舒适度的关键指标，一般来说，不超过5倍的光差度均可以接受。

图3.37为航站楼出发大厅的光差度和照度分析模拟输出图。左侧为光差度模拟，光差度较大，达到了20倍，在地面形成了明显亮暗地带；右侧为地面照度模拟。此遮阳方案采用的是表3.4中的基本设计，天窗材料特性符合表3.3中的数据要求。

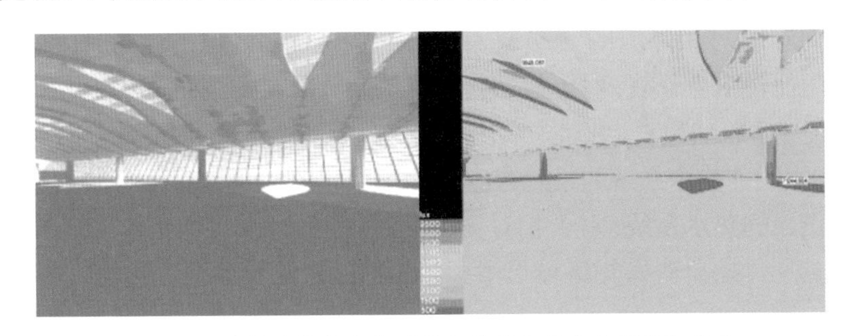

图3.37 某航站楼出发大厅的光差度和照度分析模拟输出

图3.38为改进天窗遮阳方案后的光差度和照度分析模拟输出图，改进后的方案为表3.4中的方案六，天窗材料特性符合表3.3中的数据要求。改进后的光差度降低到4.5倍左右，照度仍然达到较好的效果，为最后的推荐方案。

图3.38 某航站楼出发大厅的光差度和照度分析模拟输出

相关软件

Ecotect Analysis专业软件提供了强大的日照分析功能，包含了日照阴影分析、太阳轨迹图分析以及基于此的遮挡分析与遮阳优化设计等多方面的内容。

提供可视化的日照阴影分析：在Ecotect Analysis专业软件中，主要是以直观的三维模型效果图来显示模型中的遮挡与阴影状况，其特点是交互性高、直观并易于理解。用户可以随时调整模型得到实时结果反馈，通常来说，此分析一般不需要直接的数据计算。

太阳轨迹图及遮挡分析：Ecotect Analysis提供了太阳轨迹图用以进行建筑物的遮挡情况分析，利用太阳轨迹可以精确地分析全年日照和遮挡时间，此功能以图表显示为主。

遮阳及遮挡优化设计：Ecotect Analysis极具特色的功能之一，具有辅助建筑设计的功能。主要对于遮阳系统和建筑物自身构造可能产生的遮挡情况进行分析和优化设计。

3.4 太阳能热水系统

太阳能作为一种热辐射能源，是一种无污染的清洁能源，对于太阳能的开发利用已经成为世界各国利用新能源进行节能、环保的重要研究项目之一，且取得了较大的进展，并已进入实用阶段。近几年，随着我国经济的快速发展和对环境保护的重视，特别是在近期提出的建设节约型社会的方针后，太阳能作为一种取之不尽、用之不竭的新型环保新能源，在我国得到了大力的推广和广泛的应用。

航站楼具有宽广的屋面及巨大的立面面积，航站楼所处位置基本不会受到周围建筑或地理环境的遮挡，利用太阳能无疑具有先天的建筑优势。但与此同时，航站楼建筑的特点决定了生活用水点分散，对于航站楼这样的超大体量的建筑来说，设置集中式的热水供应系统存在着管线超长、到达末端用水点水温无法保证的问题。因此，设置分散、单元式、小型的太阳能热水系统的设计方案成为航站楼的首选。对于分散的用水点，不建议设置集中供应的热水系统；对于相对集中的用水部位，如餐饮集中的区域、VIP/VVIP区域、集中办公区域、计时宾馆区域可考虑根据航站楼的具体情况进行集中热水系统的设置。

太阳能热水系统的选择：在民用建筑中主要使用的是温度不高的热水，供应热水可以采取集中的方式，也可以采用单独的设施。目前，在我国市场上常见的太阳热水器按其集热装置的不同分为以下几类，见表3.6。

常用集中太阳能系统一览表 表3.6

选用要素		集热器类型		
		平板型	全玻璃真空管型	金属-玻璃真空管
运行期内最低环境温度	高于0℃	可用	可用	可用
	低于0℃	不可用①	可用②	可用
集热效率③		低	中	高
运行方式		承压、非承压	非承压	承压、非承压
与建筑外观结合程度		好	一般	较好
易损程度		低	高	中
价格		低	中	高

注：①采用防冻措施后可用。
②如不采用防冻措施，应注意最低环境温度值及阴天持续时间。
③本项指全面范围内全年的集热效率。

太阳能热水器按其集热装置的不同又可分为以下几类，见表3.7。

太阳能热水器按其集热装置分类　　表3.7

直流式系统		集热系统采用定温放水的方式，当集热器放水点温度高于设定供水温度时，集热器与贮热箱之间的电磁阀开启，将集热器中的热水放入贮热水箱。 1.采用非承压水箱低于集热器系统设置； 2.当采用高位水箱时，需依靠水箱与用水点的高养供热水，当采用低位水箱时，需增设热水加压装置供热水； 3.热水与空气接触，应采取保证水质的措施； 4.辅助热源采用内置加热系统，当贮热水箱内的水温或水位低于设定值时开启辅助热源加热； 本系统适用于供应热水有相当规模、用水时间固定、用水量稳定的建筑，如洗衣房，公共浴池
自然循环	单贮水装置直接加热系统	1.集热系统采用自然循环、直接加热方式； 2.水箱必须高于集热器，热水与空气接触，应采取保证水质的措施； 3.采用非承压水箱，依靠水箱与用水点的高差供热水； 4.辅助热源采用内置加热系统，当水箱内设定水位的水温低于设定值时，开启辅助热源加热； 5.只能采用冬季排空的方式防冻； 本系统适用于供热规模小、定时供应、用热水要求不高、冬季无冰冻地区的建筑。给水宜同样采用高位水箱供水，保证冷热水压力平衡
	双贮水装置直接加热系统	1.集热系统采用自然循环、直接加热方式；贮热水箱必须高于集热器，且热水与空气接触，应采取保证水质的措施； 2.当贮热水箱出水点温度高于设定供水温度或供热水箱水位过低时，开启贮热水箱与供热水箱之间的电磁阀，将贮热水箱中的热水放入供热水箱； 3.采用非承压水箱，依靠水箱与用水点的高差供热水； 4.辅助热源采用外置加热系统，当供热水箱内设定水位的水温低于设定值时，开启辅助热源加热； 5.只能采用冬季排空的方式防冻，即冬季无法使用； 本系统适用于供热水规模小、全日制供应、用热水要求不高、冬季无冰冻地区的建筑。给水宜同样采用高位水箱供水的方式，保证冷热水压力平衡
强制循环	单贮水装置直接加热系统	1.集热系统采用强制循环、直接加热方式； 2.采用非承压水箱，水箱设置位置灵活，可在高位依靠水箱与用水点的高差供热水，也可在低位，增设一套加压设备供热水； 3.辅助热源采用内置加热系统，当贮热水箱内设定水位的水温低于设定值时，开启辅助热源加热； 4.寒冷地区可采用排回防冻措施； 本系统适用于对建筑美观要求高、供热水规模小、用热水要求不高的建筑
	双贮水装置直接加热系统	1.集热系统采用强制循环、直接加热的方式加热，与辅助热源分置，太阳能预热； 2.采用非承压水箱作为贮热水箱，闭式水罐（或小型热水锅炉）供热水； 3.辅助热源采用外置加热系统，并配备智能化的控制系统，保证合理使用辅助热源； 4.设置防过热措施； 5.可以采用排回防冻措施，冬季运行可靠； 本系统适用于对建筑美观要求高、供热水规模大、供热水要求高的建筑
	单贮水装置间接加热系统	1.集热系统采用强制循环、间接加热方式加热； 2.采用承压水加热器，依靠给水系统压力供热水，水加热器可根据建筑需要灵活设置； 3.辅助热源采用内置加热系统，当水加热器内设定水位的水温低于设定值时，开启辅助热源加热； 4.一般采用防冻工质防冻方式； 本系统适用于对建筑美观要求高、供热水规模小、供热水要求高的建筑
	双贮水装置间接加热系统	1.集热系统采用强制循环、间接加热方式加热，与辅助热源分享，太阳能预热； 2.采用闭式水罐作为贮热水器，辅助加热装置（或小型热水机组）供热水； 3.辅助热源采用外置加热系统，并配备智能化的控制系统，保证合理使用辅助热源； 4.设置防过热措施； 5.一般采用防冻工质防冻方式，冬季运行可靠； 本系统适用于对建筑美观要求高、供热水规模较大、供热水要求高的建筑

太阳能热水系统的节能作用非常明显，在节能的同时也会带来不小的经济效益。经计算，一般情况下，$1m^2$集热器每年可提供能量约450kWh，如果安装$2m^2$集热器的话，则一年可提供能量约900kWh，若电价按0.6元/kWh计算，则一年可节约电费540元。如果一台$2m^2$的普通直插式真空管太阳热水器的价格为2500元，则4～5年时间即可收回热水器投资，所以，太阳能热水设施是很值得推广使用的。

由于航站楼位于机场的特殊地理位置，在设计太阳能热水器系统时，需考虑多方面的问题。既要体现出在航站楼运行上节能减排的效果，还需与航站楼、机场环境相适宜。在航站楼建筑中，太阳能集热装置的设置可依照下列原则：首先，选取屋面日照条件好，不受朝向影响，不易受到遮挡，可以充分接受太阳辐射；其次，系统可以紧贴屋顶结构安装，减少风力的不利影响。

（1）坡屋顶

最重要的是南向坡面的利用。由于南向坡面倾角大多与集热器角度接近，所以能较好地体现集热器与建筑结合的效果。

建筑设计宜根据集热器接收阳光的最佳倾角（即当地纬度±10°）来确定坡屋面的坡度，如建筑设计对坡屋面的造型或空间有特殊要求，亦可根据坡屋面的坡度调整集热器角度。与坡屋顶组成一体的太阳能集热器，其主要特点是在做好防水处理的屋面上，铺设屋面与集热器共用的防渗漏的隔热保温层，在隔热保温层上放置太阳能集热部件，这种屋面由于综合使用材料，不但降低了成本，单位面积上的太阳能转换设施的价格也可以很大程度降低，有效地利用了屋面的复合功能。

（2）平屋顶

有平屋顶的航站楼是属于比较理想的设置太阳能集热器的屋面，集热器支架与屋面的连接构造简便，系统管线易隐蔽，对建筑立面无影响，且屋面便于人员安装维护。

（3）墙面

对于建筑而言，外墙是与太阳光接触面积最大的外表面。单从太阳能利用的角度而言，太阳能集热器可以结合玻璃幕墙设计，让整个墙体都成为集热器；如墙面不是玻璃幕墙，可考虑作为附属构件依附于外墙表面，但设置位置也需考虑墙体的朝向问题。集热器设置在外墙面上的方式较适于局部热水系统的管理、维护。此外，也可考虑太阳能集热装置与遮阳的结合，比较理想的一种情况是将支架安装在窗户的上方，除支架外其余部分可以收起。夏天使用时，将集热器设置适当的位置和角度，在集热的同时起到窗户遮阳的作用。在冬天，将集热器收起来，紧贴窗上墙面，不影响窗户的采暖、采光，也不耽误集热器的工作。在外挑支架上设有档位，可使集热器在不同季节分别处于最佳的倾角。集热器的打开和收起可利用下端的拉杆完成。集热板和遮阳板的结合不仅可以为建筑在夏天提供遮阳，还可以使入射光线变得柔和，避免眩光，改善室内的光环境，而且可以使窗户保持清洁。但同时应该注意到高效率的集热系统并非一定是高效率的遮阳系统，应该对其位置和倾角进行科学的计算和设计。此外，在太阳能集热板的布置上还必须考虑集热器眩光对航线以及飞机起降的影响。在系统的选择上，航站楼太阳能热水系统建议采取强制循环系统，可根据用水量的多少来选取加热系统，根据建筑的形式以及美观要求选用集热器。

案例一：华北某国际机场扩建工程——太阳能热水系统工程（图3.39）

规模：太阳能热水系统集热器面积为3400m²。

水量：每日热水供应量为112t。

类型：温差强制循环全玻璃真空管太阳能集热器。

特点：集热器水平摆放，与建筑完美结合。

用途：为机场提供生活、配餐用热水。

图3.39 华北某国际机场扩建工程——太阳能热水系统工程

案例二：华东某国际机场西航站楼扩建工程（图3.40）

规模：太阳能热水系统集热器面积为110m²，图3.41为该案例现场安装情况。

水量：每日热水供应量为7t。

类型：CPC集热器强制循环多水箱系统。

特点：集热器水平摆放，与建筑完美结合。

辅助加热形式：电加热。

用途：为航站楼VVIP区域提供生活用热水。

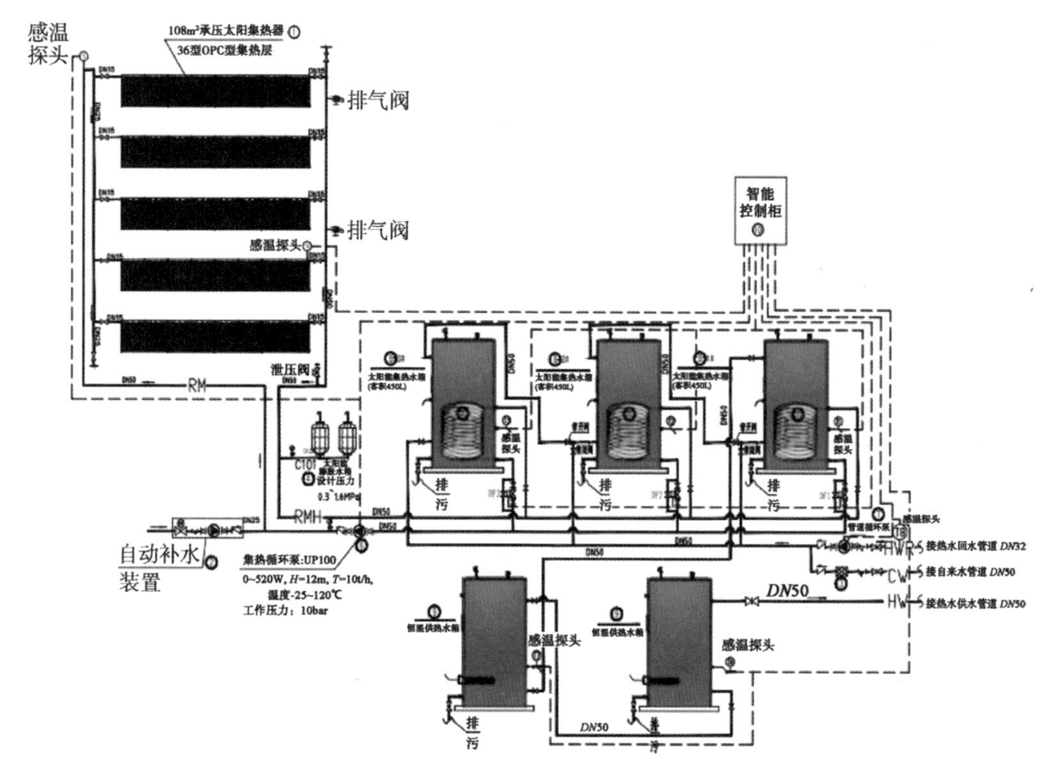

图3.40 华东某国际机场西航站楼扩建工程——太阳能热水系统流程图

图 3.41　现场安装情况

案例三：华东某国际机场 T3 航站楼扩建工程（图 3.42）

规模：太阳能热水系统集热器面积为 700m^2。

水量：每日热水供应量为 40t。

类型：平板集热器强制循环系统。

辅助加热：燃气辅助加热。

特点：集热器水平摆放，与建筑完美结合。

用途：为航站楼餐饮及职工餐厅区域提供生活用热水。

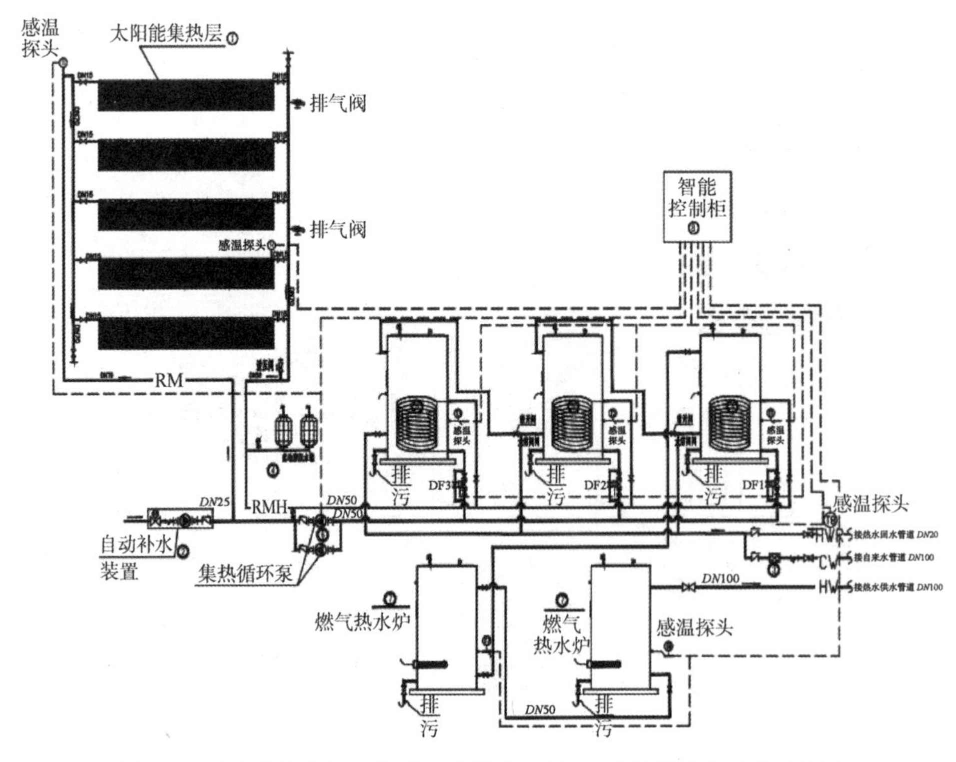

图 3.42　华东某国际机场 T3 航站楼扩建工程——太阳能热水系统流程图

第4章　主动式节能技术设计

4.1　空调冷热源系统

航站楼空调冷热源系统在整个航站楼运行能耗中占有至关重要的地位。航站楼空调冷热源系统设计的内容涉及面较多，系统形式也呈现出多种多样的选择。从不同角度考虑，一直是工程师们讨论的话题，在各类专业期刊与文献中均有许多工程案例供参考。各地航站楼设计最终采用的冷热源方案各不相同，从目前已建成或在建的32个机场航站楼的冷热源方案的调研数据获悉，其中：常规冷热源共16个，占50%；蓄能型系统共7个（水蓄冷5个、冰蓄冷2个），约占22%；另外，溴化锂冷温水机组共4个，冷热电三联供系统共2个，热泵系统3个。图4.1示意了调研的32个航站楼中，不同空调冷热源系统的分布比例。

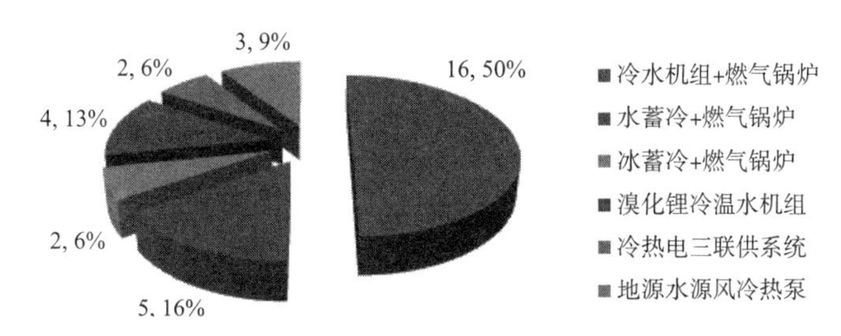

图4.1　32个航站楼中不同空调冷热源系统的分布比例

这些航站楼采用的冷热源基本配置见表4.1。

航站楼采用的冷热源基本配置　　表4.1

序号	机场名称	规模（面积等）	冷、热站设置位置	冷、热源方式
1	深圳宝安国际机场T1、T2航站楼	$80000m^2$+$70000m^2$	T1、T2航站楼之间外连廊一层中部	7台1000RT离心式冷水机组
2	深圳宝安国际机场T3航站楼	$451000m^2$	航站楼西南面能源中心	离心冷水机组+水蓄冷罐（$1000m^3$×罐+6×7023kW离心机）
3	广州新白云国际机场（T2航站楼）	$335000m^2$	总体能源中心	离心冷水机组8×7023kW
4	首都国际机场T2航站楼	$326000m^2$	总体能源中心	冷源：蒸汽溴化锂机组，总装机容量68023kW 热源：机场供热站7台75t蒸汽锅炉
5	首都国际机场T3航站楼	$900000m^2$	总体能源中心	冷源：离心冷水机组10×7023kW，总装机容量68023kW 热源：机场供热站7台75t蒸汽锅炉

续表

序号	机场名称	规模（面积等）	冷、热站设置位置	冷、热源方式
6	上海浦东国际机场T1航站楼	280000m^2	总体能源中心	冷源：离心式冷水机组4000RT×4台+2640kW+1200RT×2台+792kW+双效溴化锂冷水机组1500RT×4台；油气两用燃气轮机发电机组4000kW；热源：锅炉30t/h×3+20t/h+11t/h
7	上海浦东国际机场T2航站楼	485000m^2	总体能源中心	冷源：离心式冷水机组6693kW(1900RT)×10台+蓄冷量28000RTh蓄冷罐×2；热源：蒸汽锅炉20t/h×3台
8	上海虹桥综合交通枢纽T2航站楼	365000m^2	总体能源中心	冷源：离心式冷水机组6682kW(1900RT)×8台+蓄冷量53355RTh罐×2个热源：热水锅炉20t/h×3
9	上海虹桥机场T1航站楼	100000m^2	分别设在T1、T2航站楼内	冷源：B楼离心机800RT×1+400RT×2，A楼：离心机：450RT×2+400RT×3热源：蒸汽锅炉10t/h×2台
10	昆明小哨国际机场	548300m^2	总体能源中心	离心冷水机组+水蓄冷罐(10000m^3×3罐+10×7023kW离心机)
11	成都双流国际机场T1航站楼	138000m^2	制冷站设于主楼地下室，锅炉房设于总体距离航站楼1000m处	冷源：蒸汽溴化锂机组2990kW×6+离心机组2990kW×2；热源：蒸汽锅炉12.5t/h×3
12	成都双流国际机场T2航站楼	350000m^2	能源中心	冷源：离心冷水机组2100RT×5台
13	西安咸阳国际机场T3A航站楼	280000m^2	总体能源中心、距离航站楼500m	离心冷水机组+蓄冰装置1850RT×3+800RT×2+400RT×1
14	南京禄口国际机场T1、T2航站楼	T1、T2航站楼及交通心132000m^2+234000m^2+90000m^2	冷源：交通中心地下室；热源：总体锅炉房	离心机组+冰蓄冷：1700RT×3(双工况)+1700RT×1+800RT×2(其中一台变频)热水锅炉：14.4MW×2+6.5MW×2(110~70℃)
15	杭州萧山国际机场T1、T2航站楼	67560m^2+100000m^2	T2航站楼地下一层	冷源：离心机组1300RT×3+350RT×2热源：真空热水锅炉2791kW×5台(60~45℃)
16	杭州萧山国际机场T3航站楼	航站楼165000m^2+交通中心90000m^2	T3航站楼地下一层	冷源：离心冷水机组5×5274kW+1×2813热源：热水锅炉5×2800kW
17	郑州新郑国际机场T1、T2航站楼	118000m^2+310000m^2	总体能源中心	冷源：离心冷水机组7023kW×10台热源：热水锅炉14MW×2+蒸汽锅炉4T/h×2台
18	烟台潮水机场	100000m^2	总体能源中心	冷源：离心冷水机组热源：热水锅炉2200kW×2台
19	石家庄正定机场	52522m^2	总体能源中心	独立锅炉房：(7MW×2台热水锅炉；冷冻站；电制冷机组总装机容量6300kW
20	苏南硕放国际机场T2航站楼	62590m^2	总体能源中心	离心机组+锅炉形式

续表

序号	机场名称	规模(面积等)	冷、热站设置位置	冷、热源方式
21	长沙黄花机场T3航站楼	154000m^2	国际厅西侧道路及绿化带的地下层	分布式功能(冷、热、电联供)内燃机:1160kW,直燃溴机4652kW×3+离心机4571kW×2
22	苏中机场	29977m^2	总体能源中心	4台制冷量为1600kW的地源热泵(装机容量含陆侧其他单体建筑)
23	西藏拉萨贡嘎机场	26000m^2		热源:风冷热泵
24	银川河东机场	13000m^2	供热锅炉房设于航站区,冷冻站单独设置	冷源:双效蒸汽型溴化锂吸收式冷水机组1150kW×1 热源:热水锅炉14MW×2+蒸汽锅炉2t/h×1
25	绵阳南郊机场	21000m^2	航站楼地下室	冷源:离心式冷水机组1231kW(350RT)×3 热源:燃油真空热水锅炉1163kW×2
26	厦门高崎国际机场	127000m^2	总体能源中心	冷源:离心式冷水机组550RT×6
27	哈尔滨阎家港国际机场	61792m^2	总体能源中心	冷源:离心式冷水机组3×1476kW 热源:机场锅炉房提供蒸汽和热水
28	珠海机场	92000m^2	航站楼东南侧	离心式冷水机组5×3508kW+风冷涡旋冷水机组3×140kW
29	天津滨海国际机场	220000m^2	总体能源中心	电制冷+水蓄冷系统 冷源:离心式冷水机组7032kW(2000RT)×4台+蓄冷量14771kWh 蓄冷罐×1
30	大连周子水国际机场	70090m^2	航站楼地下一层	冷源:离心式冷水机组6165kW×3 热源:高温水外网
31	南昌昌北机场	27000m^2	航站楼旁边	冷热源采用溴化锂直燃机,制冷容量7000kW,制热容量5000kW
32	西昌青山机场	995954m^2	总体能源中心	冷热源:地下水水源热泵机组2台,单台制冷量899kW,制热量943.7kW

在确定航站楼主冷热源方案的过程中,应关注以下几个方面的问题。

(1)当地能源情况与政策:电价政策(分时电价)、燃气价格、市政热力、鼓励政策与补贴。

(2)当地气候条件与特殊的热源热汇。

(3)供冷、供热的温度及温差应与输送系统相适应:输送距离远,宜采用大温差降低输送能耗,减小管线投资(供冷8℃);用户侧是否还需设置一级换热(影响供水温度)。

(4)系统应高效、可靠、经济:航站楼空调能耗大,必须有效提高系统能效比(含输送系统);航站楼为大型公共建筑,保障要求高;投资增量回收期短。

(5)航站楼内有相当数量的功能区域或房间,其空调冷热的需求与航站楼主体空调冷热源系统运行时间不同步,或者在航站楼空调停运期间无法稳定供应,因此,需要局部地设置冷热源系统来满足其使用要求。这些需求需要考虑的重点与上述4条没有直接关系。

在以下的内容中,将通过5个方面来介绍提高航站楼冷热源能效的途径:冰蓄冷;水蓄冷；地源热泵；分布式能源系统；局部空调冷热源实施方案。

需要说明的是，这些途径并非单一地运用在航站楼的空调冷热源设计中，实际应用中，可以根据每个项目的不同条件，采取组合的方式加以分析应用。

1. 冰蓄冷

冰蓄冷技术为蓄冷技术之一，其利用水的相变热储存冷量，蓄冷装置单位体积的蓄存能力高，适用于冷源机房场地条件受限的情况。

冰蓄冷技术在航站楼项目中应用具有以下几个方面的优点：

（1）在电力消耗的高峰和用电量需求最低时段之间起到"削峰填谷"的作用。一般来说，蓄冰量越大，削峰的作用越明显。

（2）利用白天和夜晚的电力差价，可以显著地降低航站楼空调所需的运行费用。一般来说，蓄冰量越大，航站楼空调所需的运行费用越低。

（3）大、中型机场航站楼通常与能源中心（制冷中心）距离较远。冷水输送能耗占整个空调系统的运行能耗相当大的比例。如果采用冰蓄冷技术的冷源系统可获得较低的供水水温，输配系统供回水温差可以比常规的5℃加大，非常有利于降低输送能耗，并且减少长距离输送管路的系统投资。

因此，机场航站楼及其附属用房是否采用冰蓄冷的冷源方式，一般会从以下几个方面加以初步考虑，并经仔细的经济性计算后确定：

（1）可享受的分时电价政策。一般情况下的数据统计，当地的峰、谷电价比达到3∶1以上时，采用冰蓄系统可降低运行费用。

（2）当地高峰时段的限电政策要求，以及当地的峰、谷电时段长度，推算出可行的蓄冰和融冰设计时间。

（3）制冷机房（能源中心）的场地条件是否可以满足蓄冰设备的要求。

（4）设计日逐时冷负荷情况。

按蓄冰方式，冰蓄冷系统分类如图4.2所示。

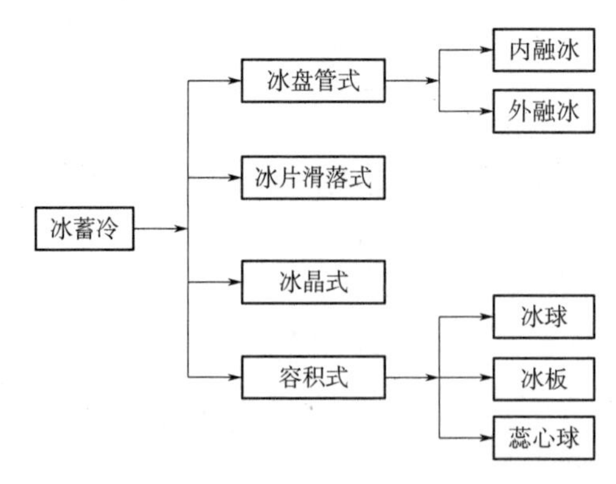

图4.2　冰蓄冷系统分类

在机场航站楼及能源中心项目中，常用的方式有外融冰盘管式与内融冰盘管式，这两种系统的示意图如图4.3、图4.4所示。

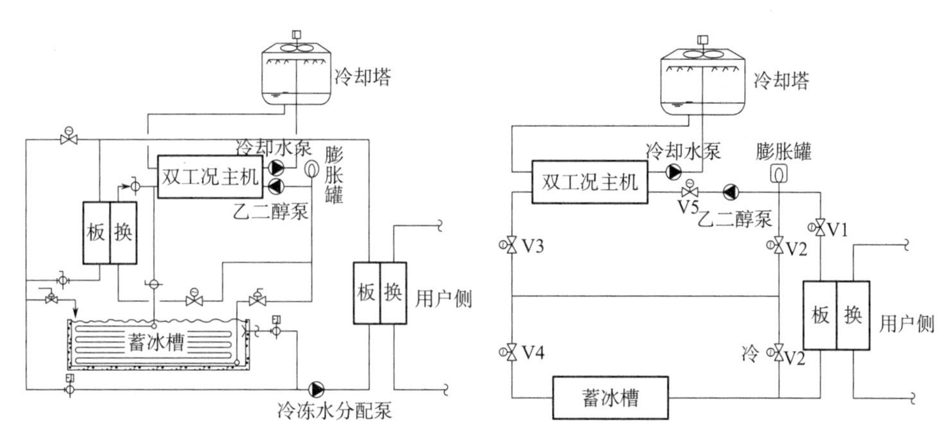

图4.3　外融冰盘管式蓄冷系统示意图　　图4.4　内融冰盘管式蓄冷系统示意图

外融式冰盘管蓄冷系统释冷时，由温度较高的冷水回水，直接进入蓄冰槽内循环流动，使盘管外表面的冰层自外向内逐渐融化。蓄冰槽一般为开式，为了使融冰均匀，在槽底部设置压缩空气搅拌管道，用清洁的压缩空气气泡增加水流扰动，提高换热效率。外融冰方式，由于温度较高的冷水回水与冰直接接触，融冰释冷速度快，可以在较短的时间内制出大量的低温冷水，更加灵活地安排运行策略，适合于短时间内要求冷量大、温度低的场所。

内融式冰盘管蓄冷系统释冷时，经空调负荷加热的高温载冷剂在盘管内循环，将盘管外表面的冰逐渐融化，使载冷剂降温，以供用户需要。与外融冰方式相比，内融冰方式可以避免外融冰方式由于上一周期蓄冷循环时，在盘管外表面可能产生剩余冰，引起传热效率下降，以及表面结冰厚度不均匀等不利因素。另外，内融冰系统为闭式流程，对系统的防腐及静压问题的处理都较为简便、经济。但由于换热面积仅为盘管表面，内融冰的融冰释冷速度较慢，在运行策略安排方面不如外融冰系统灵活。

从制冷机组与蓄冰装置的连接方式上而言，可分为串联系统与并联系统，其优、缺点如表4.2所示。

串联/并联系统优缺点比较　　**表4.2**

制冷机组与蓄冰装置连接方式	优点	缺点
串联	适用于各种温差的系统，特别是大温差系统（$\Delta t \geq 8$℃） 出水温度易控制且运行稳定	系统温差较小（$\Delta t \leq 8$℃）时，溶液泵运行能耗较高
并联	系统可兼顾制冷机组与蓄冰装置的容量和效率 单释冷供冷时，溶液泵能耗较低	出水温度和出水量控制复杂 存在高、低水温窜混

从制冷机组与蓄冰装置上、下游方式上而言，可分为主机上游系统与主机下游系统，其优、缺点如表4.3所示。

由于蓄冰温度较低，故制冷主机通常选用双工况机组，大型项目中通常采用螺杆式或离心式制冷机组，制冷机组特性比较如表4.4所示。

主机上游/下游系统优缺点比较　　表4.3

制冷机组在系统中的位置	优点	缺点
主机上游系统	因进、出水温度较高，制冷机组的运行效率较高，能耗较低； 制冷机组的初投资小	蓄冰装置释冷温度和融冰效率均较低，对释冷的特性及系统运行要求较高； 系统出水温度控制复杂； 蓄冰装置初投资大
主机下游系统	系统出水温度控制简单； 对蓄冰装置的释冷性能及系统运行要求较低； 蓄冰装置初投资小	因进、出水温度较低，制冷机组的运行效率较低，能耗较高； 制冷机组初投资大

双工况制冷机组性能比较　　表4.4

制冷机组类型	最低供冷温度（℃）	制冷机组性能（*COP*）		典型选用容量范围（RT）
		空调工况	蓄冰工况	
螺杆式	−12 ~ −7	4.1 ~ 5.4	2.9 ~ 3.9	50 ~ 500
离心式	−6	5 ~ 5.9	3.5 ~ 4.1	200 ~ 2000

航站楼及能源中心冰蓄冷系统的设计，应从多方面系统地考虑，以体现出采用冰蓄冷系统作为冷源的优势。设计要点一般从以下几个方面考虑：

（1）冰蓄冷系统可提供较低的冷水水温，故应从末端方案上选用适配的系统组织方式（温度对口、梯级利用），尽可能增加水系统温差，从而降低输送能耗与管路系统初投资。

（2）鉴于航站楼建筑夜间负荷需求（到达航班结束晚），故应考虑设置基载冷水机组，避免双工况制冷机组边蓄冰边供冷的低效工况，基载制冷机组应具有良好的部分负荷调节能力与效率。

（3）由于载冷剂（乙二醇溶液）泵是在蓄冷、释冷几种运行工况下的最不利条件下选型得出，初选的泵应对有可能出现的其他运行状况进行校核，以免出现泵的工作状态超出正常流量和扬程范围的情况，并充分考虑此类泵在不同工况下的效率，以有效降低能耗。

案例：华东某机场二期工程能源中心冰蓄冷系统

该项目位于江苏省中部，其中，航站楼总建筑面积为236935m²，交通中心（除酒店功能区外）总建筑面积为115411m²，航站楼与交通中心采用集中供冷方式，制冷机房设置于交通中心地下室内。航站楼空调设计冷负荷为34100kW，交通中心（除酒店功能区外）空调设计冷负荷为6895kW，同时使用系数为0.9时，冷源系统设计日逐时负荷情况如图4.5所示，1:00 ~ 7:00冷负荷较低，8:00以后负荷增加显著，并缓慢上升，至15:00时达到峰值，随后缓慢下降。

该项目采用蓄能型空调，享受分时电价政策，结合机房场地条件，对于冷源系统考虑采用冰蓄冷系统方案，蓄冷率约为15%。系统形式为主机上游、内融冰蓄冷盘管，系统设备配置如表4.5所示。

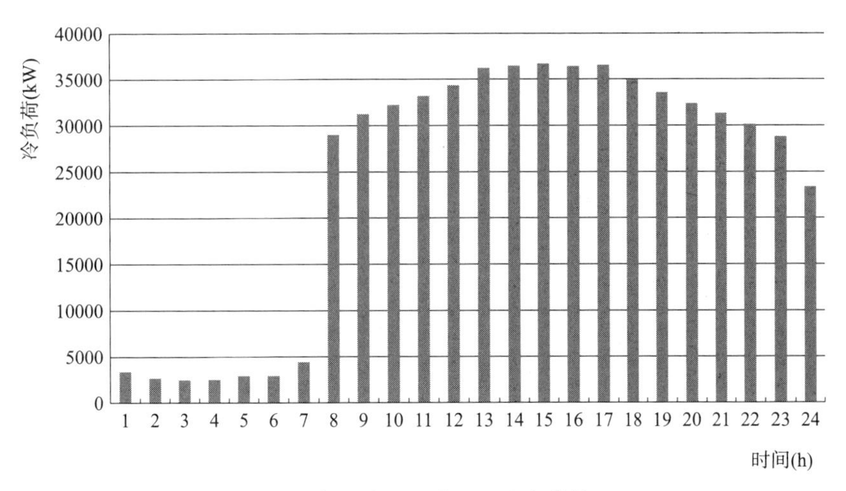

图4.5 冷源系统设计日逐时负荷情况

冷源系统设备配置 **表4.5**

水冷式制冷机组				
类型	设备编号	单台冷量（空调/制冰）(kW)	数量（台）	供回水（溶液）温度（℃）
基载制冷机组（离心式）	CWU-JB-1	5978（10kV）	1	5.5/13.5
	CWU-JB-2	2971（380V）	1	5.5/13.5
	CWU-JB-3	2971（380V，变频）	1	5.5/13.5
双工况制冷机组（离心式）	BCWU-JB-1，2，3	5978/4120（10kV）	3	5.9/11.5（空调） –5.6/–1.72（制冰）

蓄冰设备				
类型	蓄冰中潜热容量（kWh）	单台潜热容量（kWh）	台数（台）	进出溶液温度（℃）
蓄冰钢盘管+混凝土蓄冰槽	86400	1200	72	–5.6/–1.72（制冰） 5.9/3.5（融冰）

冷源系统图如图4.6所示。

蓄冰装置是冰蓄冷系统中的关键设备，冰盘管又是外融冰与内融冰设备的核心部件，主要有以下三类。

（1）卷焊钢制盘管：盘管由钢板经过高频连续卷焊而成，外表面采用整体热浸锌防腐处理。

（2）无缝钢盘管：盘管采用无缝钢管，经连续焊接而成，钢盘管外表面采用热浸锌防腐处理。

（3）导热塑料管：该类盘管是以在塑料中添加导热助剂和强度助剂后配制而成的导热塑料作为换热元件。其主要特点为重量轻、导热性能好、不腐蚀、使用寿命长。

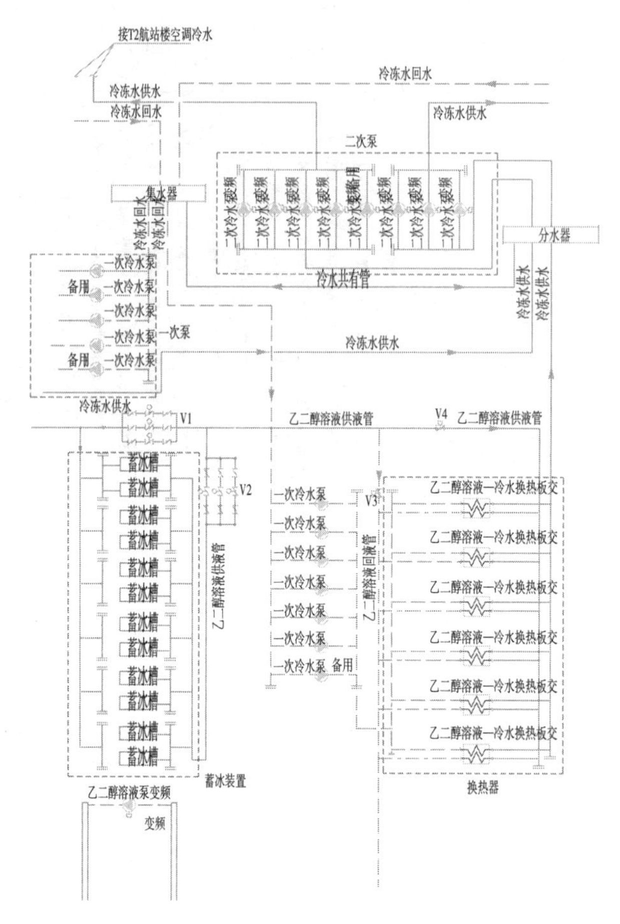

图4.6　冷源系统图

2. 水蓄冷

水蓄冷以价格低廉、使用方便的水作为蓄冷介质，利用水的显热进行冷量储存，具有初投资少、系统简单、维修方便、技术要求低、可以使用常规空调制冷系统及在冬季可以用于蓄热等特点。用水蓄冷在很多场合是成功的，它有许多其他蓄冷材料无可比拟的优点，即传热性能好、性能稳定、价廉易得。水蓄冷技术适用于现有常规制冷系统的扩容或改造，可以实现在不增加或少增加制冷机组容量的情况下，提高供冷能力。另外，水蓄冷系统可以利用消防水池、蓄水设施或建筑物地下室作为蓄冷容器，降低水蓄冷系统的初投资，提高系统应用的经济性。

水蓄冷技术在航站楼项目中使用具有以下两个方面的优势：

（1）在电力消耗的高峰和用电量需求最低的时段之间起到“削峰填谷”的作用。一般来说，蓄冷水量越大，削峰的作用越明显。

（2）利用白天和夜晚的电力差价，可以显著地降低航站楼空调所需的运行费用。一般来说，蓄冷水量越大，航站楼空调所需的运行费用越低。

水蓄冷最大的特点是需要体型巨大的冷水蓄水场所，而机场航站楼区域（包括能源中心）一般占地宽广，基本可以提供足够的空间设置航站楼制冷需要的冷水蓄水场所。

冷水蓄水的主要技术难点是保持蓄水槽中温度较高的回水与蓄水槽中温度较低的供

水处于分离状态，避免不同温度的水混合，因此需要合理设计蓄水冷槽的结构形式。目前按照蓄冷水槽的混合特性，可以分为两种基本形式：完全混合型蓄冷水槽；温度分层型蓄冷水槽。

图4.7为某蓄冷水槽工程中一个迷宫型蓄冷水槽的原理示意图，该蓄冷水槽属于完全混合型蓄冷水槽的一种。

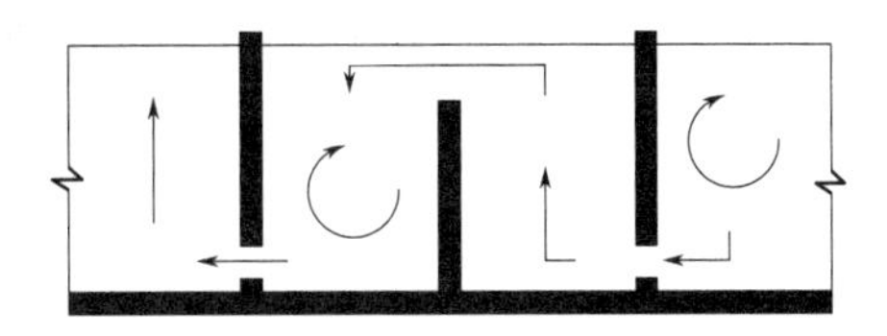

图4.7　迷宫型蓄冷水槽原理示意

该蓄冷水槽内利用“一高一低”的开孔原则可保证单个槽体内的水完全混合，从而对整个蓄冷水槽的混合起到抑制作用。蓄冷水槽内墙的开孔方式如图4.8与图4.9所示。

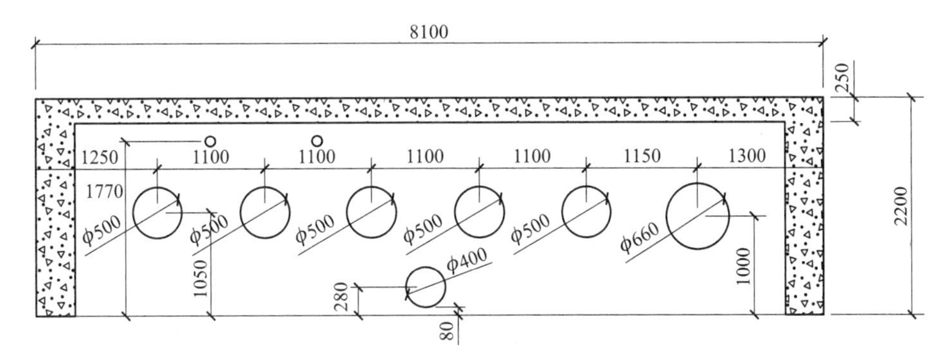

图4.8　高位联通孔剖面图

图4.10为该蓄冷水槽的三维模型示意图。蓄冷与释冷时的物理模型相同，边界条件不同。蓄冷时，冷水由截面1流入，截面2流出，释冷时则相反。在实际运行中，单个水槽内温度充分混合，但每个水槽内的温度随着水流方向改变：冲冷时，从进水槽到出水槽温度逐渐升高；释冷时，从进水槽到出水槽温度逐渐降低。完全混合型蓄冷水槽是依靠单个水槽的隔离作用来较好的抑制蓄冷水槽整体的温度混合。混合型蓄冷水槽一般比较适合建筑面积(体积)较为紧张的建筑体内使用，根据建筑体可利用的空间形状精心设计蓄冷水槽的布局。

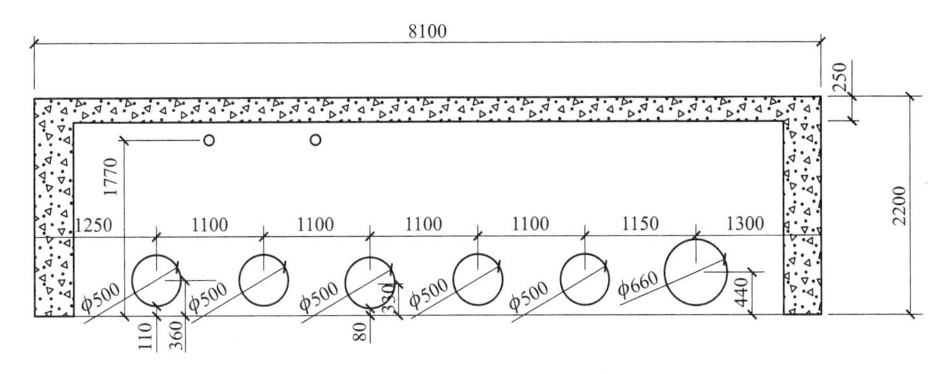

图4.9　低位联通孔剖面图

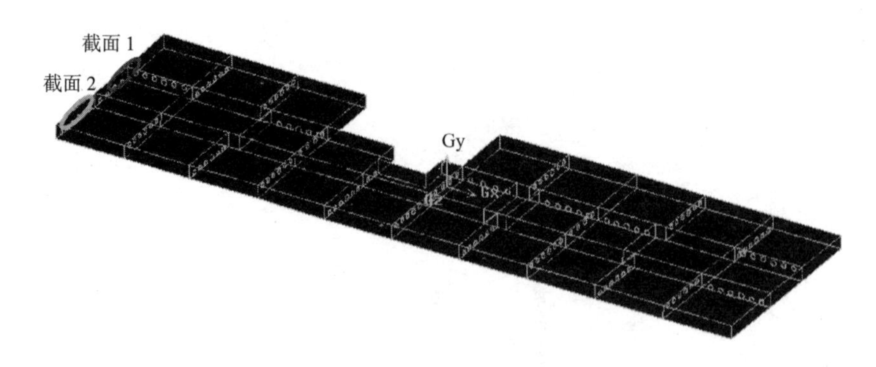

图 4.10　三维模型示意图

温度分层型蓄冷水槽是利用冷水温度不同密度也不同的特点，形成每个蓄冷水槽内下冷上热的温度稳定分层，使单个水槽内的混合基本受到抑制。温度分层型蓄冷水槽可以是多个水槽联合工作，也可以是单个水槽独立设置。温度分层型蓄冷水槽在垂直方向上易于形成自然分层的现象，利用这种优势，工程上一般设计成竖向罐体的简单结构以进行水蓄冷。

航站楼制冷负荷需求量较大，一般冷水蓄水容量可达几千至上万立方米。比较适宜的构造形式为温度分层型蓄冷水槽。自然分层依靠水的密度的不同自然形成水体上热下冷的分布，无需复杂的内部构造，具有结构简单、蓄冷效率较高、经济效益较好的特点，特别适合建设体型巨大的蓄冷水罐。

水的密度与其温度密切相关，在水温大于4℃时，温度升高密度减小，而在0 ~ 4℃范围内，温度升高密度增大，3.98℃时水的密度最大。在分层水蓄冷中，温度为4 ~ 6℃的冷水聚集在蓄冷罐的下部，而10 ~ 18℃的热水自然地聚集在蓄冷罐的上部，实现冷热水的自然分层。在蓄冷罐中设置上、下两个均匀分配水流的布水器，热水始终从上部的布水器流入或流出，而冷水从下部的布水器流入或流出。为保证自然分层的效果，应控制雷诺数（Re）与弗劳德数（Fr），防止水的流入和流出对储存冷水的影响，使水流以较小的流速均匀地流入蓄冷罐，减少对蓄冷水的扰动。在自然分层水蓄冷罐中，斜温层是一个影响冷热分层和蓄冷罐蓄冷效果的重要因素，它是由于冷、热水间自然的导热作用而形成的一个冷、热温度过渡层。稳定的斜温层能防止蓄冷罐下部冷水与上部热水的混合，斜温层变化是衡量蓄冷罐蓄冷效果的主要考察指标，一般应将斜温层的厚度控制在0.3 ~ 1.0m之间。由于通过该水层的导热、水与蓄冷罐壁面和沿罐壁的传热、储存时间的延长等原因会导致斜温层增厚，从而减少实际可用蓄冷水的体积，减少可用蓄冷量。

水蓄冷空调系统可分为全蓄冷、负荷均衡蓄冷、用电限制蓄冷三种形式。航站楼蓄冷水系统通常可以按照以下原则选择蓄冷形式：

（1）设计日尖峰负荷远大于平均负荷且当条件允许时，采用全蓄冷设计。

（2）设计日尖峰负荷与平均负荷相差不大时，可以采用部分蓄冷形式，即负荷均衡蓄冷。

（3）电力消耗高峰负荷时段的用电限制时，所蓄的冷量应满足消除电力尖峰时段所需的供冷量。

通常情况下，航站楼具有以下因素或优势，因而推荐采用负荷均衡蓄冷：

（1）航站楼设计日尖峰负荷与平均负荷相差不大。

（2）机场能源中心建设蓄冷水罐的场地限制和空间限制不大。

（3）机场航站楼没有电力消耗高峰负荷时段的用电限制。

（4）空调年运行费用总量较大，水蓄冷具有较大的经济价值。

（5）水蓄冷初投资额外增加的综合费用较少。

在最终选择采用水蓄冷方案之前，需要做一些方案比选，特别是通过运行经济性的分析来确定水蓄冷具有的优势。在下述的案例一的内容中，将会通过三个制冷方案的比选来说明水蓄冷在某航站楼能源中心具有的运行优势。

理论上，在确定了蓄冷水量之后，可以通过简单的体积、流量计算大致确定理想状态下蓄冷水罐的几何尺寸以及相应的充冷、放冷时间等基本参数。

由于蓄冷水罐的体积非常大，在实际运行时，罐体内不同温度（密度）的水在水体流动（充冷或者放冷模式）的动态模式下，其低温冷水层、高温冷水层、斜温层的分布和体积的大小，受到水体自然对流混合、进水口流速扰动、吸水口流速扰动、蓄水罐壁热传导、罐体构造等多重因素的影响，与理想状态的计算值会有较大的差异。因而在实际工程使用中，不能运用理想状态下计算的数值指导运行。

考虑这些因素需要进行的计算工作非常复杂，工程上通常采用软件数值计算的方法进行模拟计算。计算采用的FLUENT软件是用于模拟流体流动以及热传导的功能强大的CFD软件，采用C语言编写，其后处理功能可以提供蓄冷水罐内流动的温度场、速度场模拟，直观地反映水蓄冷罐内温度、流速的分布及其随时间的变化情况。

模拟分析的过程重点关注以下几个方面：

（1）充冷过程分析

充冷关注开始阶段底板附近流场和温度场分布、充冷全过程罐内温度分布和斜温层的演变及稳定、充冷结速阶段顶板附近的流场和温度场分布。研究此阶段的目的在于达到有效稳定的温度分层蓄水体的情况下，获得充冷时间、斜温层厚度、罐体流速及温度分布几个重要的参数，为实际营运提供理论支持。

（2）放冷过程分析

与充冷过程相反，放冷过程重点关注放冷开始阶段顶板附近流场和温度场分布、罐内温度场分布和斜纹层的演变、放冷结束阶段底板附近的流场和温度场分布。研究此阶段的目的在于达到有效放冷的情况下，获得放冷时间、斜温层厚度、罐体流速及温度分布几个重要的参数，为实际营运提供理论支持。

（3）罐壁热量传递分析

通过对罐壁的热量传递造成的蓄冷量损失的研究，确定保温层是否有效减小了环境温度对罐内冷水的影响，并将影响控制在有限范围内。这对确定保温层的厚度及隔热性能参数具有重要意义。

（4）不同运行条件的对比研究

通过改变模拟初始参数，我们可以获得充冷、放冷过程在不同进出口水温、不同进出口温差以及不同流量情况下的系统表现，获得在不同运行条件下的斜温层厚度、充冷放冷时间、有效蓄冷水量等重要参数，为实际营运提供重要理论支持。

（5）残留斜温层分析

无论是充冷还是放冷过程，当斜温层未完全消除时，对后续放冷或充冷过程的影响也可以在模拟中加以分析。实际运行使用时，应当尽量避免残留斜温层。

案例一：华东某国际机场二期能源中心水蓄冷方案分析（注1）

该国际机场二期能源中心供冷、供热的服务面积为885000m^2，其中，近期为二号航站楼485000m^2，交通中心30000m^2，远期为三号航站楼100000m^2。设计冷热负荷数据见表4.6。

能源中心供冷供热负荷　　表4.6

	夏季冷负荷（kW）	冬季热负荷（kW）
二号航站楼	80160	47153
交通中心	5626	3512
三号航站楼	21096	12600

二期工程逐月冷负荷变化曲线见图4.11。该曲线反映了航站楼的空调负荷主要还是随气候变化而变化，室内其他负荷（设备、人员）的影响很小。

二期工程全年累计冷负荷的计算方法是：根据设计日逐时负荷相加求得其日负荷为328780RTh，并推算出7月份负荷为9173000RTh。由原该国际机场提供的一号航站楼每月实际负荷曲线可得出每个月之间的比例关系，从而推算出各月的累计负荷（图4.11），叠加后求出全年的累计负荷为32197100RTh。图4.12为100%设计日逐时冷负荷分布柱状图。

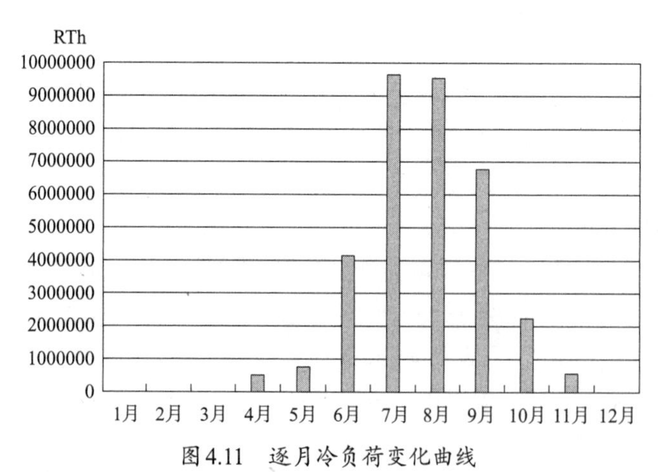

图4.11　逐月冷负荷变化曲线

从图4.12中可以看出，负荷高峰集中在9:00 ～ 22:00之间，即空调冷负荷高峰出现的时间处于用电高峰时间内。上海浦东国际机场可享受夜间低谷电价即0.229元/kWh，仅为峰值电价的22%，可见“削峰填谷”的蓄冷系统在大幅度降低运行费用方面具有很大的发展潜力。因此可以预测，采取水蓄冷空调技术可以起到“削峰填谷”的作用，降低机场空调所需的运行费用。

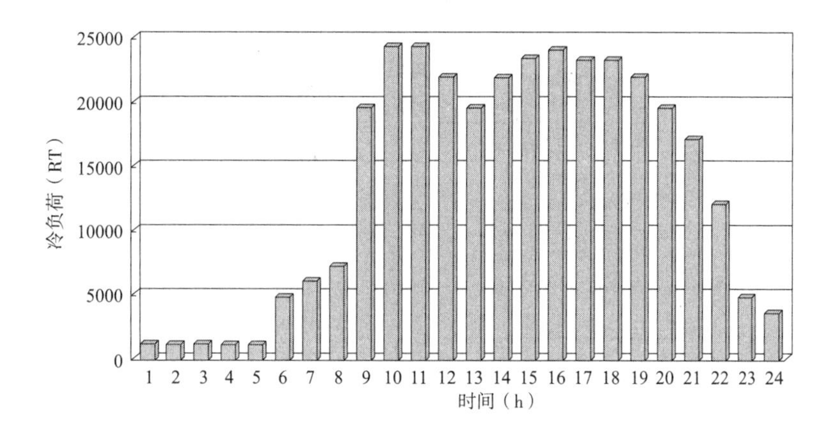

图4.12 100%设计日逐时冷负荷图

三种不同供冷方案比较

对比分析三种制冷供冷方案，即常规无蓄冷电制冷（简称电制冷）、冰蓄冷和水蓄冷供冷方案，从而确定采用何种供冷方案。各种方案的综合技术参数见表4.7。

综合技术参数汇总表 **表4.7**

冷热形式技术指标	电制冷	冰蓄冷	水蓄冷
装机容量	24400 RT	18320 RT	19000 RT
设备功率	10 kV：17667kW 0.4 kV：5545 kW	10 kV：13048 kW 0.4 kV：6823 kW	10 kV：12590 kW 0.4 kV：4675 kW
年耗电量	32643708 kWh	38059673kWh	32556810 kWh
机房面积	$35\times128m^2$	$35\times120.6m^2$	$35\times104m^2$

（1）电制冷方案

该方案选用相同的离心式冷水机组13台，每台冷量为1900RT，每冷吨耗电小于0.72kW（冷水温度4℃/12℃，换算成标准工况冷水温度7℃/12℃，其*COP*值为5.3）。配套设置一次冷水泵14台，流量为$760m^3/h$。冷却水泵14台，流量为$1200m^3/h$。为了降低输送能耗，配置6台变频二次冷冻循环水泵，流量为$2020m^3/h$，通过共同沟管网将4～12℃的冷水送至二号航站楼，主设备配置与技术参数详见表4.8。机房面积（不含辅助面积）为$4480m^2$，长128m，宽35m，净高11.5m。

电制冷机房主设备配置与技术参数表 **表4.8**

序号	名 称	设备型号规格	数量（台）	功率（kW）	总功率（kW）	单价（万元）	总价（万元）
1	常规离心式冷水机组	空调制冷量1900RT，冷却水温度32℃/38℃，冷水温度4℃/12℃	13	1359	17667	380	4940

续表

序号	名 称	设备型号规格	数量（台）	功率（kW）	总功率（kW）	单价（万元）	总价（万元）
2	超低噪声横流式冷却塔A	冷却水量1200m³/h，冷却水温度32℃/38℃	13	55	715	52	676
3	冷却水循环泵	流量1260m³/h，扬程31.5m，转速1450r/min	14（13用1备）	160	2080	25.8	361.2
4	冷水一次泵A（定频定流量）	流量760m³/h，扬程22m，转速1450 r/min	14（13用1备）	75	975	16.3	228.2
5	冷水二次循环泵（变频控制）	流量2020m³/h，扬程50m，转速1450 r/min	6（5用1备）	355	1775	48.4	290.4
6	机房自控系统	含变频控制、传感器、电动阀等	整套	—	—	660	660
7	辅助设备与安装费用	含外场管道	整套	—	—	1860	1860
合 计					23212	—	9015.8

（2）冰蓄冷方案

冰蓄冷系统通常采用分量蓄冰模式，大部分时间在50%左右的负荷区间运行，分量蓄冰将在运行中逐渐转化为全量蓄冰模式。这种蓄冷模式仅转移了电力高峰期的部分用电量，气温较高、白天负荷较大时，系统白天还需较大的配电容量。运行费用较全量蓄冰高。

该方案采用分量蓄冰的供冷模式，蓄冰率为17%，另设4台基载主机。

1）系统配置与投资

主设备配置与技术参数见表4.9。

冰蓄冷机房主设备配置与技术参数表　　表4.9

序号	名 称	设备型号规格	数量	功率（kW）	总功率（kW）	单价（万元）	总价（万元）
1	常规离心式冷水机组	空调制冷量1220RT，冷却水温度32℃/38℃，冷水温度4℃/12℃	2台	873	1746	244	488
		空调制冷量2440RT，冷却水温度32℃/38℃，冷水温度4℃/12℃	2台	1746	3492	488	976
2	双工况离心式冷水机组	空调工况：制冷量2200RT，冷却水温度32℃/38℃，乙二醇温度5.5℃/10.5℃；制冰工况：制冷量1500RT，冷却水温度31℃/37℃乙二醇温度-5.6℃/-2.2℃	5台	1562/1520	7810/7600	726	3630

续表

序号	名 称	设备型号规格	数量	功率（kW）	总功率（kW）	单价（万元）	总价（万元）
3	超低噪声横流式冷却塔	冷却水量900m³/h，冷却水温度32℃/38℃	6台	37	222	40	240
		冷却水量1650m³/h，冷却水温度32℃/38℃	5台	74	370	72	360
4	冷却水循环泵	流量900m³/h，扬程30m，转速1450 r/min	2台	90	180	21.5	43
		流量1800m³/h，扬程30m，转速1450 r/min	2台	200	400	32.1	64.2
		流量1650m³/h，扬程30m，转速1450 r/min	5台	185	925	32.1	160.5
5	乙二醇循环泵（变频控制）	流量1500m³/h，扬程40m，转速1450 r/min	5台	220	1100	44.6	223
6	常规主机冷水一次泵	流量470m³/h，扬程18m，转速1450 r/min	2台	37	74	6	12
		流量930m³/h，扬程18m，转速1450 r/min	2台	75	150	16.3	32.6
7	蓄冷系统冷水一次泵	流量840m³/h，扬程17m，转速1450 r/min	5台	75	375	15.4	77
8	冷水二次循环泵（变频控制）	流量2000m³/h，扬程50m，转速1450 r/min	5台	355	1775	48.4	290.4
9	乙二醇补液泵	流量90m³/h，扬程20m，转速1450 r/min	2台（备1台）	11	11	2.5	5
10	不完全冻结式蓄冰盘管	TSU-380M，潜热蓄冰量380RTh	150组			19.2	2880
11	乙二醇/水板式换热器	换热量1186RT 2.8℃/10.5℃，4℃/12℃	15			90	1350
12	乙二醇溶液	100%纯溶液	245t			2.8	686
13	乙二醇系统定压装置（不锈钢）					35	35
14	电气与自控系统	含变频控制、传感器、电动阀等	1套			760	760
15	辅助设备与安装费用	含外场管道				1984	1984
合计					18630		14296.4

注：总配电容量不包括备用水泵的耗电量。

2）盘管式冰蓄冷系统特点

冰蓄冷系统按串联循环回路设计，选用双工况冷水主机用于供冷与制冰，蓄冰装置采用盘管蓄冰方式。冰盘管串联系统可以保证恒定的低温乙二醇出口温度(2.8℃),系统中主机置于循环回路的上游,提高了主机的蒸发温度,同时也提高了主机的工作效率。来自板式热交换器的10.5℃的乙二醇溶液,经过主机制冷后再经过盘管进一步冷却到2.8℃,通过板式热交换器向末端提供所需的冷量,保证末端稳定的4℃冷冻供水。

串联回路减少了乙二醇管路、阀门及接头,简化了施工及维护管理,系统流程更简单,布置紧凑。双工况主机与蓄冰装置、板式换热器、乙二醇泵等设备组成冰蓄冷系统,蓄冰系统与常规系统按以下5种模式进行工作:①双工况主机制冰+基载主机供冷模式;②双工况主机单独制冰模式;③主机与蓄冰装置联合供冷模式;④融冰单独供冷模式;⑤主机单独供冷模式。

3)冰蓄冷空调系统运行策略

冰蓄冷空调运行方式按主机优先模式设计,运行策略参见图4.13 ~图4.16。

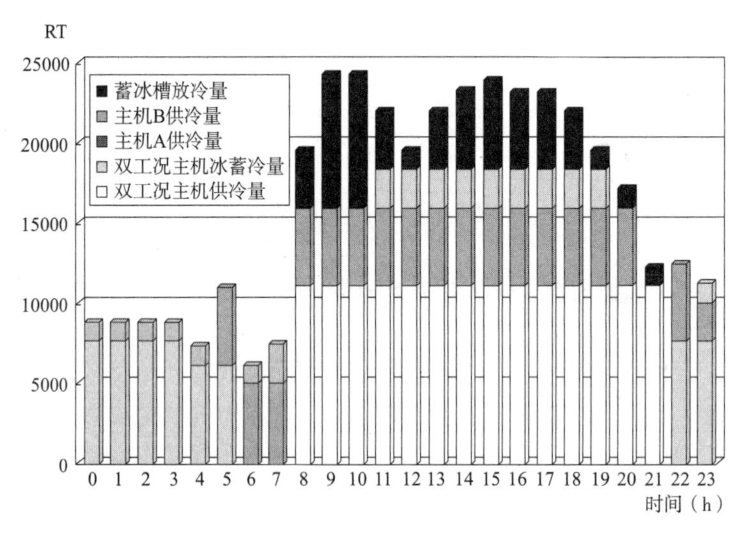

图4.13 100%设计日冰蓄冷空调运行策略

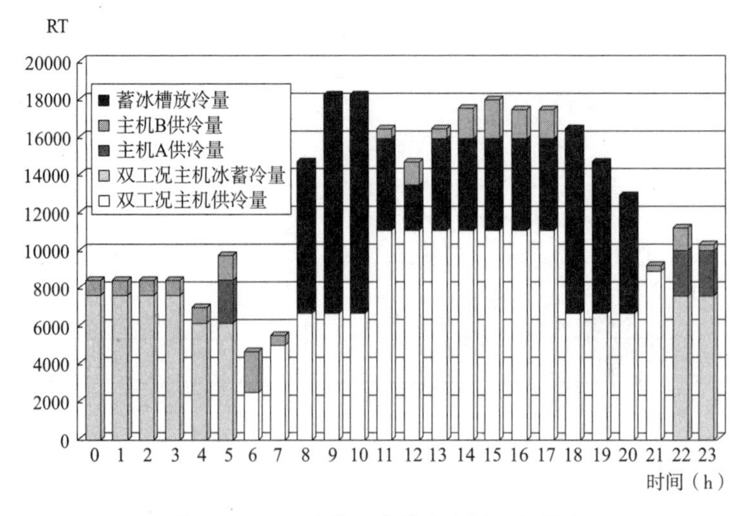

图4.14 75%设计日冰蓄冷空调运行策略

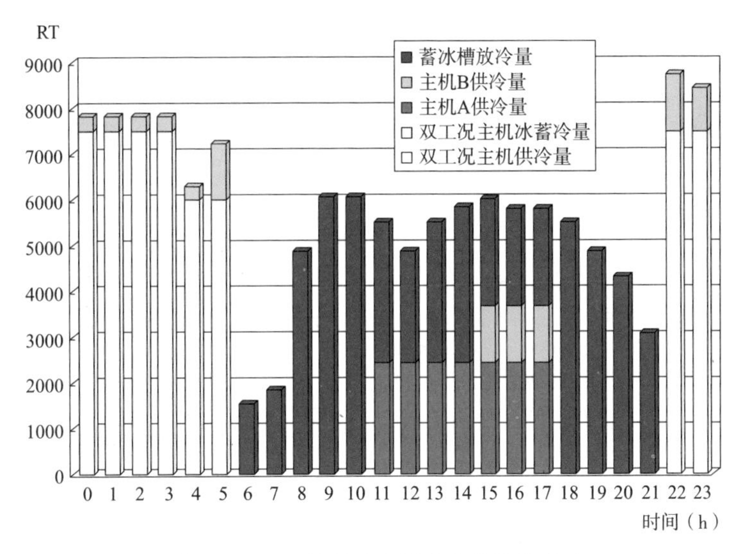

图4.15 50%设计日冰蓄冷空调运行策略

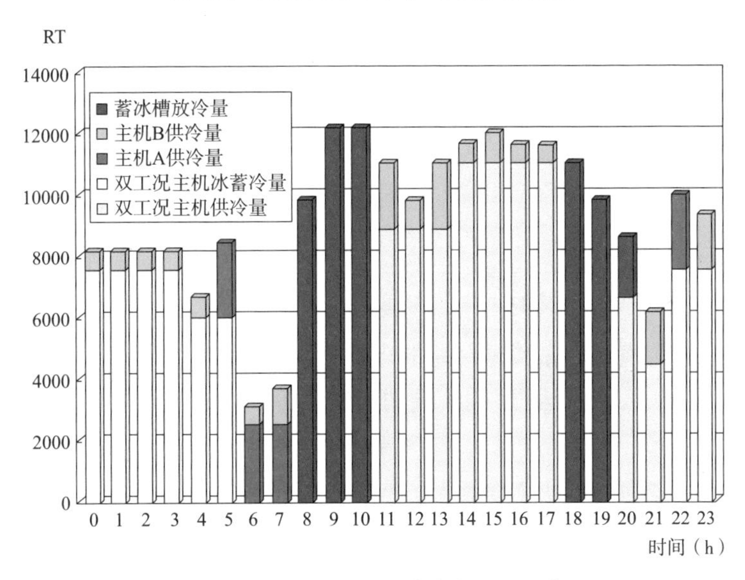

图4.16 25%设计日冰蓄冷空调运行策略

（3）水蓄冷方案

水蓄冷系统类似于冰蓄冷系统，通常也采用分量蓄水模式。本方案采用分量蓄冷模式，蓄冷率为17%。

1）系统配置及投资

水蓄冷机房主要设备配置与技术参数见表4.10。

水蓄冷机房主设备配置与技术参数表　　表4.10

序号	名称	规格	数量	功率（kW）	总功率（kW）	单价（万元）	总价（万元）
1	常规离心式冷水机组	空调制冷量1900RT，冷却水温度32℃/38℃，冷水温度4℃/12℃	10台	1359	13590	380	3800

续表

序号	名称	规格	数量	功率（kW）	总功率（kW）	单价（万元）	总价（万元）
2	冷却水循环泵	流量1260m³/h，扬程31.5m，转速1450r/min	11台（10用1备）	160	1600	25.8	283.8
3	冷水一次泵（定流量）	流量760m³/h，扬程22m，转速1450 r/min	11台（10用1备）	75	750	16.3	179.3
4	冷水二泵（变频控制）	流量2020m³/h，扬程50m，转速1450 r/min	6台（5用1备）	355	1775	48.4	290.4
5	超低噪声横流式冷却塔	冷却水量1200m³/h，冷却水温度32℃/38℃	10台	55	550	52	520
6	全自动控制系统	PLC（含变频控制、传感器、电动阀等）	1套	—	0	660	660
7	蓄冷槽	蓄冷量29280RTh，实际容积11600m³，直径26m，高度22m	2座	—	0	950	1900
8	辅助设备与安装费用	含外场管道	—	—	0	1490	1490
合计			—	—	550	—	9123.3

2）水蓄冷系统与常规系统的4种工作模式

①主机全部供冷模式。蓄冷槽环路的电动阀关闭，冷水机组运行，供冷环路的电动阀开启，冷水一次泵、二次泵运行，向末端用户提供冷水。

②蓄冷槽蓄冷+主机供冷模式。蓄冷槽蓄冷环路和主机供冷环路的电动阀开启，通过流量分配，冷水机组产生的冷水一部分供冷给蓄冷槽蓄冷，另一部分供冷给夜间末端用户使用。

③蓄冷槽放冷+主机供冷模式。蓄冷槽放冷环路和主机供冷环路的电动阀开启，蓄冷槽在峰时段、平时段提供冷水给系统，不足部分的冷负荷将由冷水机组提供。

④全部放冷模式（出现在非设计日）。主机供冷环路的电动阀关闭，蓄冷槽放冷环路的电动阀开启。冷负荷全部由蓄冷槽的冷水提供，此时仅运行冷水二次泵。

3）水蓄冷空调系统运行策略

根据对该地区的气象资料的分析，水蓄冷空调系统的运行策略如图4.17 ~图4.20所示。

（4）不同制冷方案经济比较

与常规空调系统相比，蓄冷空调系统可均衡电网峰谷负荷，提高发电设备运行经济性。在电力部门实施峰谷分时电价政策时，用户可节约能源、节省运行费用，各行各业因此受益，在节约能源日益重要的今天，这无疑具有重要的意义。

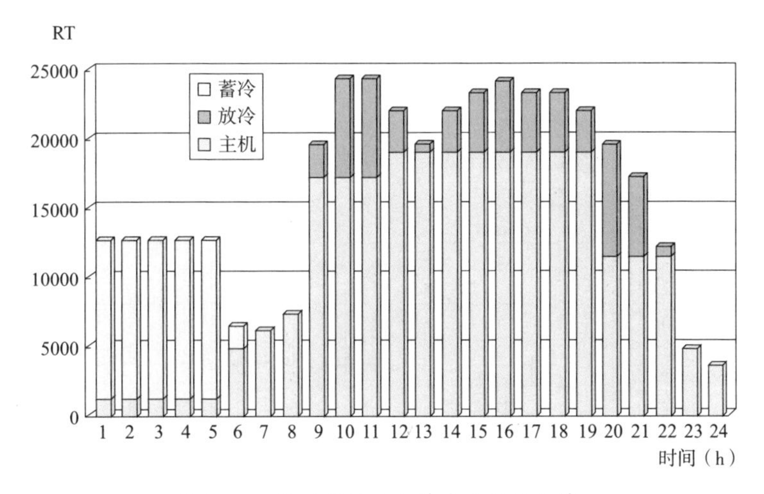

图4.17　100%设计日水蓄冷空调运行策略

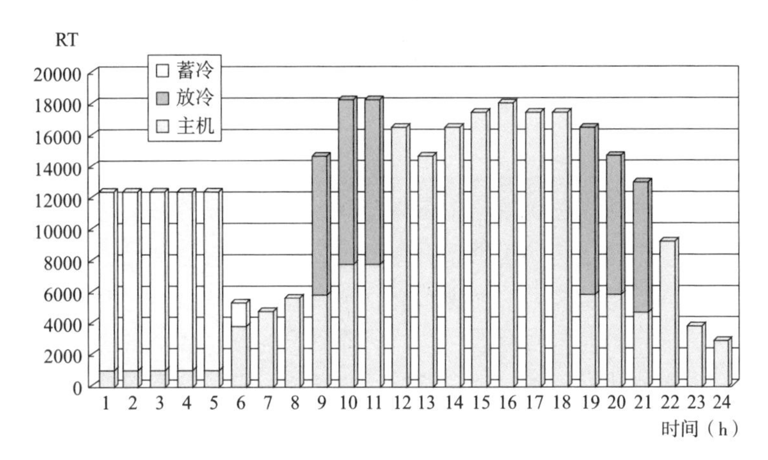

图4.18　75%设计日水蓄冷空调运行策略

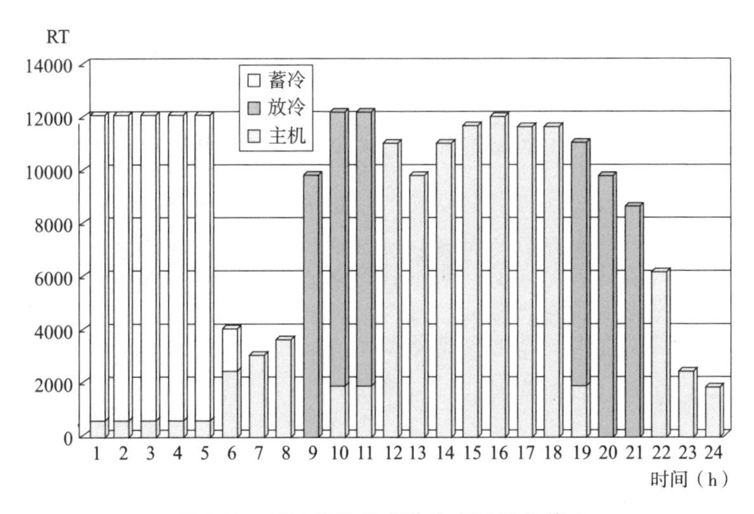

图4.19　50%设计日水蓄冷空调运行策略

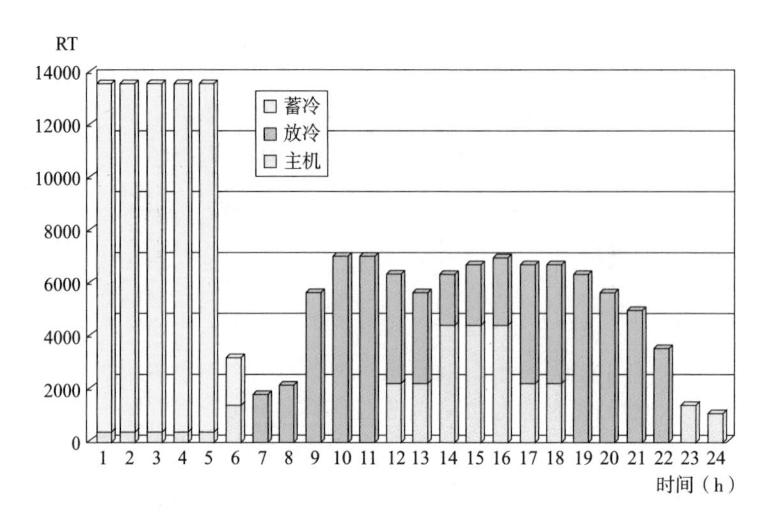

图 4.20　25%设计日水蓄冷空调运行策略

该机场二期的负荷分布情况见表4.11。当蓄冷量为17%时的电制冷、冰蓄冷、水蓄冷在各种负荷下，不同时段的耗电量计算汇总见表4.12。

负荷分布情况　　表 4.11

负荷分布	100%	75%	50%	25%	总计
天数	24	60	60	36	180

采用 17% 的蓄冷量的系统耗电量及电费　　表 4.12

负荷分布	天数	电制冷耗电量（kWh）			冰蓄冷耗电量（kWh）			水蓄冷耗电量（kWh）		
		高峰	平段	谷段	高峰	平段	谷段	高峰	平段	谷段
100%	24	2785034	4014647	427453	2314965	3475878	2164300	2073611	3470992	1622038
75%	60	5223750	7559719	818977	2660601	7675070	5168023	2218388	7510755	3783512
50%	60	3474632	5027831	561228	789383	5185472	4917760	533852	5048583	3558517
25%	36	1047558	1521430	181449	137863	770524	2799834	74000	681084	1981478
合计	180	12530974	18123627	1989107	5902812	17106944	15049917	4899851	16711414	10945545
总电量（kWh）		32643708			38059673			32556810		
电价（元/kWh）		1.003	0.621	0.229	1.003	0.621	0.229	1.003	0.621	0.229
电费（万元）		1257	1125	46	592	1062	345	491	1037	2451
总电费（万元）		2428			1999			1779		

冰蓄冷、水蓄冷与常规电制冷机房设备的经济分析比较详见表4.13。

经济分析比较　表4.13

内 容		冰蓄冷	水蓄冷	电制冷
制冷机组容量（RT）		18320	19000	24700
机房设备用电功率（kW）		18630	18265	23212
机房设备配电容量①（kVA）		21918	21488	27308
一次投资（万元）	机房设备概算	14296.4	9123.3	9015.8
	机房配电设施费②	1753.4	1719	2184.6
	合计	16050	10842	11200
年使用费（万元）	基本电费③	671	658	836
	机房运行电费	1999	1779	2428
	机房维护费用	约100	约80	80
	合 计	2770	2517	3344

①机房设备配电容量＝机房设备用电功率 / 功率因素，功率系数为0.85。
②配电设施费为800元/kVA，机房配电设施费＝机房设备配电容量×800元/kVA。
③每月基本电费为30元/kW，基本电费＝机房设备用电功率×12月×30元/（月·kW）。

由表4.13可知：

1）水蓄冷初投资仅10842万元，低于电制冷358万元，低于冰蓄冷达5208万元，是最节省投资的方案。

2）水蓄冷设备配电容量最低，年运行用电量仅32556810kWh，低于电制冷，比冰蓄冷节省5502863kWh，省电17%，无疑是最节能的方案。

3）年使用费（未计折旧费）也是水蓄冷最低，低于电制冷827万元，低于冰蓄冷253万元。

（5）结论

根据设计，水蓄冷蓄水罐多占地1120m²，但通过电制冷、冰蓄冷、水蓄冷三种供冷方案的技术和经济比较，得出采用以制冷离心式冷水机组为制冷主体的自然分层水蓄冷供冷方案为最佳的方案。因此，该国际机场二期能源中心采用了自然分层水蓄冷方案。

案例二：某水蓄冷罐模拟分析（注1）

某航站区能源中心采用的水蓄冷罐体积庞大（超过10000m³），建设时期国内尚无先例，国外亦属罕见。由于缺乏可参照的设计及运行经验，为了保证水蓄冷系统运行的可行性和可靠性，同时对系统的设计和运行提供指导（关键是水蓄冷罐的斜温层的稳定），节能课题项目组对水蓄冷罐进行了计算机模拟研究。

（1）模型简化

水蓄冷系统蓄冷罐结构见图4.21。罐体为钢制直立圆筒形，罐壁采用外保温。罐底内敷40mm厚非交联聚乙烯泡塑保温板，罐壁外敷100mm厚聚乙烯泡塑保温板，罐顶由静止空气隔层保温。蓄冷槽主体做桩基处理，由钢筋混凝土作为槽体基础。水蓄冷罐直径为26m，深为21.86m，高径比为0.84，容积为11600m³。顶、底板上分别均匀布置有约

5327个突出的圆柱形布水口，各布水口中心间距为339mm。

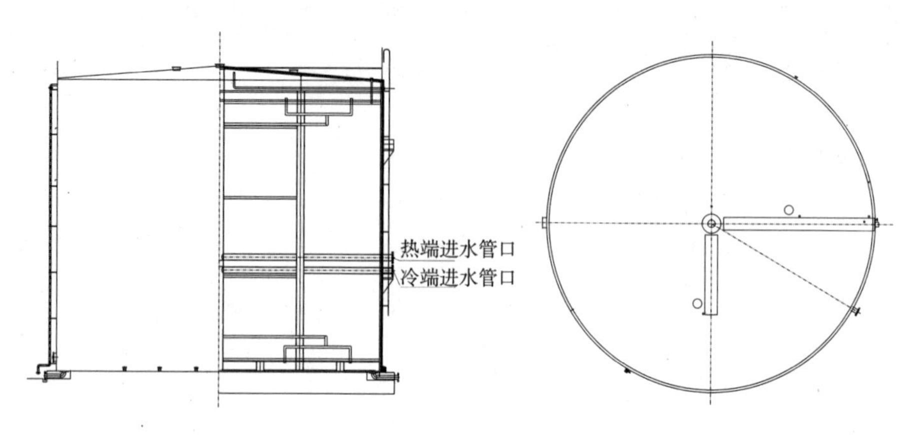

图4.21　水蓄冷槽结构示意图

布水口形式见图4.22。布水口为圆柱形，直径为76mm，布置高度距顶板或底板保温层35mm，布水口由以间距为边长的正六边形的顶点和中心定位，布水口均匀布置。由于水蓄冷罐尺寸大而布水口尺寸小且需均匀布置，计算机仿真模型可以进行以下简化：

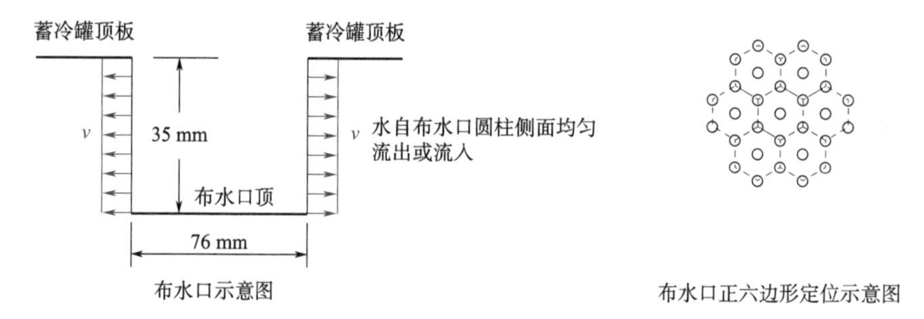

图4.22　布水口形式及定位方法

1）在罐内冷水的主体部分取一单元模型，该模型由7个布水口组成的正六边形单元构成（图4.23）。该单元模型具有代表性，对其在充冷和放冷过程中的计算结果可以用来描述罐内冷水的温度变化规律。

2）罐壁热量传递分析采用二维平面计算模型。

3）布水器的连接水管做保温处理，模拟计算中不考虑其形状及温度对水蓄冷罐内温度场的影响。

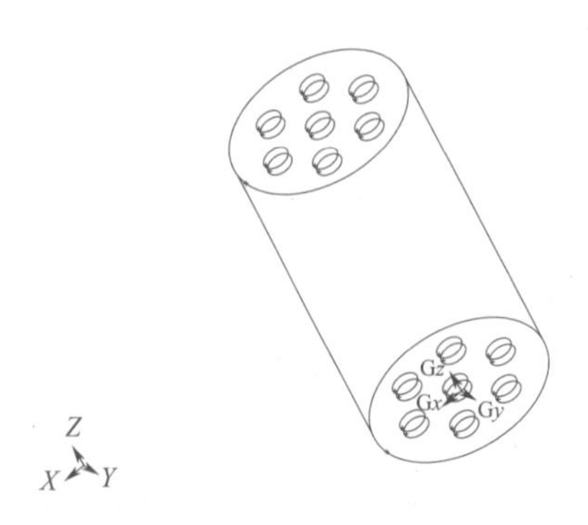

图4.23　单元模型

（2）计算方法

采用FLUENT软件进行模拟计算。

1）初始条件

①充冷过程：假定初始时蓄冷罐内充满12.5℃的温水。充冷开始后，4℃的冷水自底板各布水口流入，12.5℃的温水自顶板各布水口流出。

②放冷过程：假定初始时罐内充满4℃的冷水。放冷开始后，12.5℃的温水自顶板各布水口流入，4℃的冷水自底板各布水口流出。

2）边界条件

根据上述模型简化方案，正六边形单元模型与相邻单元间没有热量交换，为绝热边界条件。

3）物理参数

①水的密度：4℃的水密度为999.9878 kg/m^3，12℃的水密度为999.5080 kg/m^3。

②水的运动黏度 ν（单位为cm^2/s）根据式（4–1）计算：

$$\nu = \frac{0.0178}{1 + 0.0337t + 0.00022t^2} \quad (4\text{–}1)$$

（3）充冷过程分析

假定初始时蓄冷罐内充满12.5℃的温水。充冷过程开始后，4℃的冷水自底板各布水口以0.01286m/s稳定流入，12.5℃的温水自顶板各布水口流出水蓄冷罐。此时，布水口出口处的Pr为1，Re为288。进出水蓄冷罐的流量相同，均为2060m^3/h。

1）充冷开始阶段底板附近流场和温度场分布

①速度分布：从图4.24、图4.25可以看出，充冷开始10min和30min时，底板附近流场分布基本一致。4℃的冷水流入水蓄冷罐时，布水口处流速最大为0.01286m/s。离开布水口后流速迅速减小。

②斜温层：从图4.26、图4.27可以看出，充冷开始10min和30min时，底板附近斜温层已经形成，10min时斜温层厚度为0.49m，30min时斜温层厚度为0.85m。

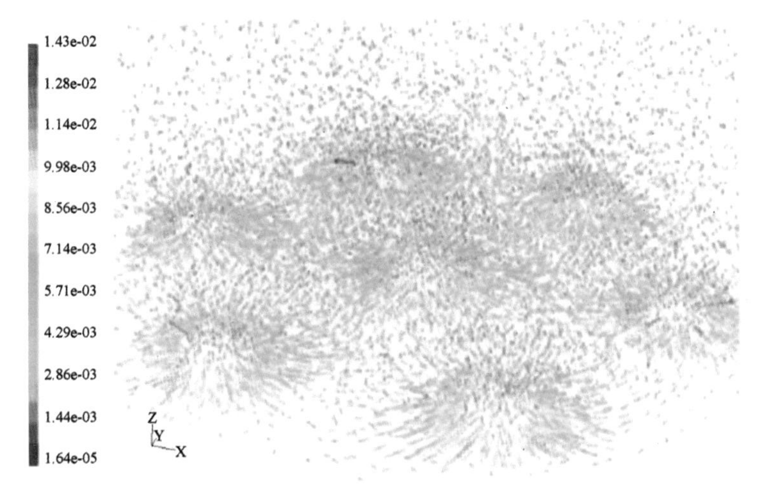

图4.24 充冷开始10min的底板附近流场分布（流速为0.01286m/s，温度为4 ~ 12.5℃）

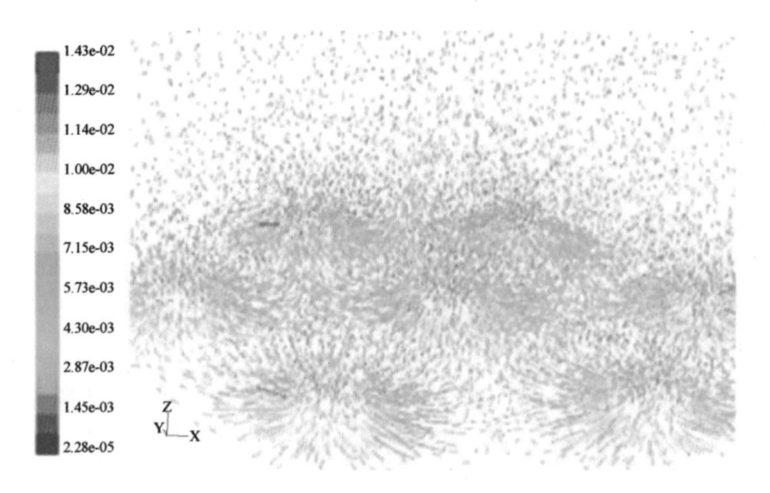

图 4.25　充冷开始 30min 时底板附近流场分布（流速为 0.01286m/s，温度为 4 ~ 12.5℃）

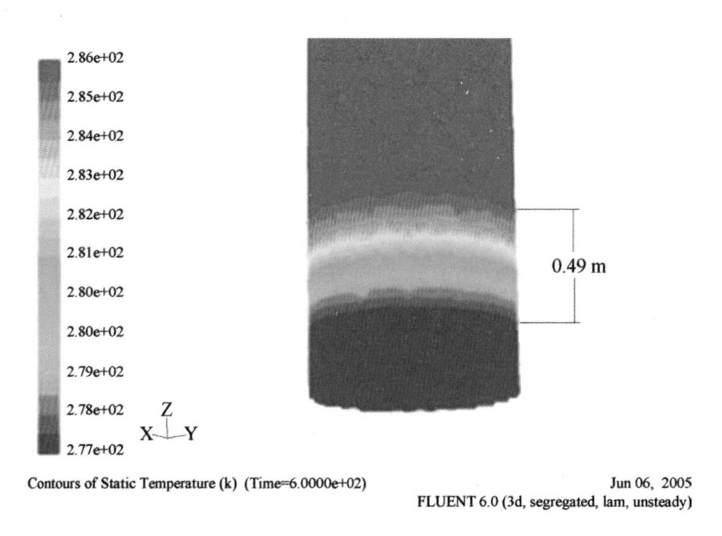

图 4.26　充冷开始 10min 时底板附近温度场分布（流速为 0.01286m/s，温度为 4 ~ 12.5℃）

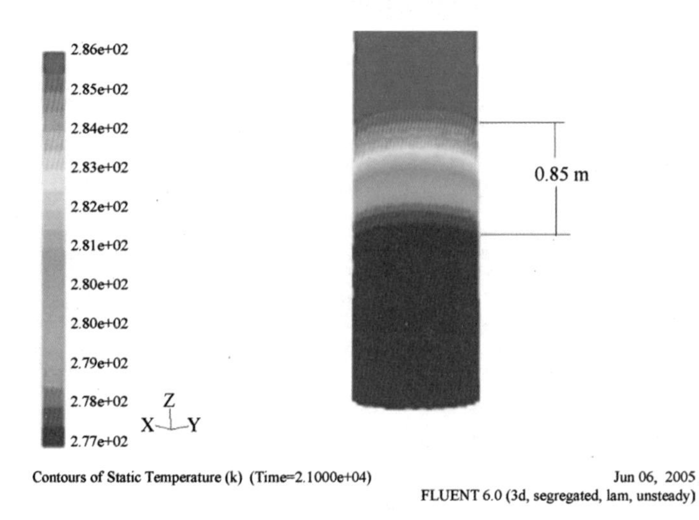

图 4.27　充冷开始 30min 时底板附近温度场分布（流速为 0.01286m/s，温度为 4 ~ 12.5℃）

2）罐内温度场分布

图4.28、图4.29为充冷过程进行到1h、2h、3h、4h、5h、6h的罐内温度分布情况。从图中可以看出，随着冷水的不断流入，斜温层逐渐向温水出口方向移动，起到了分隔冷温水的作用。随着充冷时间的增加，斜温层厚度也随之有所增加。充冷1h、2h、3h、4h、5h的斜温层厚度见表4.14和图4.30。

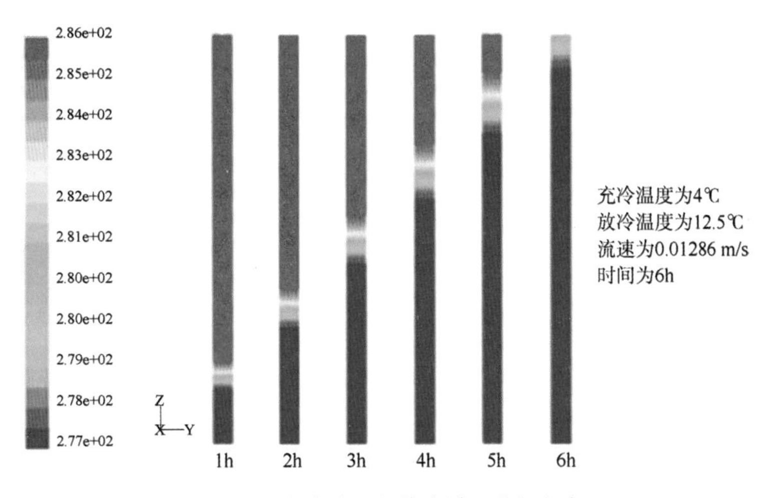

图4.28 充冷过程水蓄冷罐温度场分布

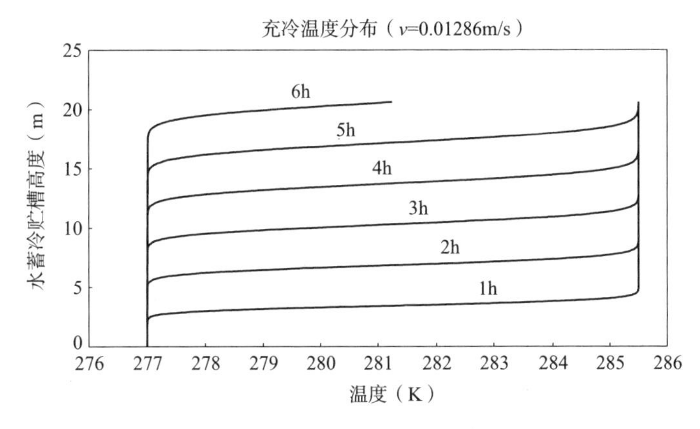

图4.29 斜温层分布图

充冷过程中斜温层的厚度 表4.14

时间（h）	1	2	3	4	5
厚度（m）	1.18	1.65	2.03	2.33	2.62

3）顶板附近的流场和温度场分布

①速度分布：充冷结束前30min、10min时顶板附近的流场为温水流出水蓄冷罐时形成的流场（图4.31、图4.32）。两时刻的流场分布情况基本一致，上布水口处流速最大，为0.01286m/s，流动方向为流出水蓄冷罐。

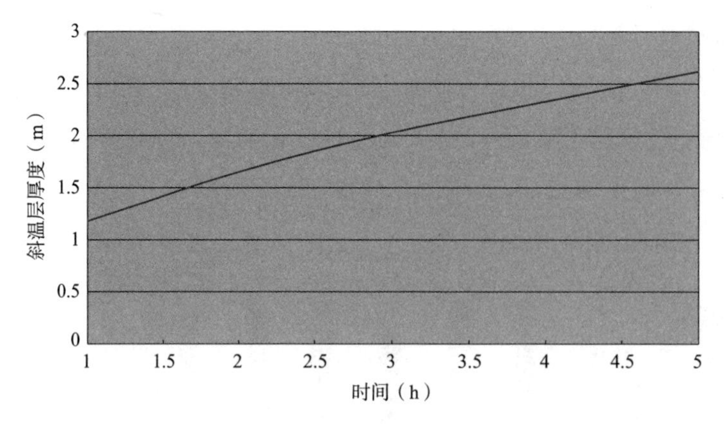

图4.30　充冷过程中斜温层厚度随时间的变化

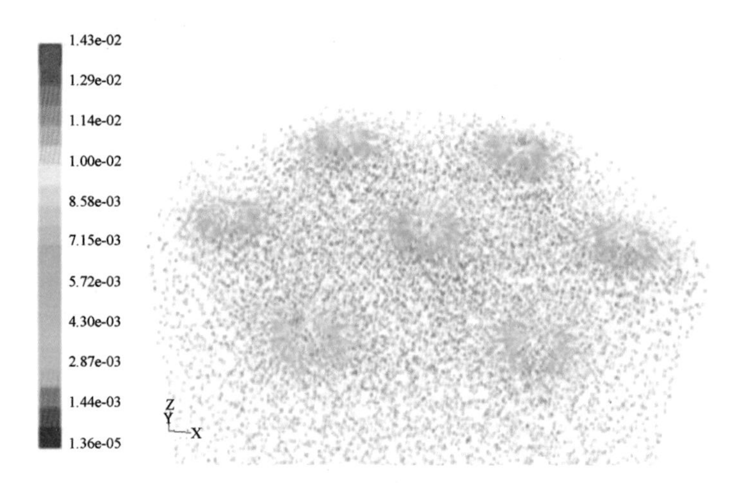

图4.31　充冷结束前30min时顶板附近流场分布

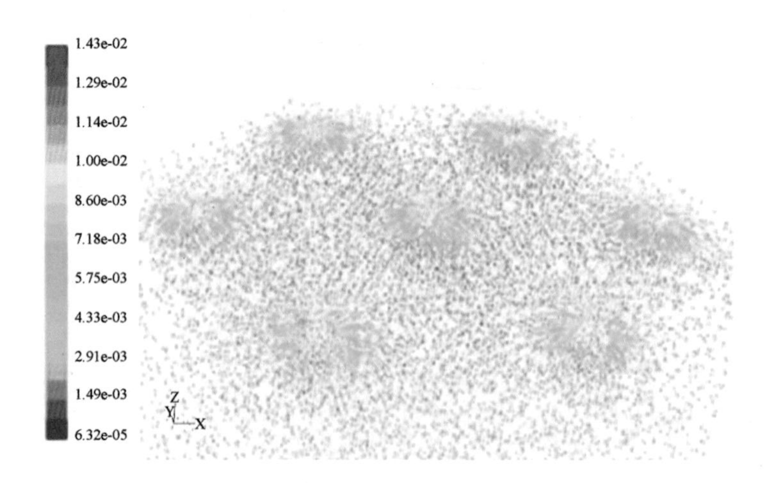

图4.32　充冷结束前10min时顶板附近流场分布

②斜温层：充冷结束前30min、10min时顶板附近的温度场见图4.33、图4.34。从图4.33可以看出，充冷结束前30min时斜温层厚度基本达到最大值，为2.7m，占水蓄冷罐总水深的12%。充冷过程斜温层的平均厚度约为1.6m，占蓄水深度的7%左右。

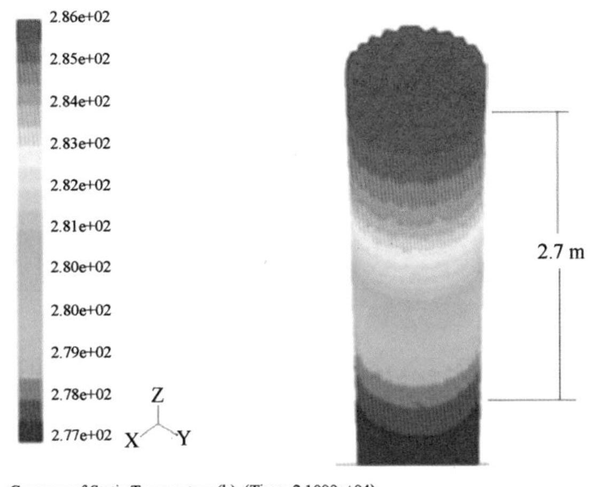

图4.33　充冷结束前30min时顶板附近温度场分布

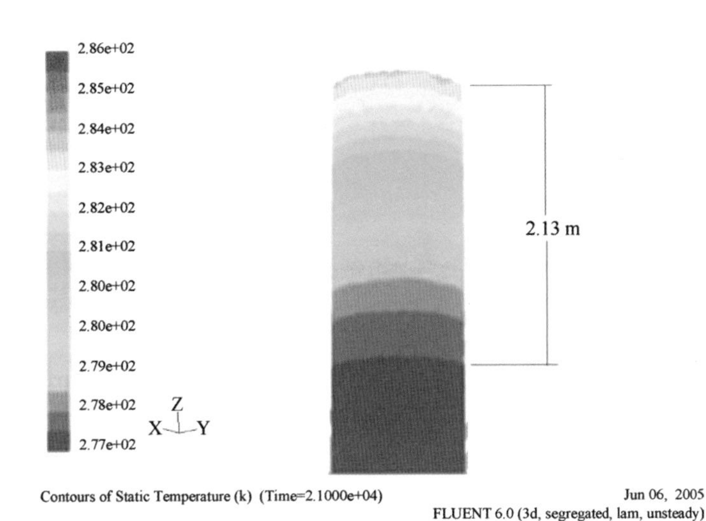

图4.34　充冷结束前10min时顶板附近温度场分布

（4）放冷过程分析

假定初始时罐内充满4℃的冷水，放冷开始后，12.5℃的温水自顶板各布水口以0.01286m/s稳定流入，4℃时冷水自底板各布水口流出。此时，布水口出口处Re为362，仍能满足温度分层的要求。

由于进出口温差及布水口流速与充冷过程完全一致，因此放冷过程罐内流场及温度场分布与充冷过程相似。

1）放冷开始阶段顶板附近流场和温度场分布

①速度分布：放冷10min和30min时，顶板附近流场为12.5℃的温水流入水蓄冷罐时形成的流场（图4.35、图4.36）。

②斜温层：放冷10min和30min时，顶板附近斜温层厚度分别为0.49m和0.85m（图4.37、图4.38），与充冷过程相同时间的底板附近斜温层厚度相同。

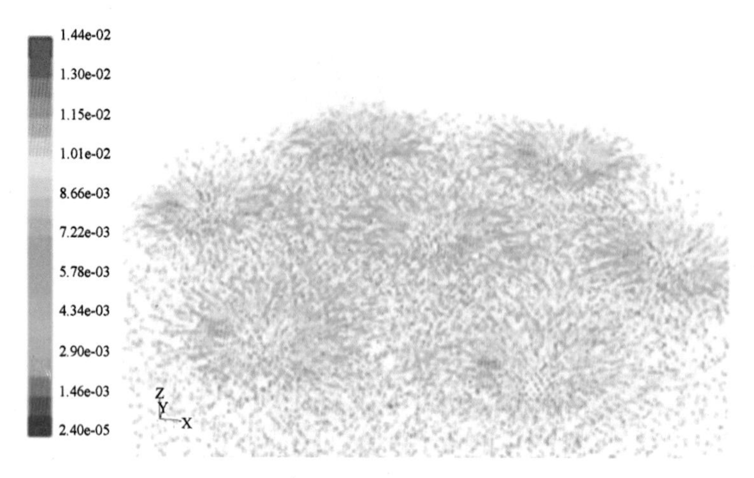

图 4.35　放冷 10min 时顶板附近流场分布

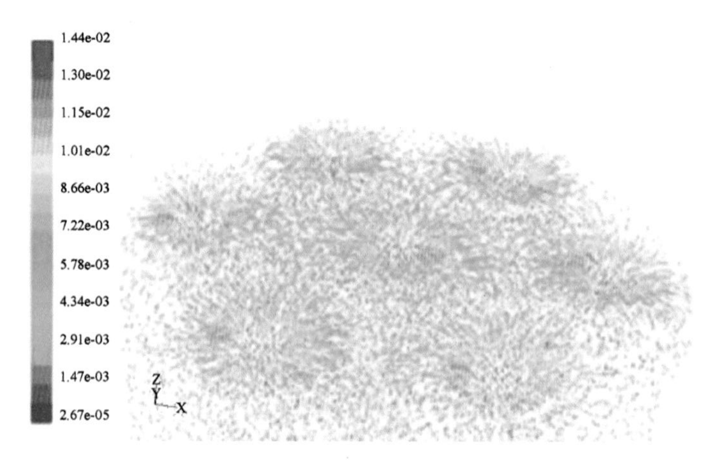

图 4.36　放冷 30min 时顶板附近流场分布

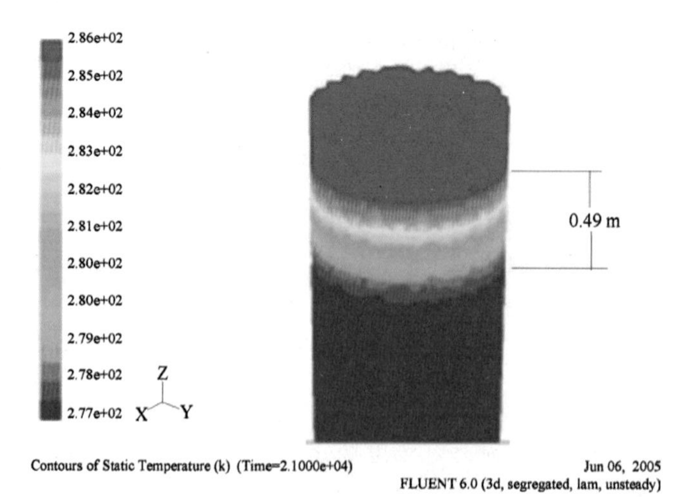

图 4.37　放冷 10min 时顶板附近温度场

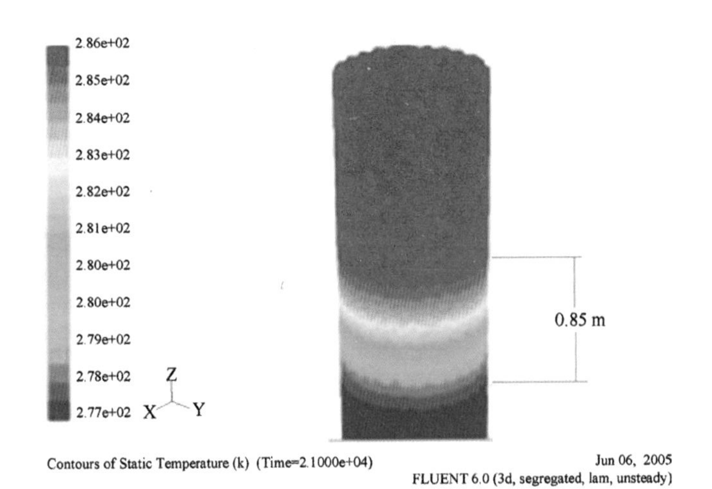

图4.38　放冷30min时顶板附近温度场

2）罐内温度场分布

图4.39、图4.40为放冷过程进行到1h、2h、3h、4h、5h、6h的罐内温度分布情况。从图中可以看出，已经形成的斜温层在整个放冷过程中是稳定的，随着冷水的不断流出，逐渐向冷水出口方向移动，在整个放冷过程中起到了分隔冷温水的作用。随着放冷时间的增加，斜温层厚度明显增加。放冷1h、2h、3h、4h、5h的斜温层厚度见表4.15和图4.41。

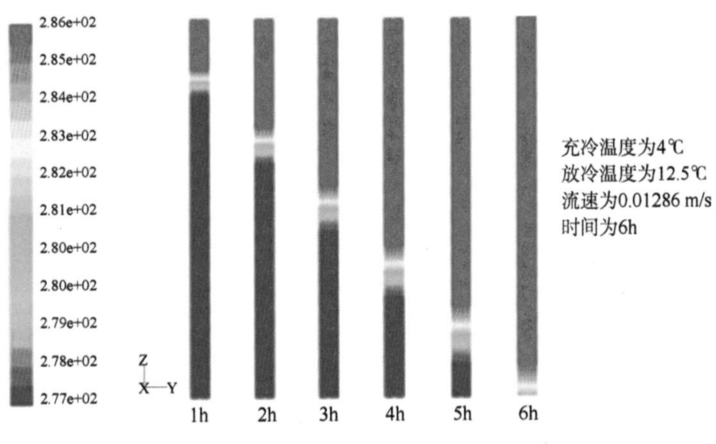

图4.39　放冷过程水蓄冷罐温度场分布

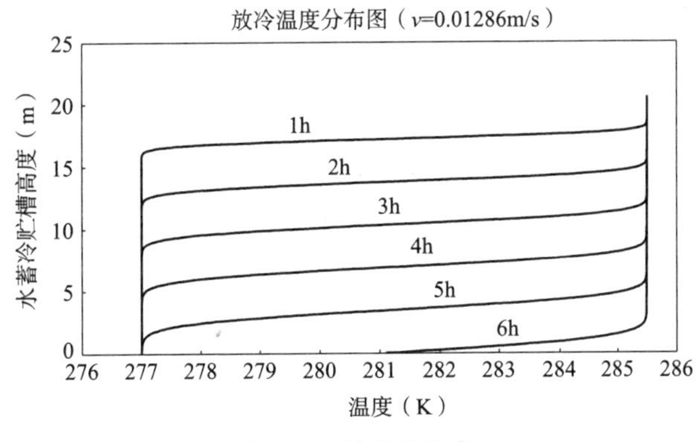

图4.40　斜温层分布

放充冷过程中斜温层的厚度变化　　表4.15

时间(h)	1	2	3	4	5
厚度(m)	1.17	1.65	2.02	2.32	2.61

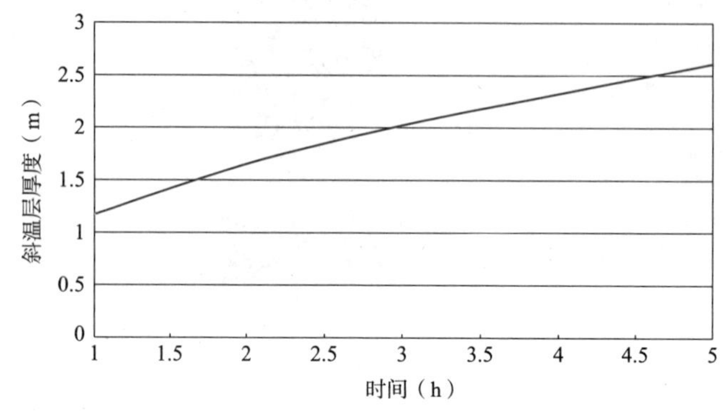

图4.41　放冷过程中斜温层厚度随时间的变化

3)底板附近的流场和温度场分布

①速度分布:放冷结束前30min、10min时,底板附近的流场为冷水流出水蓄冷罐时形成的流场(图4.42、图4.43),两时刻的流场分布情况基本一致。布水口处流速最大,为0.01286m/s,布水口前水流速度迅速减小。

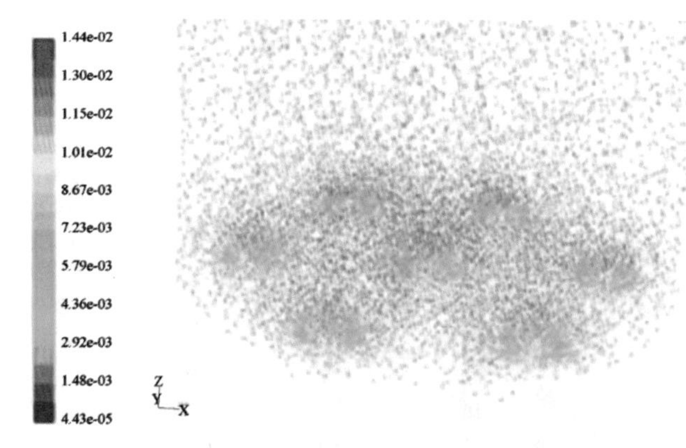

图4.42　放冷结束前30min时顶板附近流场分布

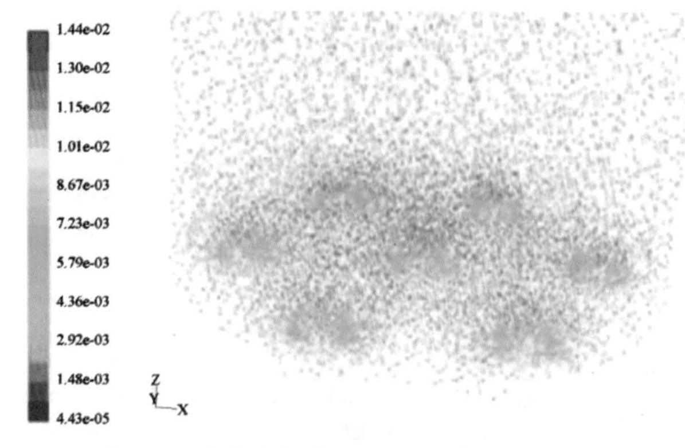

图4.43　放冷结束前10min时顶板附近流场分布

②斜温层：放冷结束前30min、10min时，底板附近的温度场见图4.44、图4.45。放冷结束前30min的斜温层厚度基本达到最大值，为2.7m，即约有12%的冷水不能保证4℃的要求。放冷过程斜温层的平均厚度约为1.6m，占蓄水深度的7%左右。

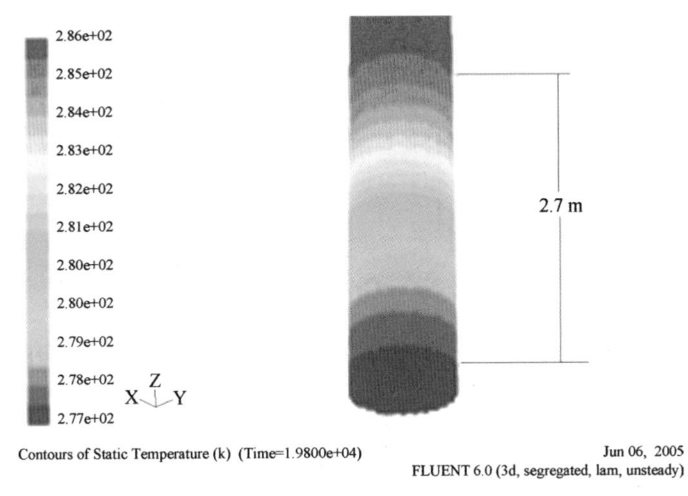

图4.44　放冷结束前30min时顶板附近温度场分布

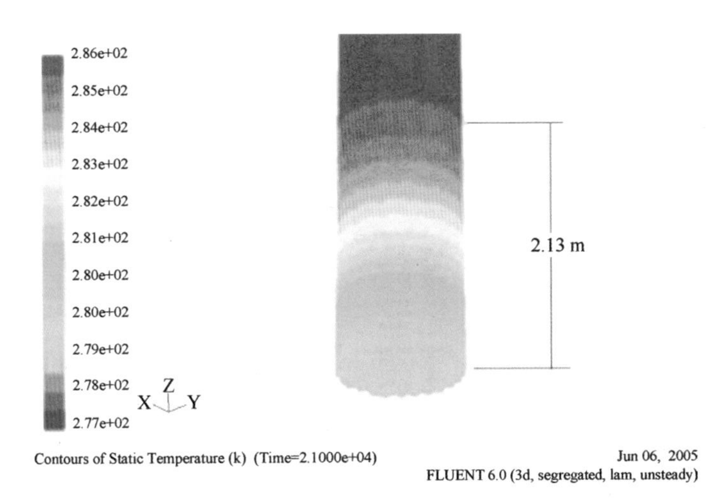

图4.45　放冷结束前10min时顶板附近温度场分

（5）罐壁热量传递分析

项目组通过模拟计算，对通过罐壁的热量传递造成的蓄冷量损失和对斜温层的影响进行了定量分析。采用二维平面计算模型（图4.46），钢板厚度取罐壁厚度的平均值14mm，罐壁采用外保温（聚乙烯泡塑保温板，厚度为100mm）。

初始条件：假定罐内已经形成稳定的斜温层，厚度为1m。

边界条件：罐外环境温度为35℃。室外环境温度、保温层温度、钢板温度通过计算耦合确定。

计算结果见图4.47、图4.48。从图4.48中可以看出，随着作用时间的增加，罐外环境温度的影响逐渐扩大到罐壁保温层内部。经过30min，钢板的等温线开始发生变化。40min后，与钢板相邻的水的等温线也开始发生变化。从图4.49中还可以看出，6h罐内冷水受到影响的范围扩大到距钢板0.12m左右，即罐外环境温度对罐内冷水的影响范围为距离罐壁内表面0.12m的环状空间，这部分冷水约占罐内冷水总体积的1%，环状空间冷水最大温升（与钢板罐壁的接触面处）约为0.6℃。

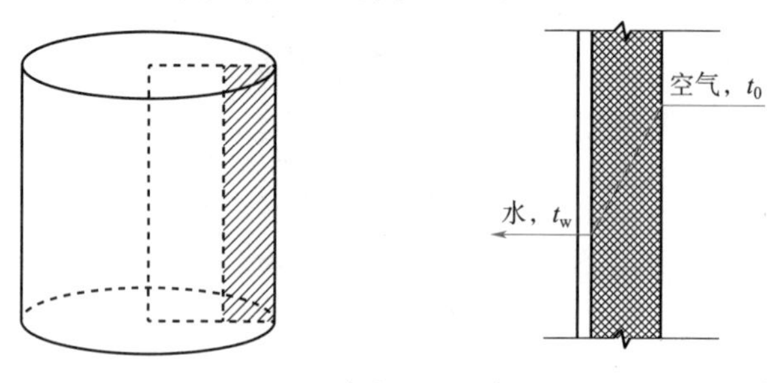

图4.46　罐壁传热计算模型

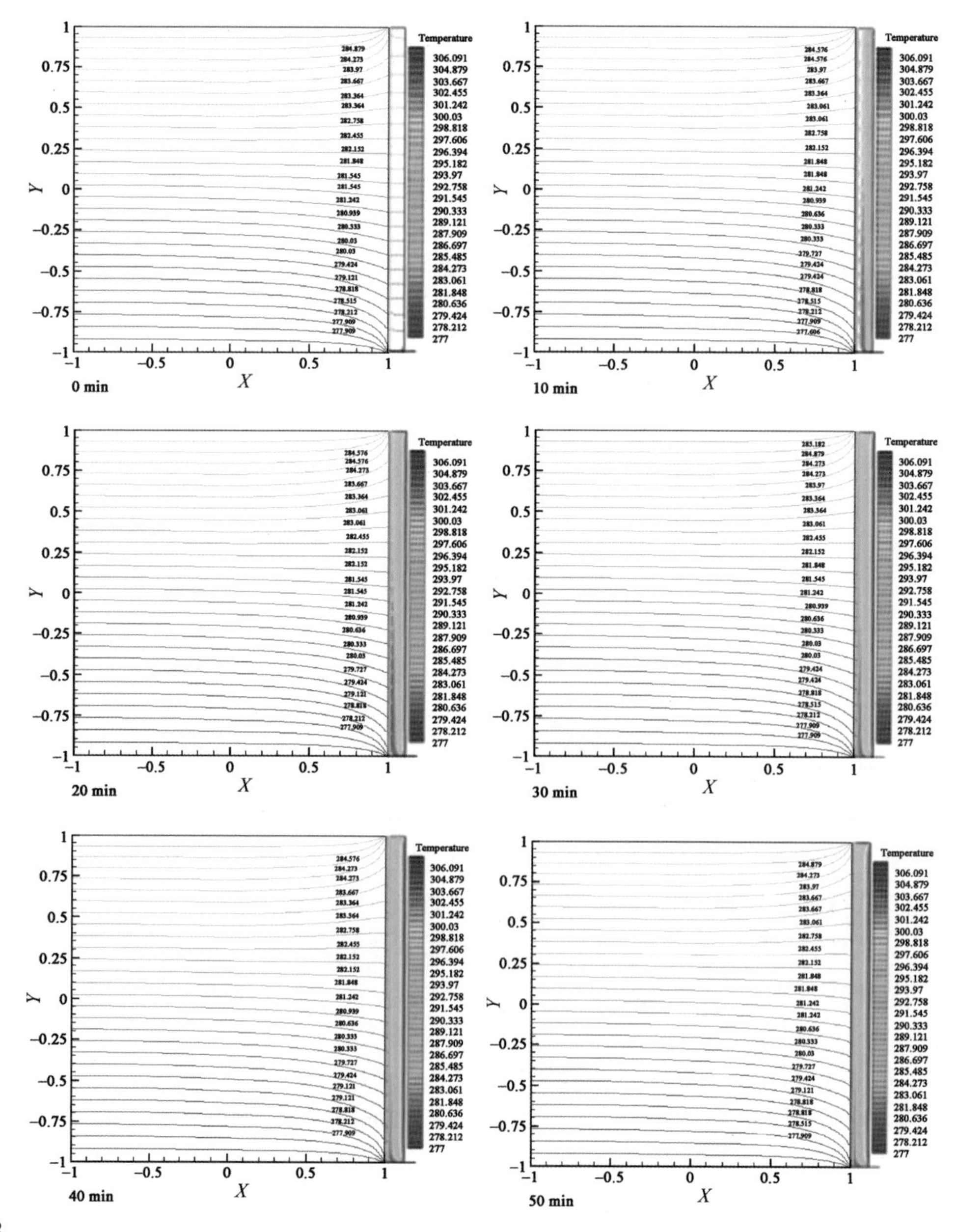

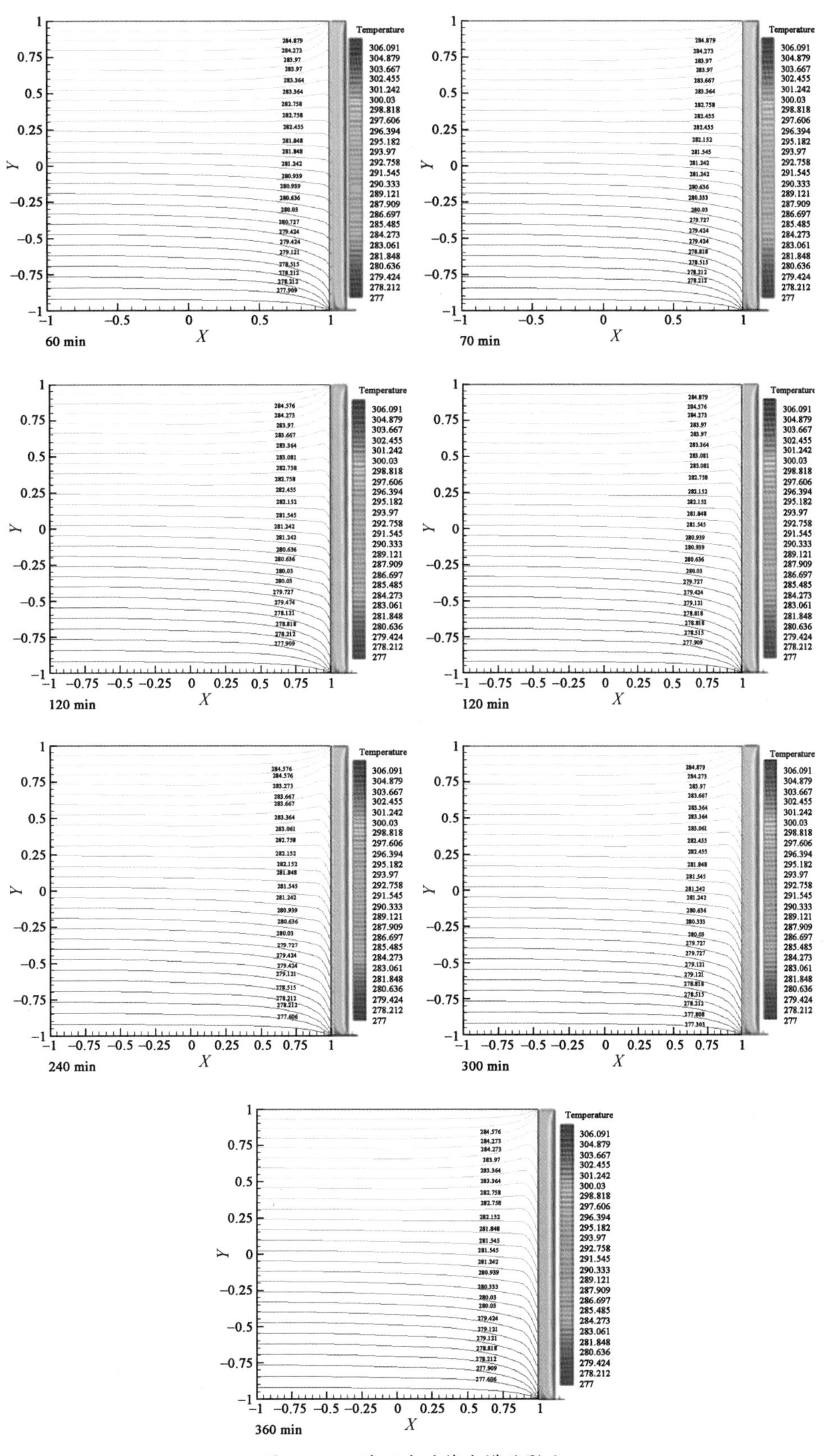

图 4.47　环境温度对蓄冷罐的影响

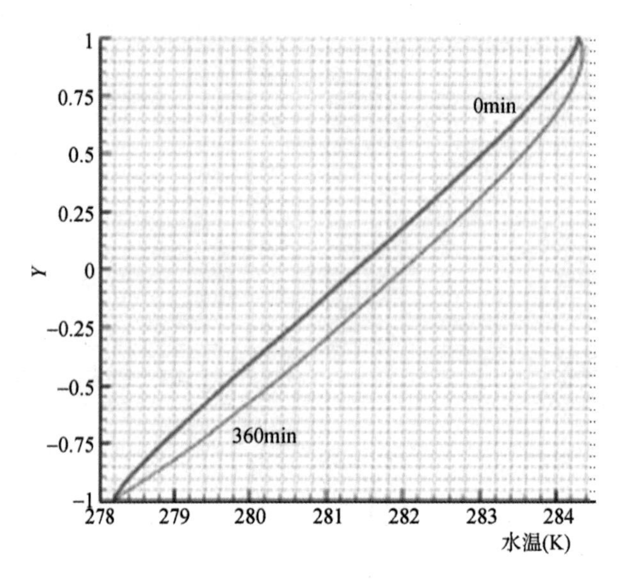

图 4.48　罐外环境温度对罐内冷水的影响

图4.49为罐壁附近温度场的分布，从左至右分别为水体、钢板、保温层的温度分布曲线。从图中可以看出，保温层温度变化最大。各部分温度变化随作用时间的延长而逐渐趋于稳定。保温层有效减小了环境温度对罐内冷水的影响，并将影响控制在有限范围内。

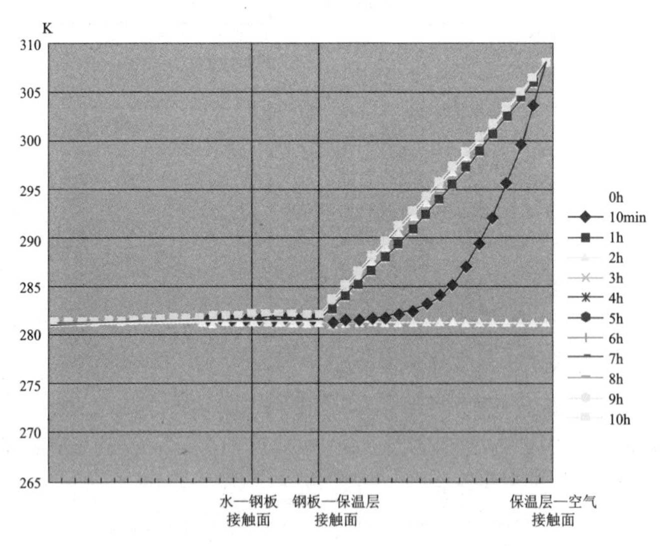

图 4.49　罐壁附近温度场分布

（6）不同运行条件的对比研究

1）保持蓄冷温差不变，改变进出口温度的运行模拟

分别对表4.16所示的四种运行温度进行模拟计算，计算结果见图4.50 ～图4.57。

温差相同条件下的进出口水温设定　表4.16

工况	1	2	3	4
进口水温（℃）	13.5	14.5	15.5	16.5
出口水温（℃）	5	6	7	8

从图4.50～图4.57中可以看出，计算结果与前文中进出口水温分别为4℃、12.5℃的计算例结果完全类似。这是因为蓄冷温差相同，并且进出口温度仅在4～17℃的较小范围内发生变化，因此对斜温层的影响相似。

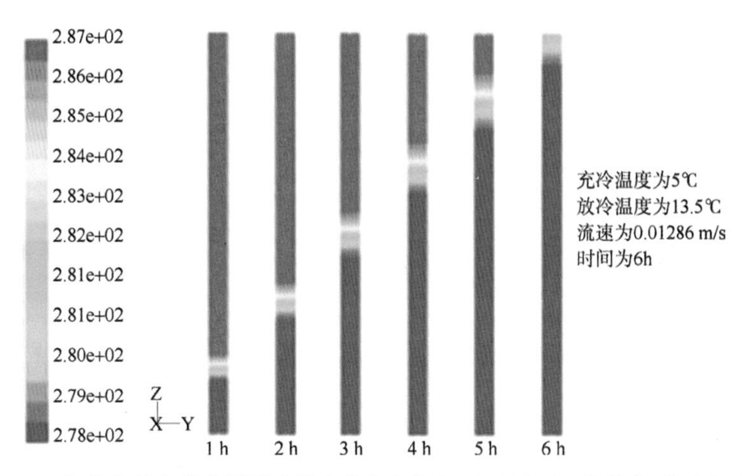

图4.50　充冷过程水蓄冷罐温度场分布（流速为0.01286m/s，温度为5℃/13.5℃）

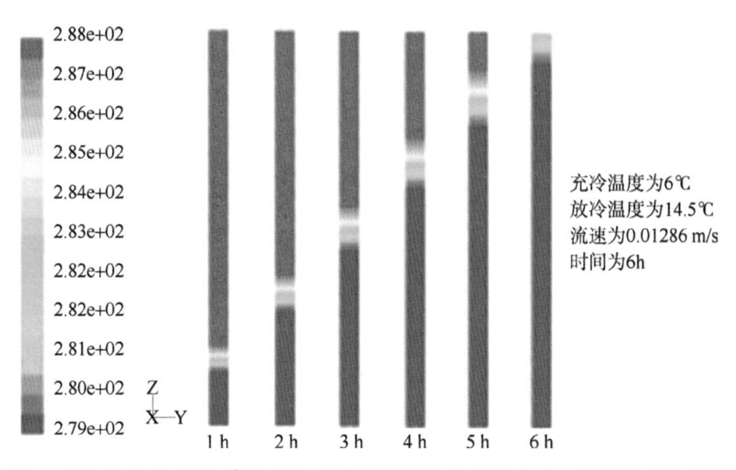

图4.51　充冷过程水蓄冷罐温度场分布（流速为0.01286m/s，温度为6℃/14.5℃）

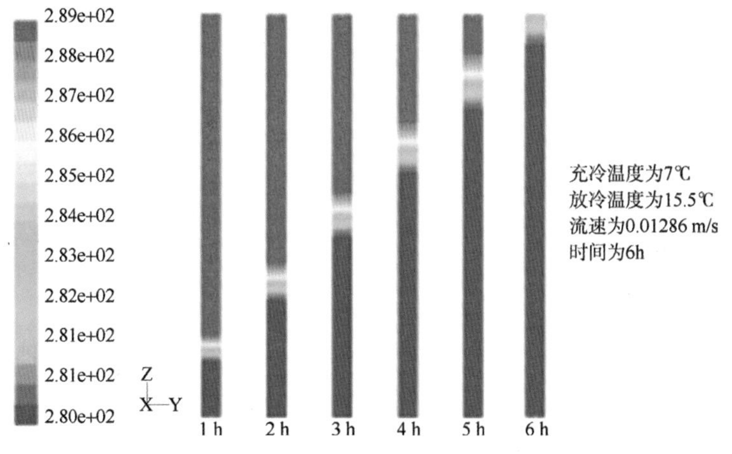

图4.52　充冷过程水蓄冷罐温度场分布（流速为0.01286m/s，温度为7℃/15.5℃）

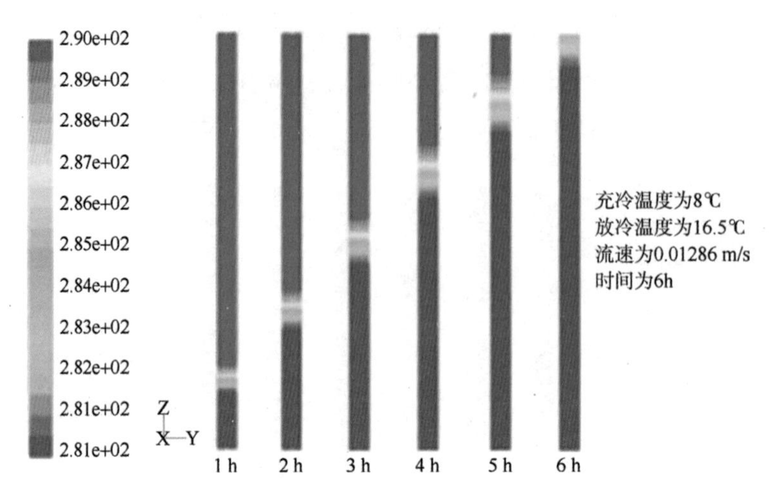

图 4.53　充冷过程水蓄冷罐温度场分布（流速为 0.01286m/s，温度为 8℃ /16.5℃ ）

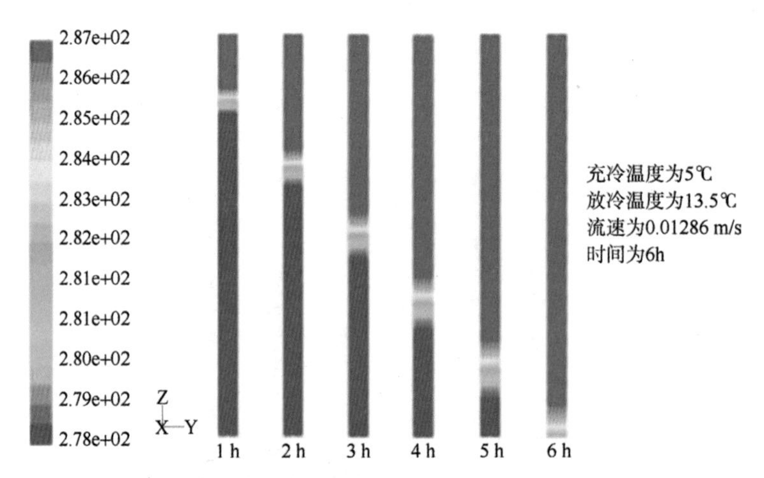

图 4.54　放冷过程水蓄冷罐温度场分布（流速为 0.01286m/s，温度为 5℃ /13.5℃ ）

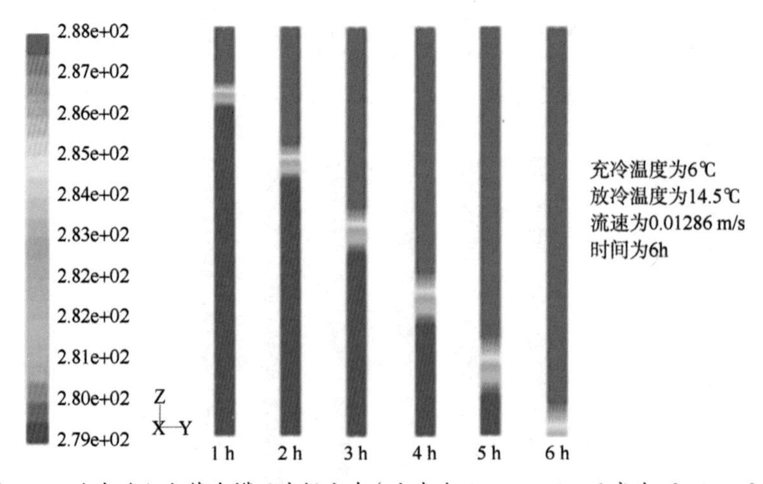

图 4.55　放冷过程水蓄冷罐温度场分布（流速为 0.01286m/s，温度为 6℃ /14.5℃ ）

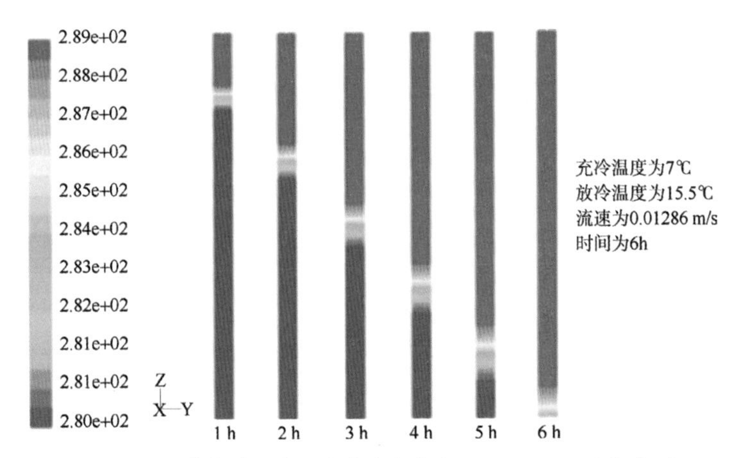

图4.56　放冷过程水蓄冷罐温度场分布（流速为0.01286m/s，温度为7℃/15.5℃）

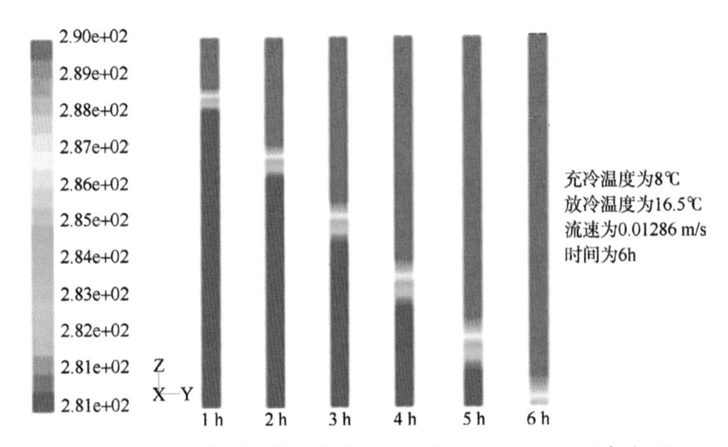

图4.57　放冷过程水蓄冷罐温度场分布（流速为0.01286m/s，温度为8℃/16.5℃）

2）改变蓄冷温差的运行模拟

表4.17为温差 Δt =7℃和 Δt =8.5℃时斜温层的厚度。通过比较可以看出，由于蓄冷温差减小，斜温层厚度也随之有所减小，温差 Δt =7℃时的最大厚度较之 Δt =8.5℃时的最大厚度可减少约2%，但同时理论蓄冷量减少17.6%。图4.58为不同蓄冷温差的斜温层厚度计算结果。表4.18为不同蓄冷温差时的斜温层厚度，表中例举了几个整数时间段对应的斜温层厚度。

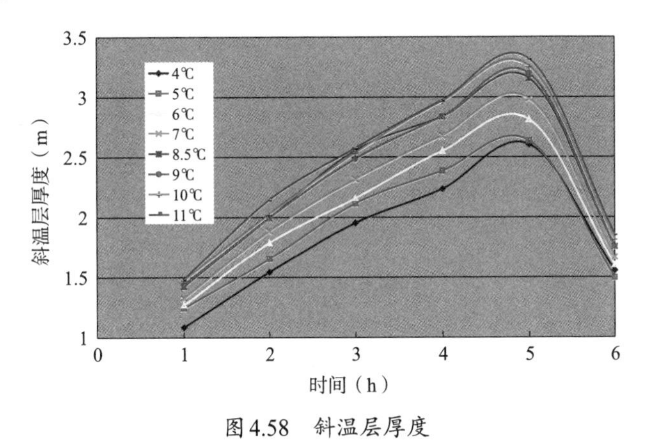

图4.58　斜温层厚度

不同蓄冷温差时的斜温层厚度（单位：m）　　表4.17

时间 \ 供回水温	4～11℃（Δt=7℃）	4～12.5℃（Δt=8.5℃）
10 min	0.5	0.49
30 min	0.81	0.85
60 min	1.1	1.18
120 min	1.6	1.65
180 min	1.97	2.03
240 min	2.27	2.33
300 min	2.51	2.62
330 min	2.64	2.7
350 min	1.95	2.13
360 min	1.42	1.55

蓄冷温差的设定（单位：℃）　　表4.18

工况	1	2	3	4	5	6	7	8
进口水温	8	9	10	11	12.5	13	14	15
出口水温	4							
温差	4	5	6	7	8.5	9	10	11

3）改变布水口流速的运行模拟

改变布水口流速的工程意义是加快蓄冷或放冷速度。如将布水口流速增加1倍，则蓄冷或放冷所需时间将随之缩短一半。如将布水口流速增大4倍，则蓄冷或放冷所需时间将缩短至1/4。表4.19、图4.59为不同布水口流速条件下的斜温层厚度。

从表中可以看出，当布水口流速取0.01286m/s时，斜温层最大厚度为2.64m，占总水深的12%。当流速增大1倍（0.02572m/s）时，斜温层最大厚度为3.01m，增加了14%，占总水深的14%；当流速增大到4倍时，斜温层最大厚度为3.33m，增加了26%，占总水深的15%。即斜温层厚度的增加小于布水口速度的增加。表4.20为不同布水口流速的设定。

不同布水口流速条件下的斜温层厚度（单位：m）　　表4.19

时间（min）	流速0.01286m/s下斜温层厚度（m）	时间（min）	流速0.02572m/s下斜温层厚度（m）	时间（min）	流速0.05144m/s下斜温层厚度（m）
10	0.5	5	0.56	2.5	0.68
30	0.81	15	0.94	7.5	1.02
60	1.1	30	1.22	15	1.32
120	1.6	60	1.7	30	1.83
180	1.97	90	2.11	45	2.26

续表

时间(min)	流速0.01286m/s下斜温层厚度(m)	时间(min)	流速0.02572m/s下斜温层厚度(m)	时间(min)	流速0.05144m/s下斜温层厚度(m)
240	2.27	120	2.39	60	2.63
300	2.51	150	2.63	75	2.96
330	2.64	165	3.01	82.5	3.33
350	1.95	175	2.26	87.5	2.49
360	1.42	180	1.49	90	1.63

布水口流速的设定(单位:m/s) 表4.20

工况	1	2	3	4	5	6	7
流速(m/s)	0.012 86	0.025 72	0.038 58	0.051 44	0.064 3	0.077 16	0.102 88

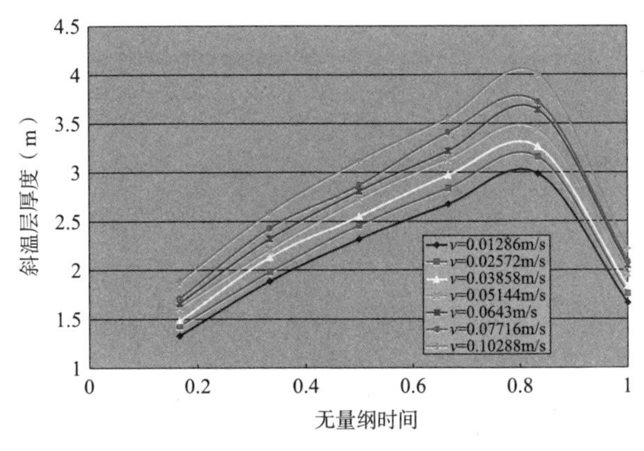

图4.59 不同布水口流速的斜温层厚度

(7)若干问题的讨论

1)残留斜温层对后续过程斜温层的影响分析

无论充冷还是放冷过程,都应该尽量使斜温层全部移出水蓄冷罐,避免影响下面一个过程中斜温层的形成及导致其厚度增大。项目组定量分析了充(放)冷过程的残留斜温层厚度对后续过程的影响。

本研究中,当放冷过程的出口温度高于规定温度时,放冷过程结束,但此时水蓄冷罐内尚残留有一个厚度为最大值的斜温层。如果立即开始下面一个充冷过程,残留斜温层将导致该过程中斜温层的初始厚度不为零。图4.60是不同放冷时间斜温层厚度的计算结果。从图中可以看出,放冷5.5h(放冷过程结束时刻)后立即开始下面一个充冷过程,斜温层厚度大于放冷6h后再开始充冷的斜温层厚度。根据计算结果,斜温层平均厚度增加30%。

同样的,充冷过程的残留斜温层也会对后续过程造成影响。随着充冷时间的延长,对后续过程的影响减小。充冷6.5h和7h后再开始放冷的斜温层平均厚度较充冷6h后开始放冷的斜温层平均厚度分别减小27%和30%。

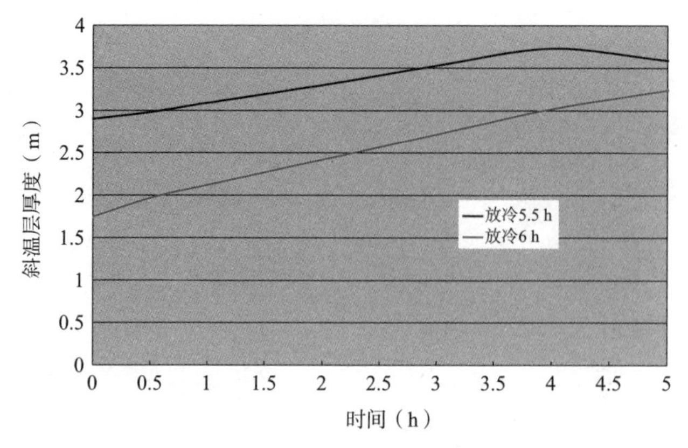

图4.60　放冷不完全对充冷过程的影响

2）温度均匀性分析

图4.61～图4.66中示出了罐内不同高度水平面上冷水温度分布的均匀性，这些水平面包括充冷开始时刻底板附近水平面、充冷结束时刻顶板附近水平面、冷水蓄冷部分以及斜温层的不同部位处。从图中可以看出，冷水蓄水部分温度分布均匀。

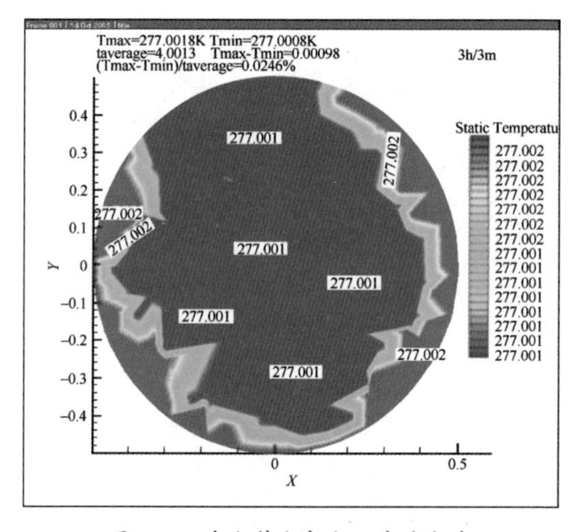

图4.61　冷水蓄水部分温度均匀度

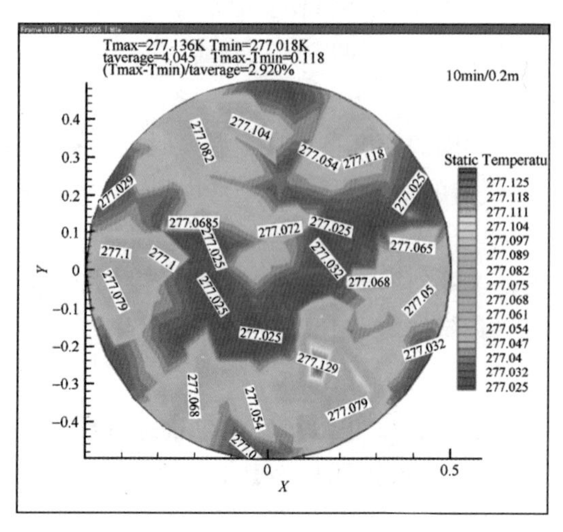

图4.62　蓄冷开始阶段的温度均匀度

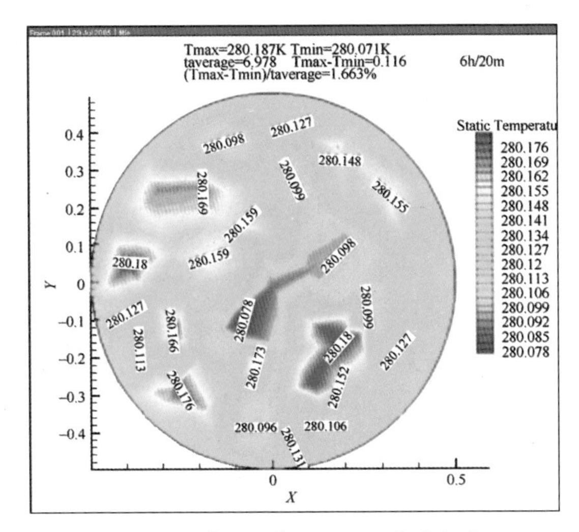

图 4.63　蓄冷结束阶段的温度均匀度

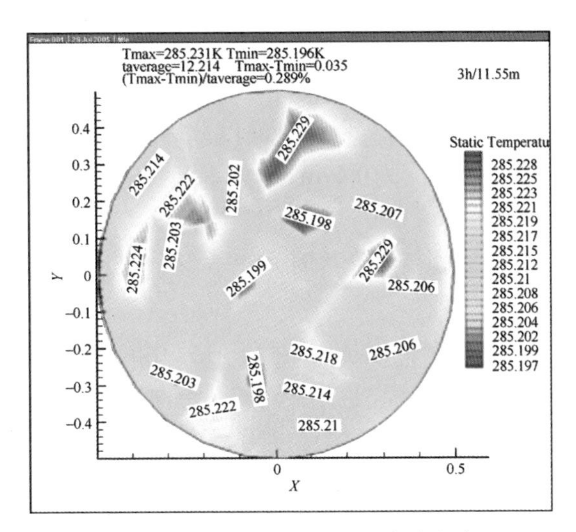

图 4.64　斜温层上边界的温度均匀度

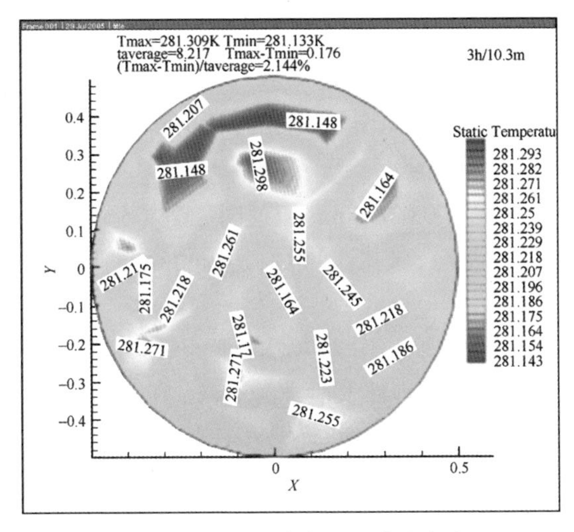

图 4.65　斜温层中部的温度均匀度

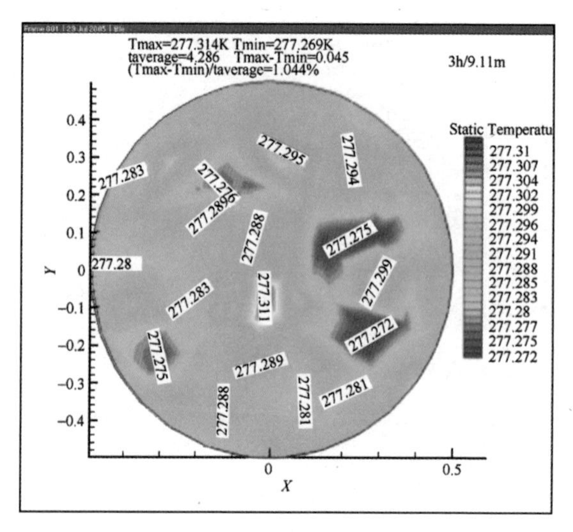

图4.66 斜温层下边界的温度均匀度

(8)结论

根据仿真研究得到以下主要结论:

1)水蓄冷罐设计及其运行条件可以实现温度分层并保证水蓄冷罐的稳定运行。按给定条件运行时,斜温层初始厚度为0.49m,最大厚度为2.7m,平均厚度为1.6m,占蓄水深度的7%。

2)为了减少对后续过程的影响,充冷时间应不少于6.5h,这样,释冷结束后,可消除对后续过程的影响。

3)斜温层厚度随进出口温差的增加而增大。在常用的空调冷水范围内,当保持进出口温差不变时,即使改变进出口温度,也不会对斜温层厚度产生影响。

4)由于保温结构的作用,罐外环境温度对罐内冷水的影响可控制在距罐壁内表面0.12m以内的环状空间,该空间内冷水体积约占罐内冷水总体积的1%,最大温升为0.6℃,蓄冷量损失约占总蓄冷量的0.65‰。

5)布水口流速增大时,斜温层厚度也随之增大。

6)残留斜温层会导致后续过程的斜温层初始厚度不为零,降低蓄冷罐效率,因此,应尽量消除残留斜温层。

7)无论充冷过程还是释冷过程,进入水蓄冷罐的水温应保持恒定,以避免因密度差产生浮力扰动而引起分层化的破坏。

8)当布水口的流速为设计0.03858m/s流速时,最大流速不超过0.089m/s,二期工程能源中心采用自然分层的水蓄冷,技术上可行、运行可靠。

3. 地源热泵系统

地源热泵系统是利用土壤、地层作为热源热汇的一种冷热源系统。由于较深的地层中在未受到干扰的情况下常年保持基本恒定的温度,高于冬季室外温度,又低于夏季室外温度,因此与空气源热泵相比,地源热泵的效率可很大程度提高。此外,冬季通过热泵把大地中的热量升高温度后对建筑供热,同时大地的温度降低,蓄存了冷量,可供夏季使用;夏季通过热泵把建筑内的热量传递给大地,使建筑物降温,同时在大地中蓄存热量以供冬季使用。在地源热泵系统中，大地起到了蓄能器的作用，进一步提高了空调系统全年的能源利用效率。

地源热泵系统的特点如表4.21所示。

地源热泵系统优缺点 表4.21

优缺点	特点	说明
优点	可再生性	利用地球地层作为冷热源，夏季蓄热、冬季蓄冷，属可再生能源
	节能性	地层温度稳定，夏季地温比大气温度低，冬季地温比大气温度高，系统*COP*高于风冷热泵机组
	环保性	与地层只有能量交换，没有质量交换，对环境没有污染；与燃油燃气锅炉相比，污染物的排放较少。
	耐久性	地埋管寿命可达50年以上
缺点	占地面积大	需有可利用的埋设地下换热器的空间
	初投资较高	土方开挖、钻孔以及地下埋设的管材和管件、专用回填料等费用较高

地源热泵空调系统主要由三个环路组成：地埋管换热环路、制冷剂环路、用户侧环路。地埋管换热环路：由高密度聚乙烯管组成的在地下循环的封闭环路，循环介质为水或防冻液。冬季从周围土壤（地层）吸收热量，夏季向土壤（地层）释放热量，介质循环由水泵来实现。制冷剂环路：与空气源热泵相比，热泵机组内部的制冷循环只是将空气-制冷剂换热器换成了水-制冷剂换热器，其他结构基本相同。用户侧环路：室内环路在建筑物内和热泵机组之间传递热量，传递热量的介质多为水。对于小型热泵机组，供热循环和制冷循环可通过热泵机组的转换阀（四通阀）使制冷剂的流向改变，通常称为机内转换；对于大、中型热泵机组，供热循环和制冷循环时，制冷剂的流向并不改变，而常通过互换热泵机组的冷却水和冷水进出口实现，该方式称为机外转换。

针对机场航站楼项目的特点，将地源热泵的适用性及局限性归纳如下：

（1）适用性

地源热泵属可再生能源的利用范畴，具有良好的节能、环保和耐久性，与机场航站楼的运行管理目标一致。不仅具有节能减排的社会效益，满足了绿色建筑、leed认证的评分标准，还可以为航站楼的营运带来一定的经济收益。

航站楼所具有的占地范围宽广、良好的地源用地优势，为地源热泵的使用提供了良好的基础条件。

（2）局限性

由于各地地质条件和土壤热工性能不同，地埋管系统的造价差别很大，在工程设计的前期一般难以用参考数据的方法确定其基本初投资数额。

航站楼的空调需求量一般较大，如果全部由地源热泵系统负担，即使是中、小型航站楼也需要几万平方米的室外场地面积进行地埋管的设置。虽然航站楼具有良好的用地优势，但仍然会受到机场整体设计的限制。

应用地源热泵系统需要考虑冬夏季节的土壤热平衡，对于冬夏气候条件下土壤热平衡不均衡的地区，地源热泵的机组总容量也将受到限制。

基于上述内容，机场航站楼在使用地源热泵时，通常是与其他冷热源设备联合使用。地源热泵机组一般承担部分航站楼的空调冷热源负荷需求。

地源热泵设计要点

（1）土壤热物性

地源热泵设计前，必须对工程现场的土壤地质进行勘察，并取得下列资料：土壤层结构；土壤体热物性；土壤体温度；地下静水位、水温、水质及分布；地下水径流方向与速度；冻土层厚度。通过土壤热响应实验的方法，获得土壤初始温度、导热系数、密度及比热容。土壤的特性对地埋管换热器的初投资和施工难度有很大影响，坚硬的岩土体将增加初投资和施工难度，而松软的岩土体的地质变形对地埋管换热器也会产生不利影响，因此勘察结束后，应对地埋管换热系统实施的可行性与经济性进行评估。

（2）土壤热平衡

全年冷热负荷平衡失调，会导致地埋管区域土壤温度持续升高或降低，从而影响地埋管换热器的换热性能，使效率降低。因此，必须考虑全年冷热负荷的平衡设计，采用全年动态负荷计算的方法，在计算周期内（通常为一年），使地源热泵系统总释热量与总吸热量平衡。无法平衡时，应考虑利用辅助热源或冷却塔辅助散热的方式来解决。

（3）地埋管换热器设置

地源热泵系统在航站楼项目中应用时，地埋管换热器通常采用垂直埋管方式，并布置于绿化带下方、出租车蓄车场下方或停车库板底下方的强层土壤内。设计过程中应注意以下问题：

1）地埋管换热器形式的优化。原则上说，无论系统大小，地埋管换热器都应进行优化设计。对于大中型地埋管地源热泵工程，这一问题显得更为重要。大型公共建筑应用地埋管地源热泵空调系统时，地埋管量大，可用埋管空间相对较小，采用垂直U型埋管系统几乎成为最佳选择，此时，在设计中应对地埋管换热器进行模拟优化设计，地埋管进、出口温度选择、埋管深度与钻孔间距、环路的划分都将影响到系统运行的可靠性与经济性。

2）各并联环路的水力平衡。宜将地埋管换热器的中心点布置在进、出热泵机房的主管线的延长线上，以使各并联环路长度大致相同。每个环路水平连接的管径应相同，所连接的U形埋管数量也应相同，并采用同程系统以保证其连接的所有环路具有相同的压降，进而承担相同的负荷。

3）地埋管换热器的形状与位置。将所有钻孔布置在机房附近的适当位置，以使水平连接管的长度最小。

4）水平连接管选材及设置要求。考虑到市场上管件的可及性与安装的便利性，水平连接管尽量采用*De*50或*De*63的聚乙烯管，宜将水平连接管沿每排钻孔的两侧分别布置，以便U形埋管进、出水两支管与它们连接。同时，供、回水水平管分别布置在不同管沟中，有利于将供、回水管之间的热传递降至最小。

（4）地埋管换热器技术

地埋管换热器的计算、选型、布置与施工是地源热泵系统的关键。

1）地埋管换热器的形式

地埋管换热器有水平和垂直两种，航站楼项目中通常采用的是垂直埋管方式。垂直埋管常有单U形管、双U形管、小直径螺旋管、大直径螺旋管、立柱状、蜘蛛状和套管式等（图4.67）。

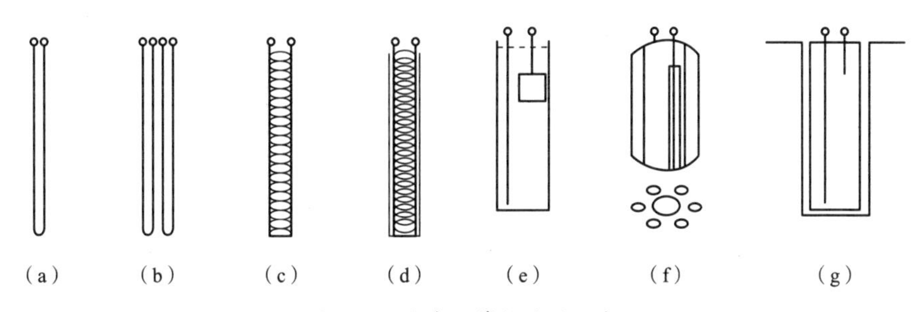

图4.67　垂直埋管换热器形式

（a）单U形管；（b）双U形管；（c）小直径螺旋管；（d）大直径螺旋管；（e）立柱状；（f）蜘蛛状；（g）套管式

U形管换热器具有占地少、施工简单、换热性能好、管路接头少、不易泄漏等优势，所以单U形埋管和双U形埋管使用得最为普遍。钻孔孔径一般为110 ~ 200mm，井深一般为20 ~ 100m。

垂直U形埋管换热器是由若干个U形埋管或U形埋管管群组成的，各U形埋管之间的连接有多种形式（图4.68）。

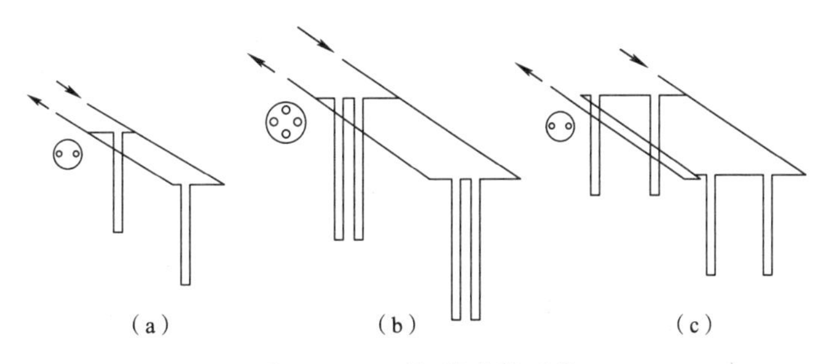

图4.68　U形埋管连接形式

（a）单孔竖直U形管异程环路；（b）单孔竖直双U形管异程环路；（c）多孔串联竖直单U形管同程环路

与单U形埋管不同，双U形换热器中循环流体在埋管内的流动可以有多种形式：两组U形管之间可以采用串联或并联的连接方式，按四根支管在钻孔中的几何配置，每种连接方式又可以有不同的流程。不同的连接方式和流程都会影响传热过程。

2）地埋管换热器计算方法

岩土层热物性和热泵机组性能参数是地埋管换热器计算的基础数据。工程上常用的是已知换热负荷并设定循环液进、出口的温度，确定换热器的长度。地埋管换热器的计算方法有以下两种：

①工程设计用的半经验公式法，即以一维的线热源或圆柱模型为基础建立的计算公式。该方法在工程实践中应用较多。

②数值计算法，即以数值计算为基础的传热模型，考虑尽可能接近现实情况的换热条件，用有限元或有限差分法求解地下的温度响应并进行传热分析。由于计算量大，该

方法目前只适合于研究工作中的参数分析。

案例：华东地区某机场航站楼冷热源系统

该项目位于江苏省中部，项目所在地无燃气规划，航站楼总建筑面积约为32000m^2，设计计算冷负荷为5200kW，热负荷为3575kW，陆侧总体设置一制冷供热站，为航站楼进行供冷与供热，冷热源采用“地源热泵+冷水机组+风冷热泵”的复合供能方式（供冷采用“地源热泵+冷水机组”，供热采用“地源热泵+风冷热泵”），地源热泵埋管设置于航站楼前车库的大底板下方（共设置610口地埋管井，埋管采用*DN*32的双U形管，井深为110m），具体系统配置情况如表4.22所示。

冷热源设备配置表　表4.22

设备	制冷量（kW）	制热量（kW）	台数
地源热泵	1350	1400	2
风冷热泵	—	760	1
冷水机组	2600	—	1

地源热泵地源侧水系统采用一级泵定流量系统，地源侧设计进、出水温度为夏季25℃ /30℃，冬季10℃ /5℃。空调侧冷、热水系统为二级泵系统，一级、二级泵均设置于制冷供热站内，一级泵定流量运行，二级泵变流量运行，空调侧设计进、出水温度为夏季7℃ /13℃，冬季45℃ /40℃。总体管线采用直埋方式，从制冷供热站接至航站楼。图4.69为该机场航站楼冷热源系统图。

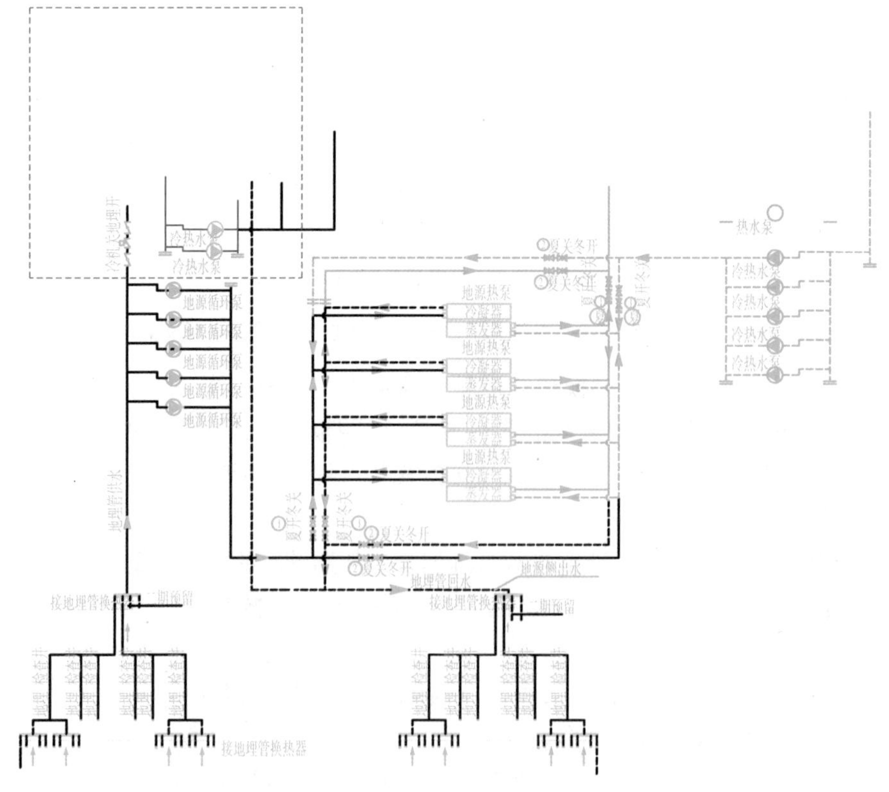

图4.69　上述华东某机场航站楼冷热源系统

附：地源系统关键管材说明

地埋管管材的选择对初投资、维护费用、水泵扬程选择等方面都有影响。因此，管道的口径、长度及材料性能应该与设计要求相匹配。地埋管应采用化学稳定性好、耐腐蚀、导热系数大、流动阻力小、承压高的塑料管材及管件，采用聚乙烯管（PE80、PE100）或聚丁烯管（PB），管件与管材应为相同材料。聚乙烯管应符合《给水用聚乙烯（PE）管材》GB/T13663的要求，聚丁烯管应符合《冷热水用聚丁烯（PB）管道系统》GB/T19473.2的要求，管道公称压力及使用温度应满足设计要求，在计算管道承压时，必须考虑静水压头和水泵扬程。

4. 分布式能源系统

分布式能源系统是产生或储存电能的系统，通常位于用户附近，包括生物能发电、燃气轮机、太阳能发电和光伏电池、燃料电池、风能发电、微型燃气轮机、内燃机以及存储控制的技术。分布式能源可以连接电网，也可以独立工作。区别于大型集中式电站，分布式能源供应系统一般的容量从几十千瓦到几十兆瓦不等。

（1）分布式能源系统的优点

1）节能效益

分布式冷热电联供通过对能源的梯级利用，很大程度提高了能源的综合利用效率，总能效可达到80%以上。对用户而言，相对于分别向电网购买电力供电和购买燃料供热，有更好的经济效益，综合节约能源费用超过30%。

2）减少线路损耗

分布式能源系统由于是建在用户端或在用户端附近，很大程度减少了线路损耗，也减少了大型管网和输配电网的建设和运行费用。

3）提高供电安全性

分布式电源可以看作是市政电网以外的另一种独立电源，与市政供电形成了双重独立电源，使客户主要用电负荷的电力供应得到有效和可靠的保障。分布式供能系统采用多台并联设置方式，根据用户的能源需求，可调节发电机运转的台数，保持系统的最佳运营状态，有效节约能源。

4）环境保护

由于分布式能源系统多采用天然气以及可再生能源等清洁能源作为燃料，而动力设备本身也可达到较高的排放标准，因此，分布式能源系统较之常规的能源供应设施（如燃煤发电和燃煤供热锅炉）更能满足对环保的要求。

分布式能源系统的发电方式多种多样，根据能源的不同，可分为化石能源发电与可再生能源发电。表4.23为主要的分布式供能方式。

主要分布式能源系统的能源种类　　表4.23

发电方式	能源种类
内燃机发电	化石能源
燃气轮机发电	化石能源
微型燃气轮机发电	化石能源

续表

发电方式	能源种类
常规的燃油发电机发电	化石能源
燃料电池发电	化石能源
太阳能发电技术	可再生能源
风力发电技术	可再生能源
小水利发电技术	可再生能源
生物质发电技术	可再生能源

其中，以内燃机或燃气轮机发电为核心技术的热电冷三联供系统，目前在机场建筑中应用较多，通常结合蓄冷蓄热、热泵、离心式冷水机组、燃气锅炉、溴化锂冷温水机组等设备共同构建复合式能源系统。图4.70为典型的热电冷三联供系统冬夏季供热供冷示意原理。

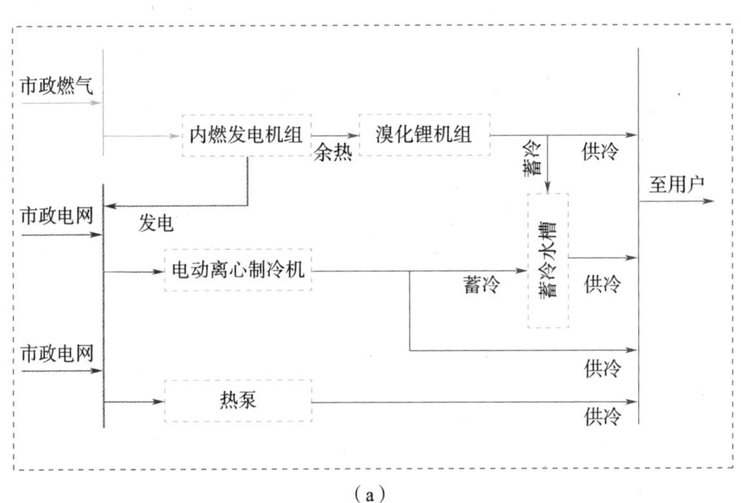

(a)

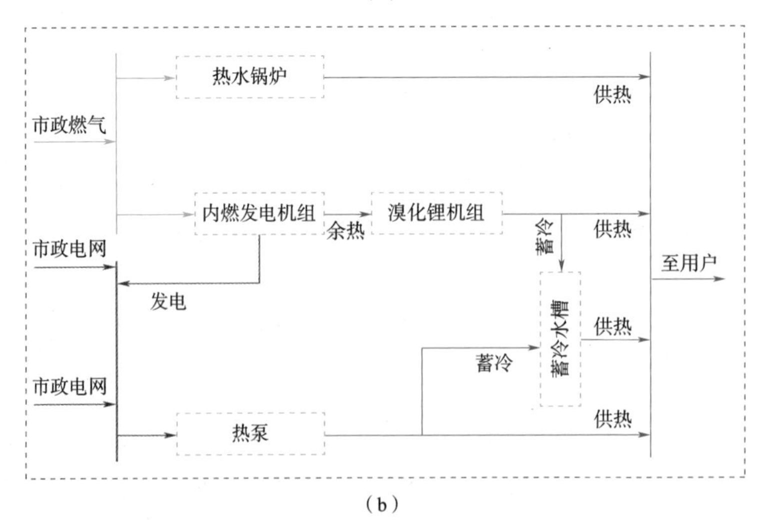

(b)

图4.70　热电冷三联供系统冬夏季供冷供热示意图
(a)夏季工况;(b)冬季工况

（2）分布式能源系统设计要点

分布式能源系统较为复杂，受技术、经济、政策三个维度的因素影响，该类系统在设计前期需要进行合理的分析与规划，方法和流程如图4.71所示，在整个过程中，有5个方面的技术要点需要特别关注。

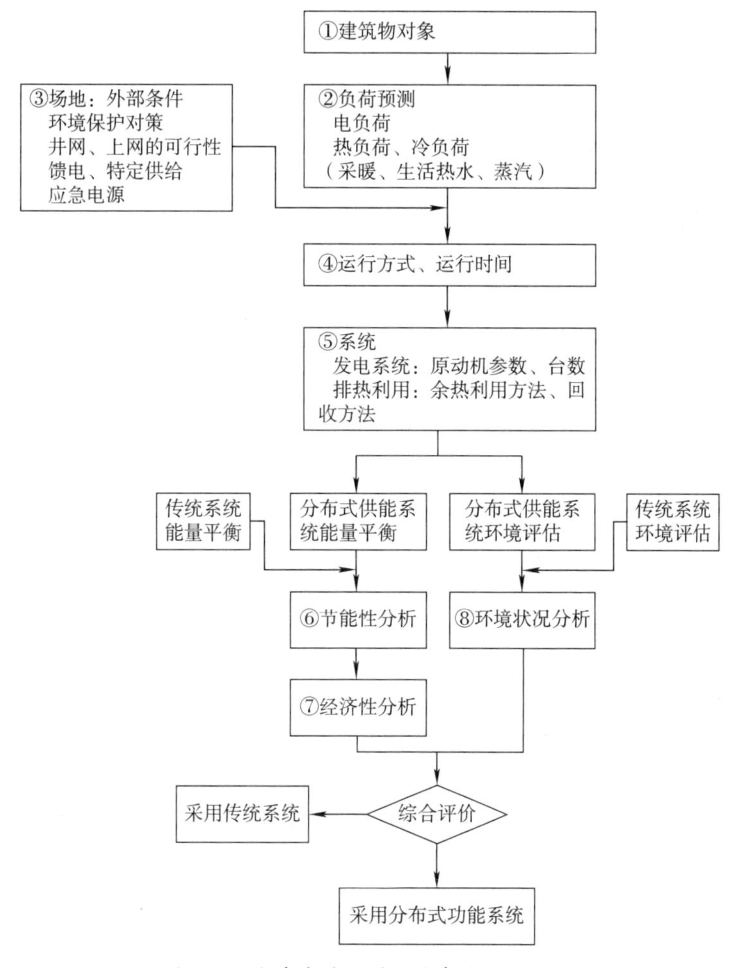

图4.71　分布式能源系统分析与规划流程

1）建筑物全年冷、热、电负荷的准确预测

建筑物是一个复杂的系统，其冷、热、电负荷需求均随时间而变化，且峰值负荷一般不同时出现，因此，需要事先掌握建筑内部的冷、热、和电负荷全年逐时的变化规律。分布式能源系统结构复杂，对负荷预测和运行调节都有比较高的要求，系统的能源利用率和节能性受系统结构、设备选型、运行管理影响较大，由于分布式能源系统可以同时产生电力和热量，生产比例关系与负荷需求比例关系一般难以匹配，准确的负荷预测是合理配置分布式能源系统的前提条件。目前，业内比较公认的是采用建筑能耗分析软件进行负荷预测，主要软件有DOE2、eQuest、Energyplus、OpenStudio、DesignBuilder、Trnsys、IES VE、TAS、ESPr和DEST等。

2）原动机形式与容量的选择

目前，机场分布式能源系统项目常用的原动机形式有内燃机与燃气轮机，由于其投资大、运行维护费用高，故该类设备形式、容量与台数的合理选择是系统经济性的关键要素。通过设备的合理选型并辅以解耦设备（热泵、蓄冷蓄热装置），可以提高原动机的有效年开机小时数，年利用小时数应大于2000。

3）发电并网、上网模式的确定

国家政策对分布式能源系统发电的并网、上网是支持的，但针对不同地区、不同项目的实施要求会有所不同。分布式能源系统发电的并网、上网模式的不同以及售电价格的不同会影响系统的经济性，故需作为系统应用分析前置条件，常见并网形式如图4.72所示。

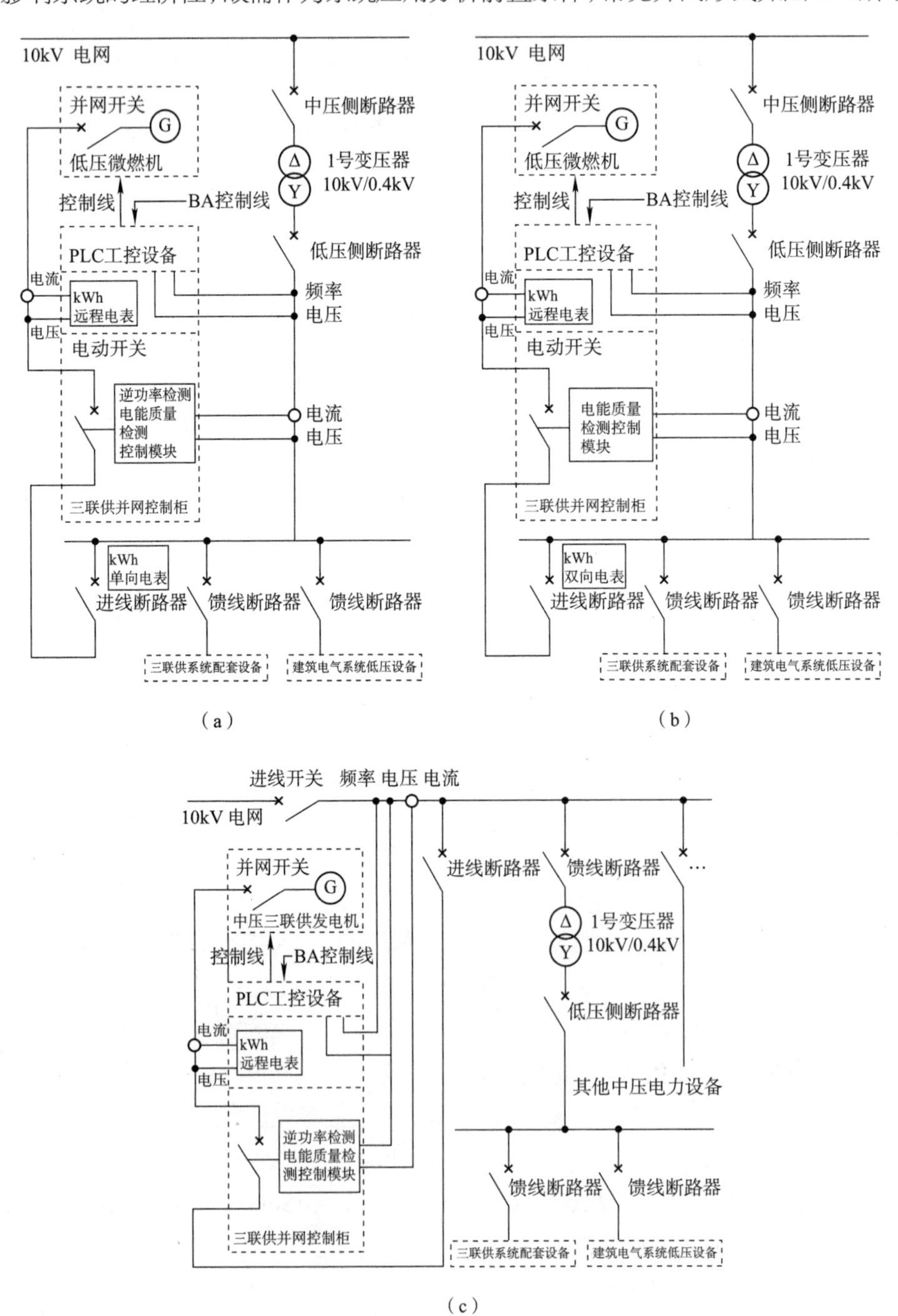

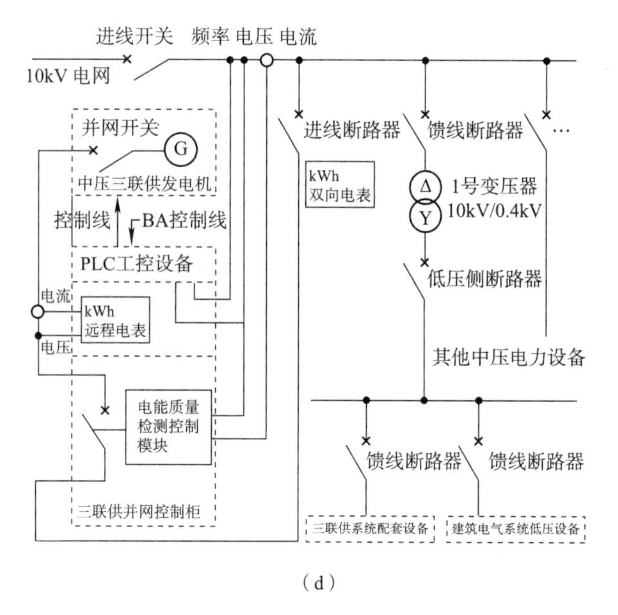

（d）

图4.72　常见并网框图

（a）低压并网框图一；（b）低压并网框图二；（c）中压并网框图一；（d）中压并网框图二

4）蓄能设施与热泵的解耦作用

分布式能源系统同时产生一定比例关系的电能与热能，而对应时刻的建筑物的冷（热）、电的需求比例无法与之相匹配，故可能存在能源浪费或无法开启原动机的情况，水蓄冷（热）设施可以利用水体的需能优势，将热能在时间轴上进行重新分配，起到在电力负荷需求较大但冷热负荷较小工况下的解耦作用；而热泵可以在冬季供热工况，本体用电需求较小，发电无法上网或售电价格较低的情况下，对电力与热量需求问题进行解耦。

5）技术经济与节能减排分析

分布式能源系统造价高、运行复杂，经济性与节能性受众多因素影响，故需要对其进行详细的技术经济性分析与节能减排贡献率分析，从而确定正确的系统应用技术路线。

案例：华东某机场1号能源中心

机场采用能源中心供冷供热的方式，其供能范围包括航站楼、综合办公楼、配餐中心、酒店等，总供能面积达60万m^2，总供冷负荷为85800kW，供热采用蒸汽方式（配餐中心、酒店有蒸汽需求），总供汽量为121t/h。

冷热源系统方案采用三联供方式，共设置1套额定发电功率为4000kW的10kV燃气轮机，1台11t/h的烟管式余热蒸汽锅炉，1台20t/h与3台30t/h的蒸汽锅炉，总装机容量为18400RT的离心式冷水机组，总装机容量为6000RT的双效蒸汽溴化锂冷水机组。

该项目自1997年初开始设计，由于受到政策的限制，燃气轮机发电无法与公用电网并网，夏季仅能用于能源中心内高压离心式冷水机组、部分冷水泵、冷却水泵，但预留了外送电缆路由，供至35kV航飞站。2001年，政府正式批准并网，并经后期运行改造，可实现燃气轮机发电一路送至机场35kV航飞站，在其10kV Ⅰ段母线与市电并网，向Ⅰ段、Ⅱ段母线所带的用户供电，另一路向能源中心10kV Ⅲ段母线上所带的设备供电，还能通过能源中心10kV主变降压向400V Ⅳ段的设备供电。

图4.73为该能源中心内的燃气轮机与余热锅炉。

图4.73 燃气轮机与余热锅炉

（3）分布式能源系统关键设备与技术

分布式能源系统常用到的原动机有燃气轮机（含微型燃气轮机，其功率范围一般只有25 ~ 300kW）、燃气内燃机、燃气外燃机、燃料电池等，其中，燃料电池和燃气外燃机由于成本较高还未得到广泛应用，因此，目前应用较多的原动机为燃气轮机和燃气内燃机。

1）燃气轮机和燃气内燃机工作原理分析

燃气内燃机的工作原理是，燃料与空气的混合气在进入气缸后受压缩，压缩终了，由电火花塞将混合气点燃，燃料燃烧所产生的烟气在缸内膨胀，向下推动活塞而做功，当活塞再次上行时，进气阀关闭，排气阀打开，做功后的烟气排向大气。机组重复上述压缩、燃烧、膨胀、排气过程，周期循环，不断地将燃料的化学能转化为热能，进而转化为机械能。图4.74为燃气内燃机内部结构图。

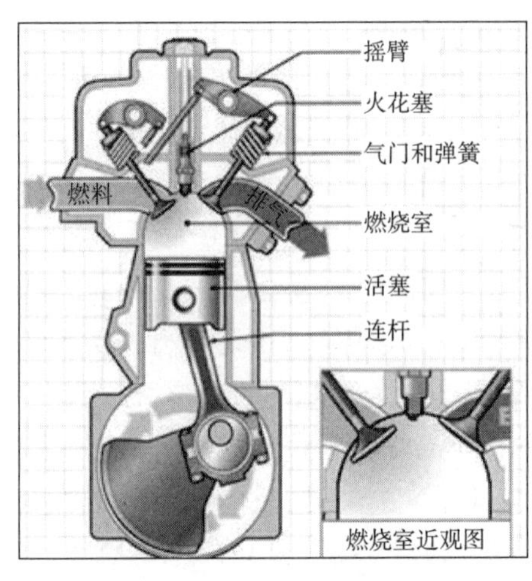

图4.74 燃气内燃机内部结构图

燃气轮机则是一种比较新型的动力装置，是一种旋转叶轮式热力发动机，机组主要由压气机、燃气轮机以及燃烧室组成。空气和燃料分别经压气机与泵增压后送入燃烧室，在其中燃料与空气混合并燃烧，释放出烟气热能，烟气流入燃气轮机后，边膨胀边做功，推动叶轮带着压气机叶轮一起旋转，做功后的烟气排向大气。机组重复上述升压、吸热、膨胀与排气过程，连续不断地将燃料的化学能转化成热能，进而转换成机械能。图4.75为燃气轮机工作原理图。

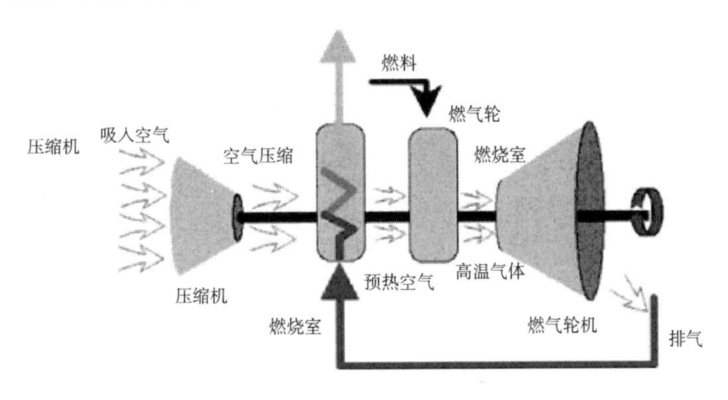

图4.75　燃气轮机工作原理图

2）燃气轮机和燃气内燃机的特点分析

燃气轮机的特点如下：

①结构简单、紧凑、重量轻、体积小；

②氮氧化物排放率低；

③发电电压等级高、功率大、供电半径大，适用于电负荷较大的场所，但发电机输出功率受环境温度影响较大，气温升高时，发电效率降低较大；

④发电机废热只有高温烟气，发热效率高，一般为45%左右，余热利用系统较简单，且机组热电比高；

⑤发电效率较低，功率在5000kW以下的机组效率一般为25% ~ 30%，功率在5000kW以上的机组效率一般为30% ~ 35%；

⑥机组启动时间较燃气内燃机长，一般从冷态启动、加速直至带上满负荷，需3 ~ 15min；

⑦燃气进气需要次高压或高压燃气，市政燃气不能满足机组进气要求，需配置燃气压缩机，而压缩机需消耗大量的能量，因此会影响机组实际输出功率；

⑧综合效率一般为75%左右；

⑨由于余热利用效率高于发电效率，其更适合冬季热负荷大、采暖时间长的地区，而南方地区冬季热负荷较小、采暖时间较短，考虑到余热不浪费的原则，不适合选择燃气轮机。

目前，国外燃气轮机产品较为先进，如美国索拉公司、日本川崎公司、俄罗斯动力进出口公司生产的产品，这些品牌的产品质量可靠、技术先进，是目前燃气轮机设备中的佼佼者。与此同时，各品牌的产品在技术性能和特点方面也各有千秋，应根据项目具体情况来选用。

燃气内燃机的特点如下：

①结构紧凑、重量轻、尺寸小，特别适用于移动式动力装置；

②发电效率高，最高可达40% ~ 46%；

③环境变化对发电效率的影响较小，因此在高温、高海拔地区也可正常运行；

④发电负载波动适应性强；

⑤操作运转技术简单易掌握；

⑥燃气进气可直接利用低压燃气；

⑦机组启动快，正常情况下，在3 ~ 6min内即可启动，并能迅速达到最大功率；

⑧设备投资成本较低；

⑨由于发电机废热有高温烟气和缸套热水，其余热利用系统较为复杂；

⑩氮氧化物排放率较高；

⑪综合效率一般在80%以上。

由于发电效率高、发电出力受环境影响小的优势，目前国外较多的分布式供能系统中都选用燃气内燃机，而且目前楼宇式1 ~ 5MW三联供系统中都普遍安装燃气内燃机，在全球也广泛被各种工业客户用以热电联产。目前，燃气内燃机技术已经很成熟，在国际上亦有很多著名制造商，如美国康明斯公司、美国卡特比勒公司、德国MWM公司、德国MTU发动机、芬兰瓦西来公司、奥地利颜巴赫公司等，以上品牌的产品质量可靠、技术先进、可选择余地大，是目前三联供系统中普遍选用的产品，但各产品在技术和特点上仍存在差异，在使用前应详细对比、选择。

5. *局部空调冷热源实施方案*

由于建筑体量一般都较大，航站楼内有相当数量的一些功能区域或房间，其空调冷热的需求与航站楼主体空调冷热源系统运行时间不同步，或者是因为相对于整个航站楼的体量太小，能源需求占比太小，在航站楼空调停运期间无法稳定供应，因此，需要局部地设置冷热源系统以满足其使用要求。典型的功能区域或房间及其特殊的冷热需求如下所示：

（1）商业区域

航站楼内大量的商业区域分布于出发层的候机大厅与达到层的接客大厅。这些区域往往处于航站楼建筑的内区，再加上商业区域自身的内部发热量较大，因此，全年需要较长时间的空调供冷，有的区域甚至需要全年供冷。

（2）内区办公区域

内区办公区域主要是由航站楼管理办公人员、航空公司人员、安检海关人员等使用。这些区域主要表现为需要全年较长时间的空调供冷。

（3）联合设备机房/TOC控制机房/网络设备机房/行李控制机房

这些工艺设备机房的共同特点是24h运行，其内部设备发热量较大。即使这些机房位于有外墙的外区，仍然要求全年较长时间的空调供冷，有的机房位于航站楼的内部，则需要全年24h供冷。

（4）VIP 贵宾室

特殊乘客的 VIP 贵宾室，在春、秋过渡季节主冷热源停止运行期间，仍然会有供冷或供热的需求。

（5）登机桥固定端

登机桥分布在沿航站楼外墙的各个位置，其朝向各不相同。登机桥固定端几乎全部由外维护体组成，空调冷热负荷受到太阳辐射、室外温度和朝向的影响极大。同时，登机桥固定端的空调冷热需求又随登机桥的使用而定，具有即用即开的要求。因此，各个登机桥的使用要求可能会有很大的不同。

（6）计时旅馆

在春、秋过渡季节主冷热源停止运行期间，仍然会有供冷或供热的需求。

（7）变电站、配电间、弱电间、电梯机房。

（8）飞机空调

当飞机在登机桥等待上客时，为节省航空燃油的消耗降低登机桥附近尾气排放造成的污染，可以使用地面或登机桥下方悬吊设置的飞机空调来向机舱内提供空调送风。

针对这些局部区域的需求，一般可以选用的空调冷源设备或系统主要有：

（1）小型空气源热泵冷（热）水机组；

（2）小型离心式/螺杆式冷水机组；

（3）空气源变制冷剂流量多联机系统；

（4）水源变制冷剂流量多联机系统；

（5）水环系统热泵系统；

（6）空气源分体空调机组；

（7）飞机专用空调。

对应上述各项，每个局部区域分别可以适用的空调冷源设备或系统建议见表4.24。

航站楼适用的空调冷源设备或系统　　表4.24

局部区域名称	可用的空调冷源设备或系统	备注
商业区域	（1）、（2）、（3）、（4）、（5）	根据规模大小和分散程度确定
内区办公区域	（1）、（3）、（4）、（6）	
联合设备机房/TOC控制机房/网络设备机房/行李控制机房	（3）、（4）、（5）、（6）	应注意避免漏水可能对机房的影响
VIP 贵宾室	（3）、（4）、（6）	一般需求容量较小，注重适用灵活性
计时旅馆	（1）、（3）、（4）	
登机桥	（3）、（6）	在特别严寒的地区不适用
变电站、配电间、弱电间	（3）、（6）	
飞机空调（停机坪等候）	（7）	

在实际的工程设计中，需要根据这些局部区域的具体情况采取一种或多种方式相结合。如何考虑到这些区域的节能运行，一般从基本层面上会考虑以下几点：选用高效节能的产品；合理的系统划分；具备良好的调节手段。

在设计上必须注意的是，对于这些局部区域采用的空调系统，都需要通风良好的室外散热场所。由于航站楼的造型一般都注重整体美观性，因此与建筑设计配合设置好通风良好的室外场所，对于空调系统的高效运行至关重要。

通常情况下，水冷冷水机组、水源多联机组、水环热泵机组均需要冷却塔辅助散热。冷却塔需要的通风环境较苛刻，往往与航站楼的造型相冲突，需要与建筑设计师进行良好的协调才能取得满意的效果。当无法直接获得通风良好的室外条件时，设计可以考虑排风带余压型风扇的冷却塔，将冷却塔放置在半室内或室内，利用接至室外的风管将排风排除。此时，半室内或室内应具有良好的自然进风措施，以保证冷却塔的排风与进风不发生气流短路。图4.76为设置冷却塔的案例示意图。

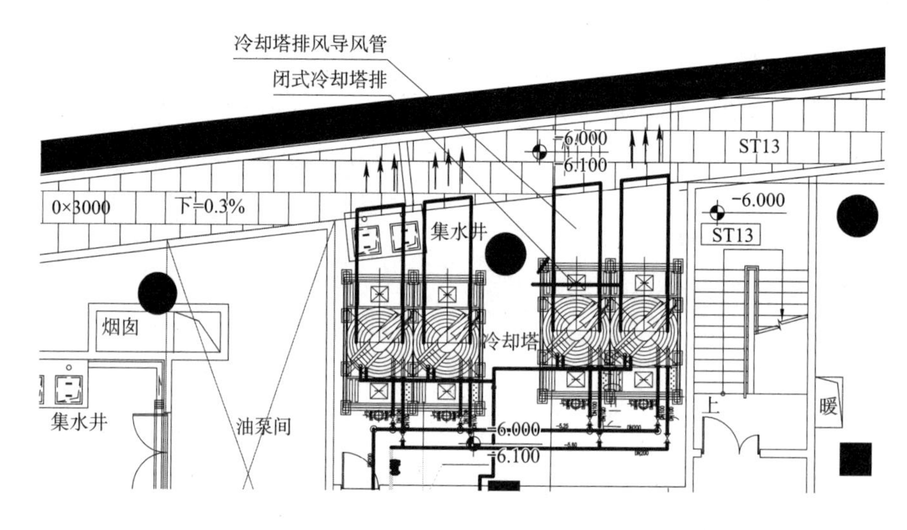

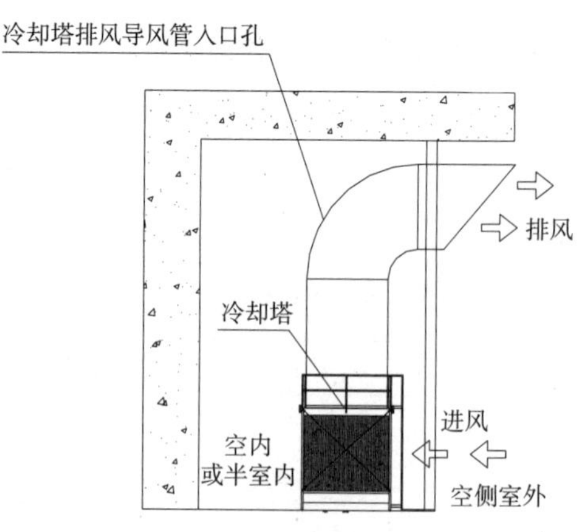

图 4.76　室内设置冷却塔示意图

航站楼内设置的冷却塔应采用消雾装置。在严寒地区，冬季需要运行冷却塔时，宜设置闭式冷却塔。

空气源热泵机组、空气源多联机组、分体空调机组则需要在室外直接放置主机或室外机组。通常情况下，空气源多联机组、分体空调机组的室外机组体积较小，比较容易找到合适的室外位置，而体型比较庞大的空气源热泵机组则与冷却塔的情况比较相似。当无法直接获得通风良好的室外条件时，设计可以考虑热泵排风扇带余压，将热泵机组放置在半室内或室内，利用接至室外的风管将排风排除。此时，半室内或室内应具有良好的自然进风措施，以保证热泵机组的排风与进风不发生气流短路。

通常情况下，小型空气源热泵冷（热）水机组、小型离心式/螺杆式冷水机组在航站楼的直接应用较少，主要是因为适合的场地布置较困难，往往与航站楼的底层平面布局相冲突，且会占用较大的室内或室外（前面已经叙述通风须良好）空间。另外，其系统布置与常规的空调水系统基本一致，设计人员一般已经非常熟悉，因此本章节就不再做描述。

1. 空气源变制冷剂流量多联机系统设计应用

目前在航站楼内的应用较为普遍。主要是因其灵活的系统布局、大小适宜的容量配置以及灵活的调节控制等优势。典型的系统设置如图4.77所示，该图为某航站楼一层室外机组布置以及相应室内的平面布置。

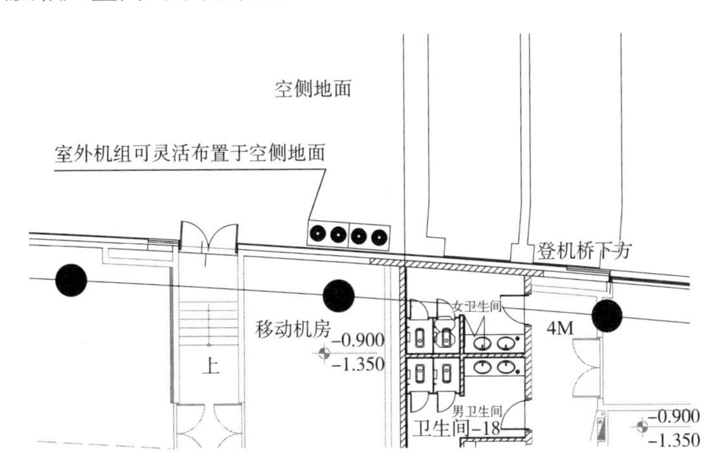

图4.77 典型的室内外布置平面图

空气源变制冷剂流量多联机系统在航站楼应用的局限性主要有：

（1）室内外机组的距离限制。从系统运行高效节能的角度来看，一般室内外机组的有效长度不宜超过50m，最长不应超过70m。虽然目前许多制造商的实际室内外机距离理论上可以达到几百米或更长，但此时须作相应的冷热量修正，因而实际的运行能效比将有所下降。由于航站楼一般单层面积很大，进深及长度尺度较大，空气源变制冷剂流量多联机系统室内外机之间的距离很容易超过50m，因此，在设计选取室外机组的位置时，应充分考虑有效内外机的距离，当距离超过高效运行的限制要求时，应再合理划分系统。

（2）室外环境温度（气候）对机组高效运行的限制。一般室外机组在−5℃室外环境温度下，其制热能力或能效比将会明显衰减。因此，在供热要求较高的严寒及更加寒冷地区的航站楼使用空气源变制冷剂流量多联机系统时，需要特别注明其低温制热能力的要求。另一方面，在上述严寒及更加寒冷地区设计使用该系统用于内区局部区域的制冷时，也必须注意系统室外机组在低于0℃的室外环境温度下，其系统可能处于压缩机低压保护状态而无法启动，影响正常使用。

2. 水源变制冷剂流量多联机系统设计应用

鉴于变制冷剂流量多联机系统在航站楼设计中作为局部补充性的冷热源具有很好的实用性，近阶段逐渐在设计中考虑采用水源变制冷剂流量多联机系统，以进一步拓展该系统在航站楼的应用。该系统的末端室内机的使用完全等同于空气源变制冷剂流量多联机系统，但从系统上克服了空气源系统在航站楼内的两个限制：

（1）由于采用了水环作为冷热源媒介，利用高效水泵作为循环动力，其循环流动基本可以不受距离和高差的限制。因此，水源变制冷剂流量多联机系统的压缩冷凝机组可以放置在室内靠经或者直接放置在空调区域内，很大程度缩短了制冷剂冷媒的循环距离，可以最大程度地体现出压缩机运行的能效比。图4.78是典型的水源变制冷剂流量多联机系统构成原理图。

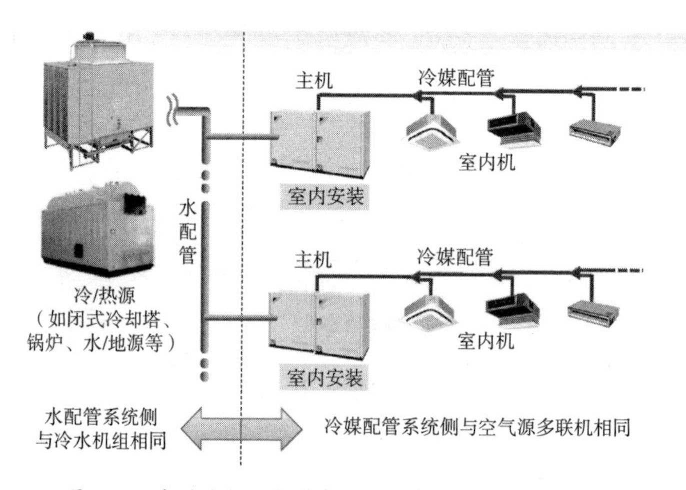

图4.78　典型的水源变制冷剂流量多联机系统构成原理图

（2）由于水环须在冬季保持15℃以上的水温，需要采用辅助低温加热源，例如锅炉直接加热、蒸汽、低温热水、各种余热废热等，因而其系统本身制热运行时，不受室外环境温度的影响。

水源变制冷剂流量多联机系统不仅较好地解决了空气源系统的两个使用限制，拓展了航站楼内使用范围以及从炎热到严寒多个气候地区内的使用可能性，而且在提高航站楼空调综合运性效率方面，还可以发挥出更大的作用。由于采用水环作为冷热源媒介，其水温始终控制在10～25℃范围之间，因此，水源变制冷剂流量多联机系统的各个室外机组可以自由的选择制冷或制热模式，各个处于制冷模式的室外机组向水环投放的热量，可以使得水环被加热而有温度升高的趋势，如果此时有制热需求的室外机组开启，那么这些热量将被有制热需求的室外机组吸取以作为制热的热源，相当于获得了免费的热量。假如航站楼内处于制冷模式的室外机组散出的热量正好完全等于处于制热模式的室外机组的供热需求，那么系统所配置的冷却塔和加热源均可关闭运行，此时系统处于最佳的节能状态，实现了航站楼内的热量向需要供热地区的转移，很大程度降低了制热的热量消耗，同时也间接地降低了制冷能耗。图4.79为水源变制冷剂流量多联机系统同时供冷供热原理图。

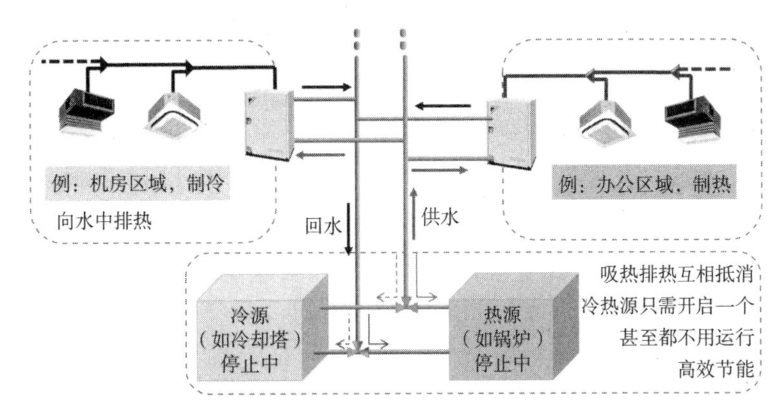

图4.79　水源变制冷剂流量多联机系统同时供冷供热原理图

航站楼内的同时供冷供热需求一般出现在冬季及秋冬或冬春的转换季节，在我国多个地区，特别是北方的机场航站楼内均有不同程度的出现。根据经验，在航站楼内全年持续或者较长时间需要供冷的区域主要有：变电站、联合设备机房、TOC控制机房、网络设备机房、行李控制机房、部分弱电间、内区商业区域（餐饮、珠宝店等）、内区办公区等；而需要供热的区域有：外区办公区、VIP贵宾室、公共门厅出入口处、水机房、空调新风处理机组等。设计前期，可以仔细的梳理这些区域的供冷供热需求，计算出供冷区域的散热量和供热区域的制热需求量，尽量使处于同一个水环系统内的各个室外机组散热量与取热量处于平衡状态，图4.80为某航站楼局部水源变制冷剂流量多联机系统平面图。

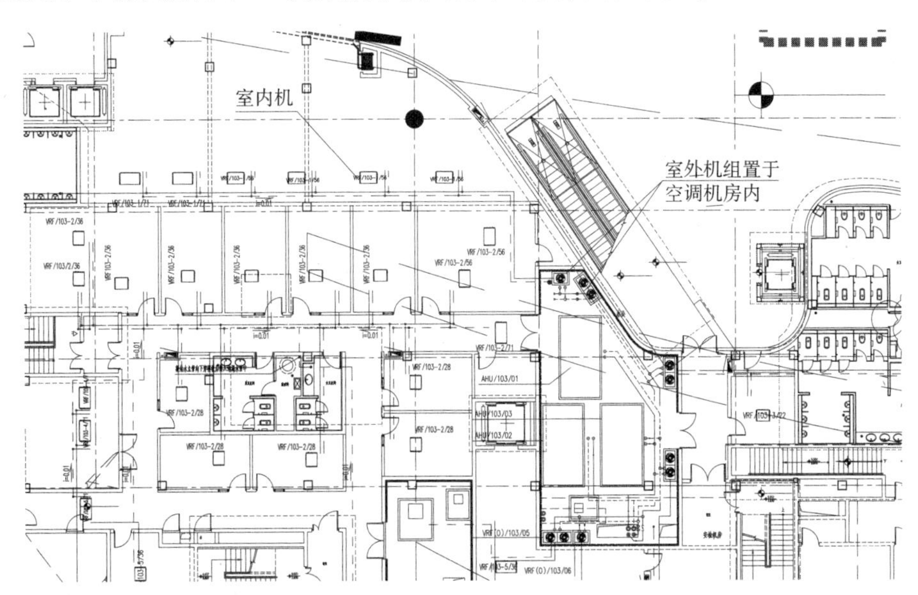

图4.80　国内北方某航站楼内部采用的水源变制冷剂流量多联机系统平面图

水源变制冷剂流量多联机系统的设计需要额外注意以下两点：

（1）需要冷却塔和外部热源的配合才能正常使用，特别是冷却塔的设置受制于航站楼的建筑条件时，如前面提到的，需要在通风良好的地方放置，并且与建筑设计进行良好的协调配合。另外，水源变制冷剂流量多联机系统配套使用的冷却塔为闭式形式，造价一般比较昂贵。

（2）各个室外机组的开启与关闭时刻并不是同步的，开启数量的动态变化导致对循环水量的需求不同。从节能运行的角度考虑，水环系统需要考虑变水流量的设计，以应对室外机组开启数量不同时的水量需求。对于单个室外机组来说，目前的产品设计是属于定流量运行，水量缺少时会将压缩机进行保护性停机。因此，水环系统的设计既要考虑变流量节能运行，又要考虑在变流量过程中水量平衡分配的问题，保证每个处于开启状态的室外机能够分配到额定的水流量，而处于关闭状态的室外机组支路流量切断，防止水流无效旁流。航站楼内的各个区域位置距离较长，各个室外机组负担的区域大小不一，需要的流量也各不相同，水环路先天不平衡因素较为突出。在水环系统设计中，不仅需要考虑管路的自然平衡，还需要考虑用动态平衡手段解决在管路自然状态下的失衡。通常情况下，可以考虑在每个室外机组支路上设置压力无关的动态平衡装置（例如定流量阀，参见图4.81），自动根据系统压力的波动保持通过的流量不变；同时，配置一个与压缩机启停状态连锁的双位电控阀，在压缩机关闭时能确保切断支路水流，使整个水环系统能够变流量运行。图4.81为室外机支路的动态平衡流量控制。

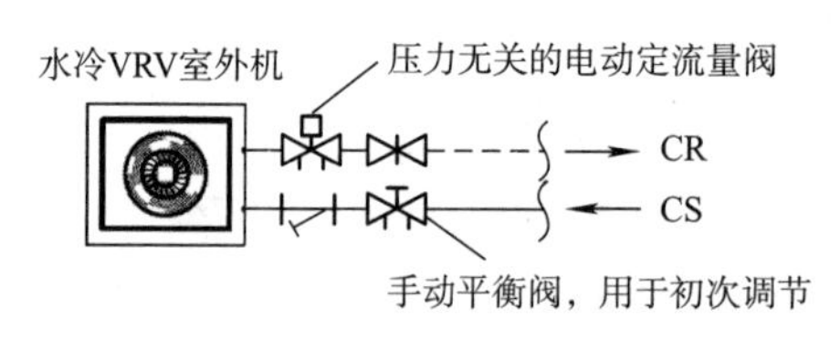

图4.81　室外机支路的动态平衡流量控制

3. 水环热泵系统设计应用

水环热泵系统具有与水源变制冷剂流量多联机系统相似的循环水系统，所不同的是，其各个末端为压缩机组与室内空气处理单元一体化的设计。水环热泵系统同样具有水源变制冷剂流量多联机系统同时供冷供热的能力，可以将航站楼内的热量转移到有供热需求的区域进行免费供热，其系统节能性潜力同样优越。

水环热泵系统的水系统设计与上述水源多联机的系统设计基本一致，在原理性上完全可以参照上述注意点来优化设计，本节不再重复叙述。另外，水环热泵系统还需额外注意的是：

（1）由于各个末端为压缩机组与室内空气处理单元一体化的设计，所以在末端设计时须留意压缩机的噪声和振动的影响，特别是用在旅客休息区、VIP贵宾室、办公室时，应有良好的消声及隔振措施。

（2）当用在变电站、联合设备机房、TOC控制机房、网络设备机房、行李控制机房、弱电间等避免水管进入的区域，水环热泵的末端应避免直接放置在房间内。

4. 空气源分体空调机组设计应用

空气源分体空调机组作为局部空调冷热源的补充，可以独立灵活地应用到各个分散布局的小区域或房间中。分体空调室外机组须在建筑设计的协调统一下确定安装位置。由于空气源分体空调机组的安装及设计应用较为简单，本文就不再赘述。

5. 飞机地面空调设计应用

在航站楼登机桥位置室外区域，还会设置比较特殊的局部空调设备——飞机地面空调。飞机地面空调的作用是向停靠在登机桥口的飞机内输送处理过的空调冷热空气，维持飞机内的热舒适性。由于飞机内部构造的特殊性，其空调所需的送风参数与常规舒适性空调的区别非常大，因此，作为航站楼一种独立的空调冷热源系统及空气末端处理设备，飞机地面空调分散地布置在各个登机桥附近的室外区域。

飞机停靠廊桥时应关闭飞机辅助发动机，采用地面设备为飞机提供电源及空调。这样不但能降低航空公司的运行成本（航空燃油及飞机辅助发动机的使用维护费用），还能很大程度降低飞机的尾气排放、噪声等环境污染，提升了航空公司的节能减排的潜力。同时，机场公司为飞机提供空调和电源既有一定的经济效益，又对改善机场周边环境起到较大的作用，也是创建绿色机场的可靠保障。

以夏季通常工况为例，某飞机地面空调机组夏季处理工况参见图4.82。

干球温度为39℃，湿球温度为33℃，d=29.73g/kg，i= 115.87 kJ/kg；送风工况干球温度为3.54℃，相对湿度为98%，d=4.77g/kg，i=15.54kJ/kg。

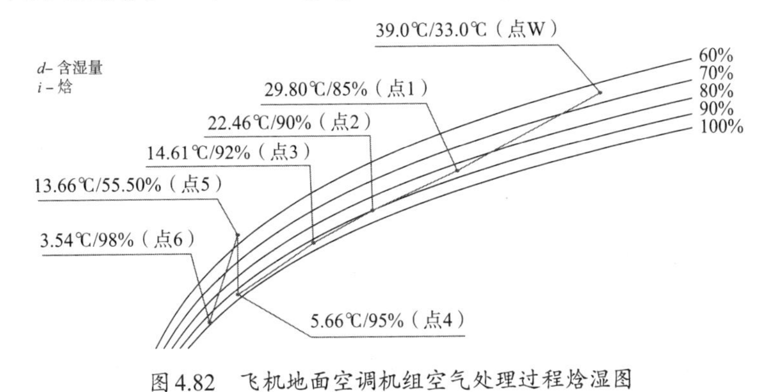

图4.82　飞机地面空调机组空气处理过程焓湿图

为了达到出风工况，飞机地面空调机组夏季空气处理过程如图4.83所示。

	一级蒸发器		二级蒸发器		三级蒸发器		四级蒸发器		风机		五级蒸发器	
点W	⟶	点1	⟶	点2	⟶	点3	⟶	点4	⟶	点5	⟶	点6（送风点O）
	冷却除湿		冷却除湿		冷却除湿		冷却除湿		加热		冷却除湿	

图4.83　飞机地面空调机组夏季空气处理过程

从机组新风口进风的新风W点，到点5状态的空气进入第五级蒸发器并最终处理到机组要求的送风状态（点6）。图4.84为飞机地面空调机组空气处理过程原理图。

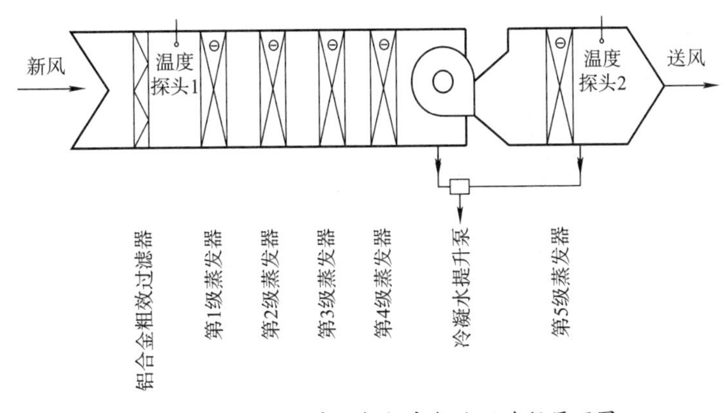

图4.84　飞机地面空调机组空气处理过程原理图

从上述的空气处理过程可以看出，飞机地面空调以其独特的空气处理流程区别于常规的空调系统，其对空调冷热源运行参数的要求也具有独特性。

飞机地面空调分类：从冷媒运用角度分类可分为单元式、混合式、集中式。

单元式：单元式飞机地面空调也称直接膨胀式飞机地面空调，由轻质高效的风机、制冷压缩机、风冷冷凝器和控制元件组成一个箱体。出风温度可达到0 ~ 2℃。

其箱体结构简图见图4.85。

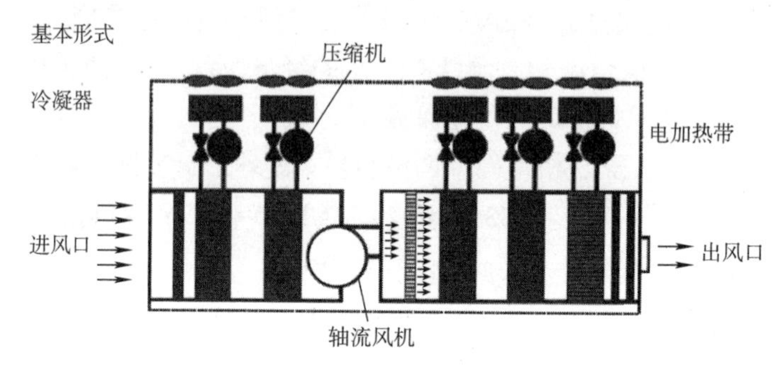

图4.85　单元式飞机地面空调的机组结构形式

单元式从形式上又可分为悬挂式、落地式以及移动式，如图4.86 ~ 图4.88所示。

图4.86　悬挂式

图4.87　落地式

图4.88　移动式

目前，大多数机场近机位采用悬挂式和落地式，远机位采用移动式。

混合式：混合式飞机地面空调也称为直接膨胀式加航站楼冷水预冷，由轻质高效的风机、制冷压缩机、水冷冷凝器、盘管和控制元件组成一个箱体。使用航站楼内的空调冷水提供机组所产生的2/3的冷量，直接膨胀盘管提供机组所产生的1/3的冷量，能达到较低的出风温度（–2℃），并且减轻了空调机组的质量。其机组箱体结构简图见图4.89。

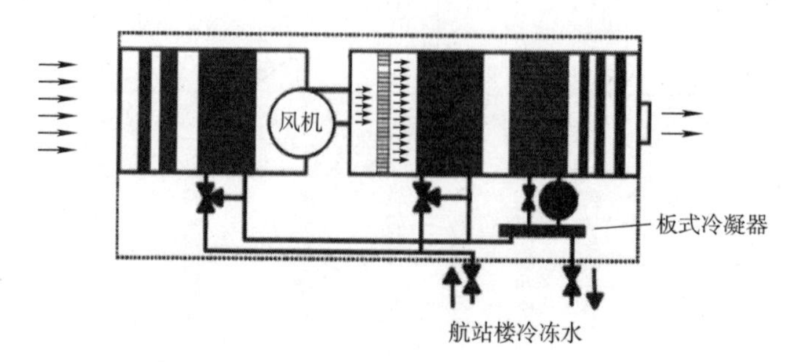

图4.89　混合式飞机地面空调的机组箱体结构形式

该产品在国内尚未量产，均在研发及试生产阶段，而国外已有成熟产品，由于价格及安装条件的限制，在国内机场很少使用。

集中式：集中式飞机地面空调也称中央式，由机房直接提供冷热源，介质为水和乙二醇的混合物。制冷工况时温度可达−7℃，最低的出风温度可达−4℃。制热工况可由加热介质或机组内的电加热模块现实。对极端气温的地区较为适用。机组由轻质高效的风机、换热器和控制元件组成一个箱体。质量和体积是上述机组中最小的。其机组箱体结构简图如图4.90所示。

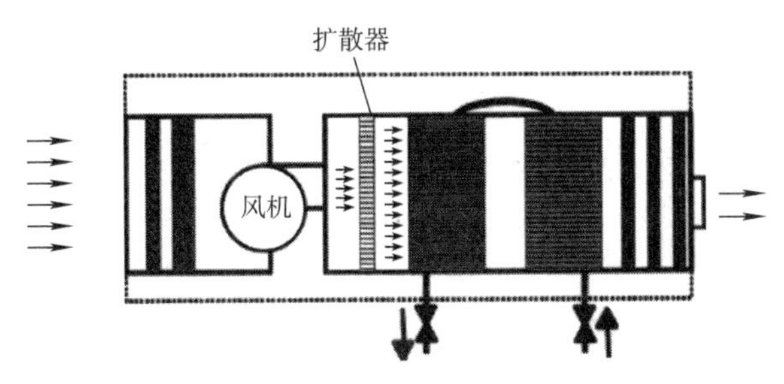

图4.90　集中式飞机地面空调的机组箱体结构形式

乙二醇混合水可由独立的制冷主机提供，该制冷机组可分为风冷和水冷，可根据航站楼的建筑特点选用。水冷的效率优于风冷。

该产品在国内北方某超大型机场已设计并应用。该产品通常安装在登机桥的固定端的设备用房内。图4.91为该产品的段位示意图，图4.92为该产品的模型图。

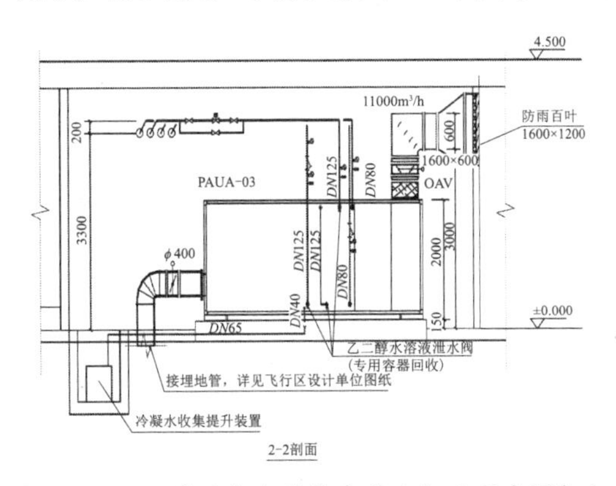

图4.91　乙二醇混合水的集中式飞机地面空调机组

图4.92　乙二醇混合水的集中式飞机地面空调机组模型

目前我国使用的飞机地面空调大部分以单元式的产品为主，飞机地面空调的设计与选用依据以下两个原则进行：根据飞机手册选型；根据飞机地面空调行业标准选型。

根据飞机手册选型：

IATA国际民航组织Airport Handing Manual Support Equipment Specifications手册（或称《机场地面支持设备操作手册》）指出：不同型号的飞机需配置不同的空调风量、压力、制冷量、制热量[1]。表4.25为根据机型配置的飞机地面空调参考表。

根据机型配置的飞机地面空调参考表　　表4.25

机位类型	飞机标准负荷（USTons）	地面空调制冷量（USTons/kW）	空调出风温度（℃）	风量（m^3/h）	风压（Pa）	最大制冷电功率（kW）	典型飞机机型
C	36	45/158	0 ~ 4	4500	4000	95	B737/A320
D	45 ~ 60	60/210	0 ~ 4	7500	5500	110	B767
E	75 ~ 90	90/316	0 ~ 4	9600	5500	163	B747/A340
E	75 ~ 90	110/386	0 ~ 4	9600	7500	210	B777/A330
F	140	（90+90）/（386+386）	–4	19000	7500	326	B787/A380

注：此表飞机负荷根据飞机厂商提供的环境气象参数测得。室外温度为35℃，相对湿度为35%。

根据飞机地面空调行业标准选型：

根据中国民航局2014年发布的《飞机地面空调机组》行业标准，我国的气候特征被划分为四种工况，同时改变了以压缩机制冷量定为标准传统定义模式，将机组的整体制冷量定为标准，将出风温度定为≤2℃，将机组的连续运行时间定为8h。

表4.26、表4.27飞机地面空调的产品标准按照使用气候类型分类。

飞机地面空调按使用气候类型分类　　表4.26

类型	T1（高温干燥气候）	T2（高温低湿气候）	T3（高温中湿气候）	T4（高温高湿气候）
进风干球温度（℃）	35	35	35	35
进风相对湿度（%）	35	60	70	80

飞机地面空调规格型号及额定性能参数表　　表4.27

机组规格	额定送风量（m^3/h）	额定机外静压（Pa）	T1型额定制冷量（kW）	T2型额定制冷量（kW）	T3型额定制冷量（kW）	T4型额定制冷量（kW）	制冷出风温度℃
C①	5500	6700	102	139	154	169	≤2
D	8100	5500	150	205	226	248	≤2
E1	15860	7000	293	401	443	487	≤2
E2②	12000	6900	221	303	336	368	≤2

①机组应能根据需求在4500 ~ 6000m^3/h范围内精确调节送风量，在4200 ~ 6700Pa范围内精确调节送风风压。
②机组应能根据需求在9600 ~ 12000m^3/h范围内精确调节送风量，在5300 ~ 7350Pa范围内精确调节送风风压。

上述的两个表格为行业规定的在四种气象条件下，飞机地面空调机组制冷量的最低标准。设计选用时可以作为参考。

由于制冷时送风温度较低，飞机地面空调的压缩机工况有别于常规空调制冷工况，单位冷量的电力消耗也较常规空调制冷时高出很多。因此，在设计阶段须关注飞机地面空调能效提升的方法：

（1）采用最新制造技术的产品，在增强型换热翅片提高换热效率、改进机组的设计结构、压缩机采用变频技术、高风量、高静压、低噪声的高效离心风机等几个方面提高整机能效。

（2）采用混合式飞机地面空调的设计

混合式飞机地面空调采用航站楼空调冷源的冷水，预冷热空气，再经过制冷机的压缩等过程将热空气处理到–2.0℃，之后送入飞机机舱，实现迅速降温。根据理论推算，一台飞机地面空调器，2/3左右的制冷量（预冷或者初级制冷阶段承担的制冷量）可以由航站楼内的常规空调冷水来承担，而飞机空调自带的压缩机只需承担剩余的深度制冷部分的冷量。这样，向飞机供冷时，制冷*COP*值可以从单纯风冷单元式制冷时的2.0左右提高至2.8以上，节能潜力很大。例如，华东地区一个C类机位的飞机空调，通过采用混合式的设计方法，每个机位配置170kW的飞机地面空调，其自带的单元式压缩机制冷量只要控制在60kW即可满足使用要求。

（3）运用地井设备降低风管热损耗及输送能耗

飞机地面空调的送风软管是放在机坪的地面上的，参见图4.93、图4.94。在气象预报为温度是36℃时，机坪温度可以达到50℃，送风管内的空气温度为–4 ～ 2℃，风管的保温热损失为1 ～ 2℃ /m，在机坪上安装40m长的风管，热损失在4 ～ 8℃之间，同时，阻力损失在500 ～ 1000Pa之间。

图4.93 送风软管在机坪上铺设

图4.94 送风软管连接飞机

所以，设计初期须考虑提升飞机地面空调送风软管的保温性能。目前正在使用的空调软管有两种，一种是带橡胶缠绕保护的保温软管，一种是侧面带橡胶保护的保温软管。第一种软管的保温性较好，风管连接处比较密封。第二种软管密封性较差，接缝处有明显的吹风感。如图4.95所示。

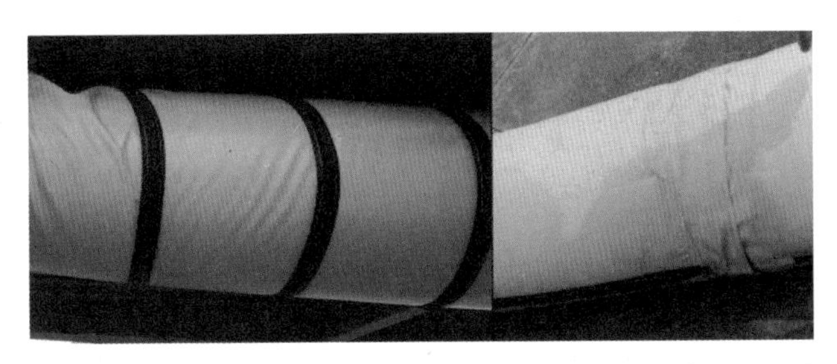

图4.95 两种保温软管，右侧的软管密封性较差，接缝处有明显的吹风感

采用空调地井是整个送风节能环节的“最后一小步”，这一步骤使整个节能链变得完整，可以最大限度地减少空调能耗，并最大限度地减轻机坪操作人员的工作强度。

在极端气温条件下，特别是高温高湿，站坪温度在40℃以上、相对湿度在95%以上，飞机地面空调机组的出风温度要求为2 ~ 4℃，送风软管受到机坪高温的热辐射，接到飞机底下的接口温度已经达到12 ~ 14℃，空调冷量损失非常大。如果采用地井，风管直接埋地敷设，可以避免机坪高温的热辐射，空调的出风温度也会稳定在3 ~ 5℃，能满足飞机机舱迅速降温的要求。据不完全统计，其节能率在15%以上。

如航站楼空侧场地具备条件，设计应考虑利用地井系统设置送风管道，将送风管设置于地下2m深度以下的位置，借此可以有效降低风管的热损失，也可减少弯头数量，从而减小阻力，提升飞机空调机组的实际使用能效。

飞机地面空调与空调地井的连接一般由三部分组成，即“落地式飞机地面空调+埋地复合保温管+地井”，详见图4.96。表4.28简要地分析了地井系统送风方案与常规软管送风方案的优劣。

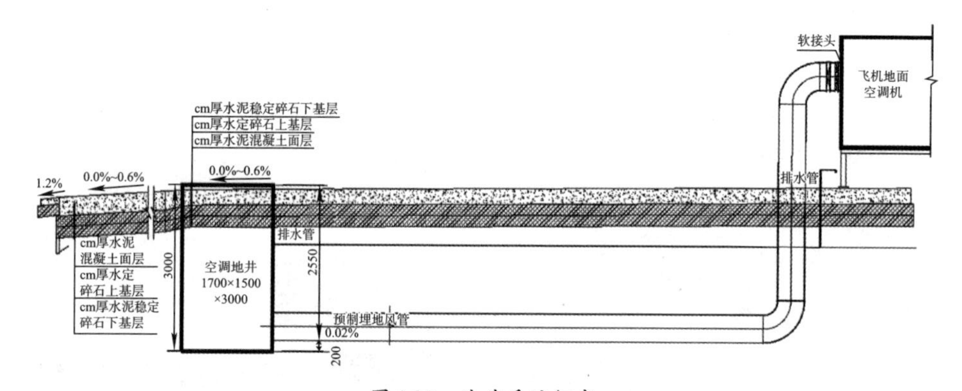

图4.96　地井系统组成

采用地井与未采用地井的对照表　　表4.28

项目名称	未采用地井	采用地井
空调安装方式对登机桥的影响	悬挂式空调重3.5 ~ 5t，对登机桥运行影响较大	无影响
空调软管操作长度	24m以上（操作时需全部展开），且折弯较多，风阻很大	按实际需求拉伸，一般仅需7 ~ 8m，最长不超过13m
飞机地面空调维修与登机桥连锁	维修时需停止登机桥的使用	随时维修，无需关闭登机桥
进机舱接口温度	在36℃条件下，进机舱温度为12 ~ 15℃（实际项目检测）	进机舱温度为-4 ~ 4℃（实际项目检测）
空调软管、登机桥机械磨损	空调软管磨损大，登机桥机械齿轮磨损较大，每年有更换	空调软管磨损小，登机桥运行不受影响
站坪操作工作强度	空调软管重25 ~ 35kg，操作强度大，且随航班密度增加	操作轻松、简单，人工成本低
投资回报	经过测算，每个廊桥的综合维护费用近3万元/年	人员配置较少，设备维护量很小

在国外机场正在使用的落地式飞机地面空调及地井如图4.97、图4.98所示。

图4.97　落地式飞机地面空调机组及送风管

图4.98　空调地井升出地面后拉出的送风软管

地井的设计选用

在设计采用空调地井时，首先要观察并核对该处机坪的标高，不能在整个飞行区的最底端；其次要了解不同机型的避让发动机的距离，应根据停机线及机型设置空调地井的位置；最后，对于E类飞机采用双管空调地井，参见图4.99，对于C类、D类飞机采用单管空调地井，参见图4.100，对于F类飞机采用双井双管空调地井。

图4.99　双管空调地井

图4.100　单管空调地井

对于复合机位要采用两个单管空调地井加一个双管空调地井，如图4.101所示。

（4）冷凝水排放：对于高温高湿环境使用场合，飞机地面空调排放出大量低温状态的冷凝水，将冷凝水回收作二次利用，可以间接提高能效。

（5）飞机地面空调运行管理的提升：

①采用无线温度传输系统与飞机地面空调运行相结合。飞机地面空调的送风温度控制是根据机舱内的温度要求及机组自身的温控要求模式运行的，一般通过设在机舱门侧的有线温度传感器的信号控制空调机组的运行，也存在着操作不便的缺点。若采用无线通信技术，可提升操作人员的工作效率，使空调机组实现节能运行。

②空调机组操作流程的优化和信息管理。飞机地面空调可根据不同的机型（空客和波音的各类型号的飞机对空调风量和压力有一定的差别）调节制冷量、送风量。同时，将空调机组不同的运行状况结合气候参数等储存在一起，通过合理的分析，制定出一套适合本机场的飞机地面空调操作流程，以实现精细化管理。

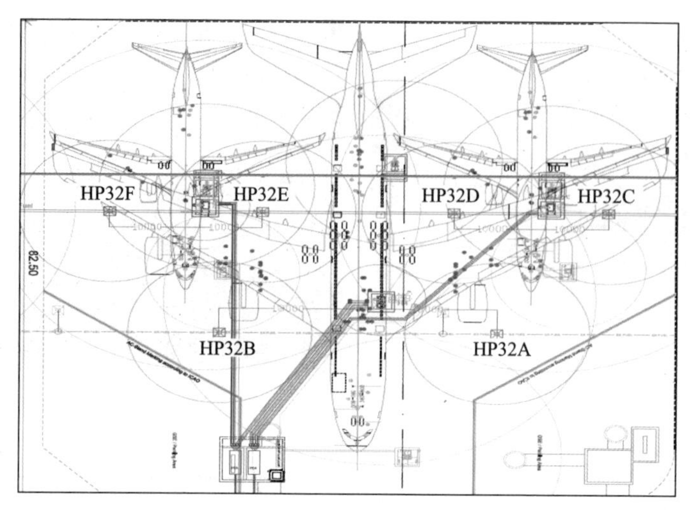

图 4.101　复合机位空调地井与飞机地面空调布置平面图

案例：华东某机场飞机地面空调运行指标对比分析

据相关资料统计，飞机在开启APU时产生的噪声达到90dB以上，航油消耗为155kg/h。而每消耗1kg航油会产生3.18kg二氧化碳。以此推算，飞机停靠登机桥时开启APU，会产生493kg/h的二氧化碳。

按2012年该机场日均起降飞机452架次，日均停靠廊桥的飞机为226架次，每架次停靠时间为45 ~ 60min计算，则高峰日该机场飞机使用APU，二氧化碳总排放量约为110t/d，排放数据惊人。

如果飞机停靠廊桥时不开启APU，而采用桥载设备向飞机提供电力供应及空调送风，则单个廊桥提供的用电量为182 kWh。按杭州机场日均停靠廊桥的飞机为226架次计算，共耗电41860 kWh。相关对比如表4.29所示。

使用桥载设备前后日平均指标对比　　表4.29

项目	类型	航油消耗量（kg）	桥载设备用电量（kWh）	按当前价格折算（万元）	折成标准煤（kg）	市场参考价
C类飞机	使用桥载设备	—	41860	3.56	5023	0.85元/（kWh）
	开启APU	35650	—	15.33	52405	4300元/t

注：能源折标准煤参考系数参照《综合能耗计算通则》GB/T 2589，煤油为 1.4714kgce/kg，电力折标系数，若采用等价值则为 0.12kgce/（kWh）。航油价格为 2018 年 7 月报价。

如果按照C类飞机作为统计主体的话，该机场飞机停靠廊桥不开启APU，使用桥载设备，则每年节约（52405–5023）× 365=17294t标准煤；年平均节能率为90%；每年二氧化碳排放减少量111 × 365=4.05万t。

由此可见，该机场采用桥载设备替代APU项目的方法不仅有明显的社会效益和经济效益，而且有显著的节能减排意义。

局部冷热源设备及系统的相关介绍：(注1)

（1）模块化的小型空气源热泵冷热水机组特点

1）节省空间：机组采用高效换热器，采用先进、特殊的户外型结构设计及系统匹配。机组体积小、质量轻、占地少。机组可直接安装于屋顶或室外其他地方，无需另设机房，可节省空间。

2）模块化设计：使机组可以以标准的模块单元进行生产和运输。在安装现场组合成完整的机组，标准的模块单元质量轻、体积小，使机组运输、安装及调试与维护更加方便，节省吊运、安装与运行费用。

3）控制精准：机组采用人性化的微电脑控制系统，液晶显示控制器，使用简单快捷。单个控制器可控制多达十几台机组，动态监控机组的运行，便于集中控制。控制器具有参数显示、参数设置、模式切换等功能。

4）备用性强：模块机组之间、模块机组压缩机之间都可以互为备用。机组采用双系统设计，当其中一个系统出现故障时，另外一个系统依然可以正常运行，及时保护机组。在模块组合时，组合中某台机组需要维护或维修时，也不影响其他机组的正常运行。通过系统间及机组间互为备用的特性可以有效的把机组故障对空调系统的影响降至最低。

5）高效节能：部分负荷运行效率高，综合性能系数IPLV较常规高效风冷机组高约20%。优异的性能表现可以为用户减少运行的开支，帮助业主在建筑周期内获得更大的价值。

风冷模块机组还可选择不同的压缩机形式：

标准定频压缩机组：机组采用定频压缩机。高效柔性涡旋压缩机，其电机被低温回气制冷剂有效冷却，始终保持高效率运转；高温高压制冷剂气体被压缩后直接排出，减少压力和热损失，提高能效。可进行十几台范围内不同容量的任意组合，可以满足各种不同应用场合的负荷选型需求。机组的模块化设计使业主投资设备无须一步到位，可以随客户的发展壮大，随时增加模块的台数及相应设备，很大程度节省了初投资。

部分变频压缩机组：机组采用变频加定频压缩机的形式。机组搭载了直流变频压缩机和直流变频风机电机，并搭配以先进的直流变频控制技术。机组压缩机和风机电机的驱动所采用的主流变频电机可以根据负荷实时变化调整机组容量输出，使机组始终在最优化的能效水平运行。

全变频风冷模块机组：机组全部采用变频压缩机加变频风机的形式，很大程度提高了机组运行交流，并且可以提高部分负荷的综合节能性。

产品案例参见图4.102。机组采用独特的六角形设计，以使换热器面积最大化，提高效率。六角形的斜边保证换热器进风，多台模块实现无缝拼接，最大程度地节省占地面积。

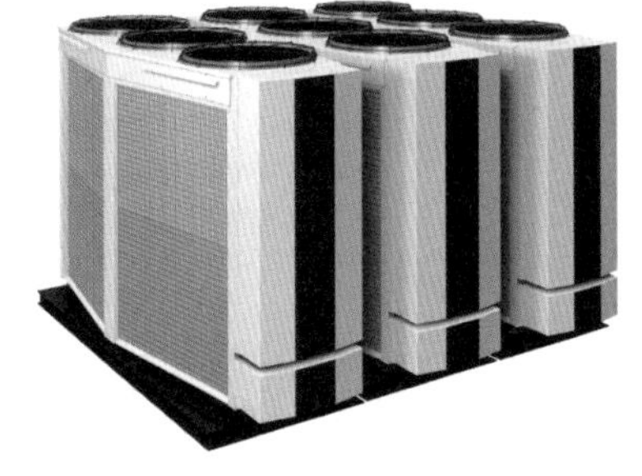

图4.102　风冷模块机组

（2）空气源变制冷剂流量多联机系统特点

1）空气源变制冷剂流量多联机系统的适用气候范围

中国各大主要航站楼所处的城市中，最高夏季温度高达42.3℃，冬季最低环境温度为-18.8℃。多联机系统空调必须具有在很宽大的气候范围内运行的能力才能满足中国各个地区不同的空调需求。

目前，国内制造的空气源变制冷剂流量多联机系统的连续运行温度范围不断地拓宽，一般连续制冷温度范围可以为0 ~ 50℃，连续制热温度范围可达-15℃以下，可以灵活对应航站楼所在各地的极限温度。

2）空气源变制冷剂流量多联机系统的室内外机连接管距离范围

通常情况下，随着空气源变制冷剂流量多联机系统的室内外机连接管距离增加，其压缩机的性能会相应衰减下降，能效比亦随之下降。航站楼的平面距离一般尺度较大，在实际设计过程中需要充分注意室内外机连接管距离对能效的影响。

国家节能规范规定多联机空调系统的制冷剂连接管等效长度应满足对应制冷工况下满负荷时的能效比（energy effciency ratio，*EER*）不低于2.8的要求。依据此要求，大致推算出在等效长度不超过200m的情况下，多联机空调系统的制冷能效比仍然可以维持较高的水准。图4.103是某款空气源变制冷剂流量多联机系统等效长度与能效比之间的衰减关系。

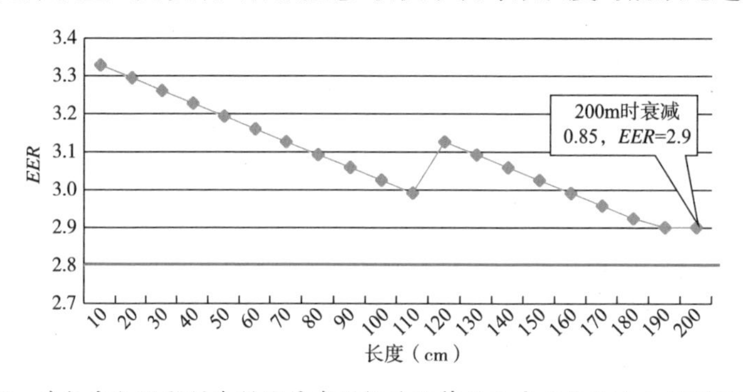

图4.103 某款空气源变制冷剂流量多联机系统等效长度与能效比之间的衰减关系

3）超高室外机静压，设备摆放无阻碍，适合在航站楼露天条件不充分时，在室内或半室内安装使用。图4.104为在室内或半室内情况下室外机组安装示意图。

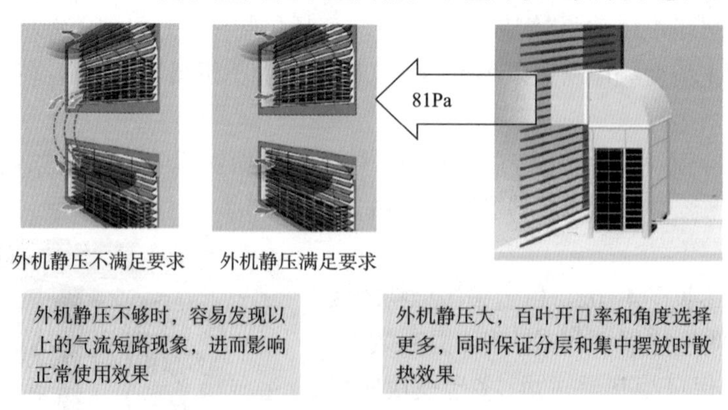

图4.104 室外机组安装示意图

（3）水源变制冷剂流量多联机系统特点

1）系统高效节能，运行费用低

①先进的高压腔涡旋式直流变频压缩机，系统运转效率更高；图4.105为不同种类压

缩机效率的比较。

②变频控制，部分负荷情况下系统能效更高；系统长时间运行于高效工况，节能效果显著。

图4.106为水源热泵VRV能效（8HP模块）在50%制冷负荷情况下与满负荷情况下*COP*值对比。

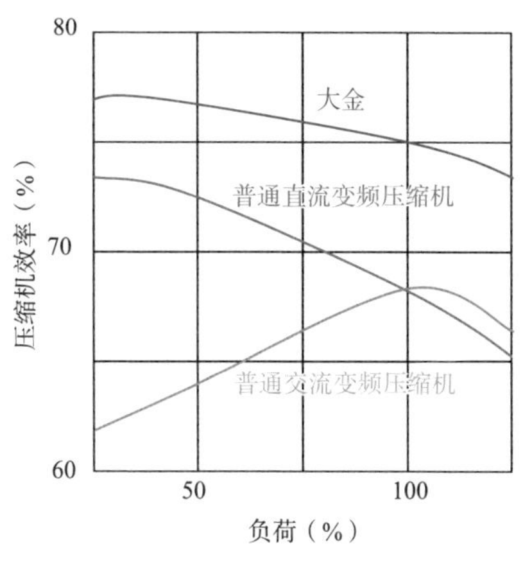

图4.105　不同种类压缩机效率比较

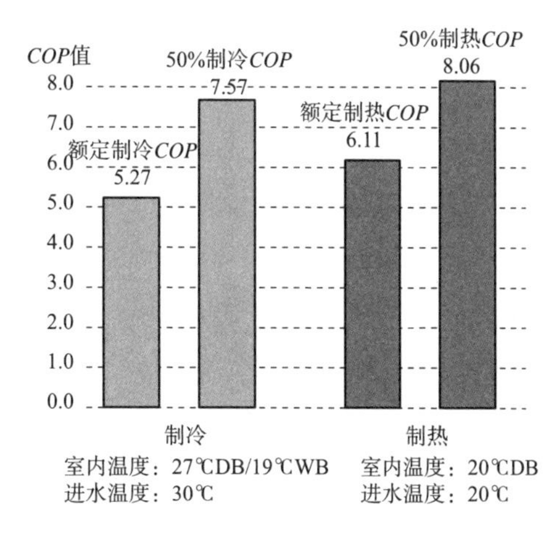

图4.106　水源热泵VRV能效（8HP模块）

2）可满足制冷制热的要求，轻松实现热回收

①不同主机可以从同一循环水系统中吸收或排放热量，同时满足各自制热或制冷的需求；

②只需简单的二管制系统，便可轻松实现热量的回收，设计、施工便捷；

③冷、热源最多只需有一个进行运转（甚至都不用开启），即可满足同时制冷制热的要求，系统能耗更低、更经济节能。

3）使用水温范围广

①宽广的水温运行范围，使系统能够灵活适应多种冷热源，并且在不同的环境下稳定工作；

②7 ~ 45℃即可稳定供冷，无论是室外高温季节或是机房的常年供冷，水源热泵VRV都能提供充足的制冷能力，使室内获得良好的使用效果；

③5 ~ 50℃的制热范围更确保了冬季制热运行的稳定，连接地埋管、利用工厂废热余热或是改造期间与原空调热水系统对接，系统都能良好制热。

图4.107说明了水源热泵VRV主机进水温度范围。

4）主机小巧，运输方便，摆放空间要求低

①模块化主机，结构紧凑，外形小巧，占用空间少；

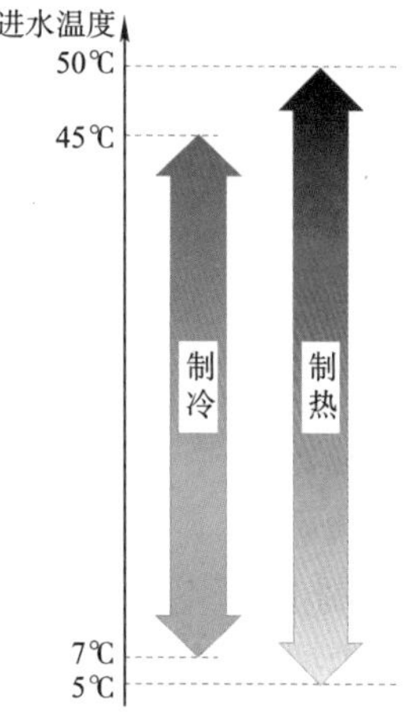

图4.107　水源热泵VRV主机进水温度范围

②机组可上下叠放，进一步提高空间利用率；

③主机小巧，搬运方便，无需大型机械设备，安装工作很大程度简化。

图4.108为水源多联机主机组安装及尺寸示意图。

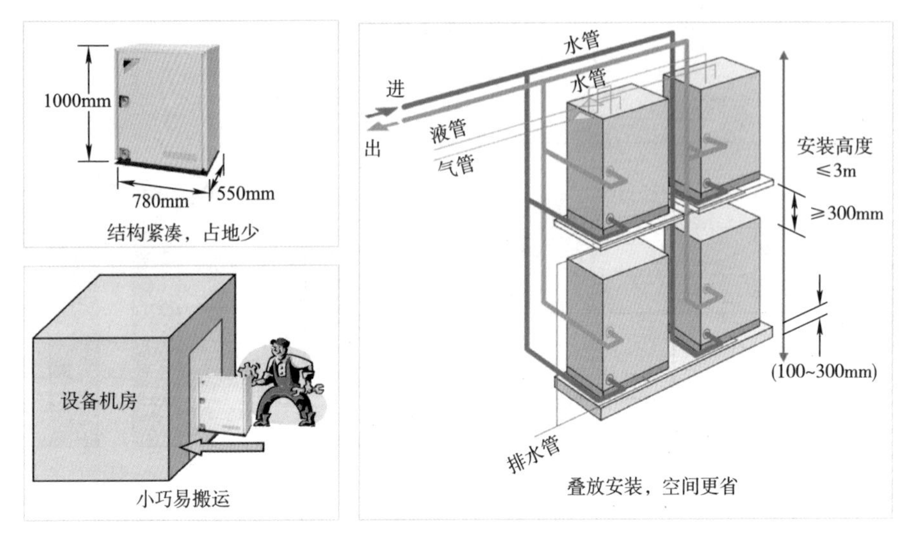

图4.108　水源多联机主机组安装及尺寸示意图

5）运转静音，效果更舒适

①主机运转噪声仅50dB（A）（以8HP为例），远低于空调箱的运转噪声，更远低于冷水机组的运转噪声；

②室内机运转噪声更可低至24dB（A）（以1HP静音超薄风管式室内机为例），室内环境更舒适。

图4.109为各类空调机组的噪声对比。

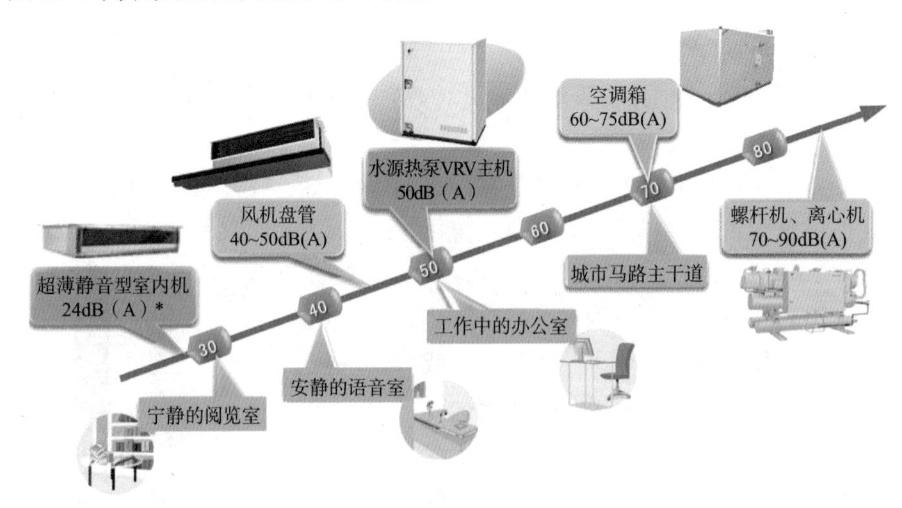

图4.109　各类空调机组的噪声对比

6）控制灵活智能

①集中控制与独立调节两不误，用户可以独立进行调节，也可由物业进行集中管理；

②多种规格的控制系统、多种人性化功能，全方位对应用户要求，物业工作很大程度

简化；

③提供各类转接器，可对水泵、锅炉等进行联动管理，智能化程度更高。

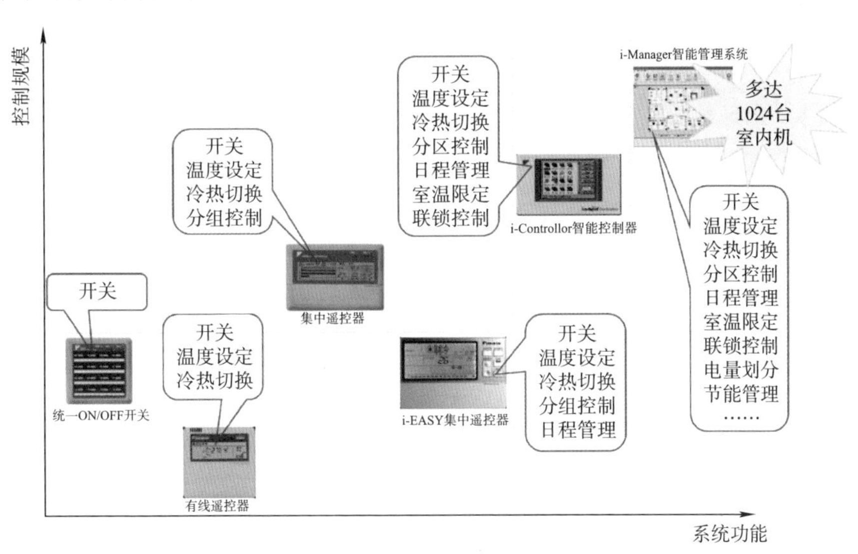

图4.110 多联机室内机面板控制示意图

图4.110为多联机室内机面板控制示意，说明了不同种类的控制面板的控制规模和系统功能。

7）可实现电费计量

①突破了按照面积分摊电量的方法，让电量划分更公平、更可靠；

②根据室内机的通信数据（温度、运转模式、时间等），可以准确地了解每台室内机的运行情况，并以此为标准进行电量的划分，即空调使用多者多付费，更加准确、公平。

图4.111为某品牌采用i-Manager系统进行电量划分和设备联动的系统示意图。

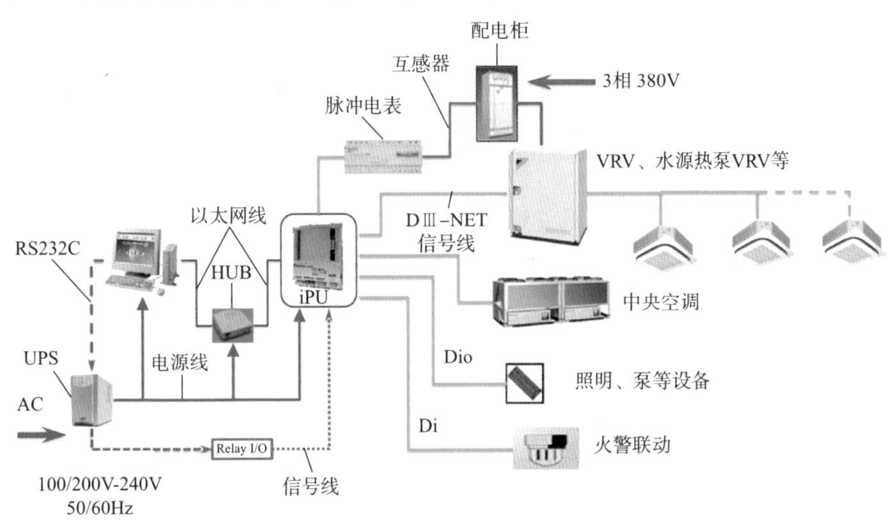

图4.111 采用i-Manager系统进行电量划分和设备联动的系统

（4）水环热泵空调系统

水环热泵空调系统是指小型的水–空气热泵机组的一种应用，即用水环路将此小型机组并联在一起，构成一个以回收建筑物内部余热为主要特点的热泵供冷、供暖的空调系统。水环系统的水环部分基本与上述的水源变制冷剂流量多联机系统水环特点相同，末端除了可以搭载多联机系统的外机，还可以搭载分体式、整体式，内机有吊顶暗装式、嵌入式等带有压缩机的单元式空气-水处理机组，多样性更加丰富。

图4.112是水环热泵空调系统的原理图。

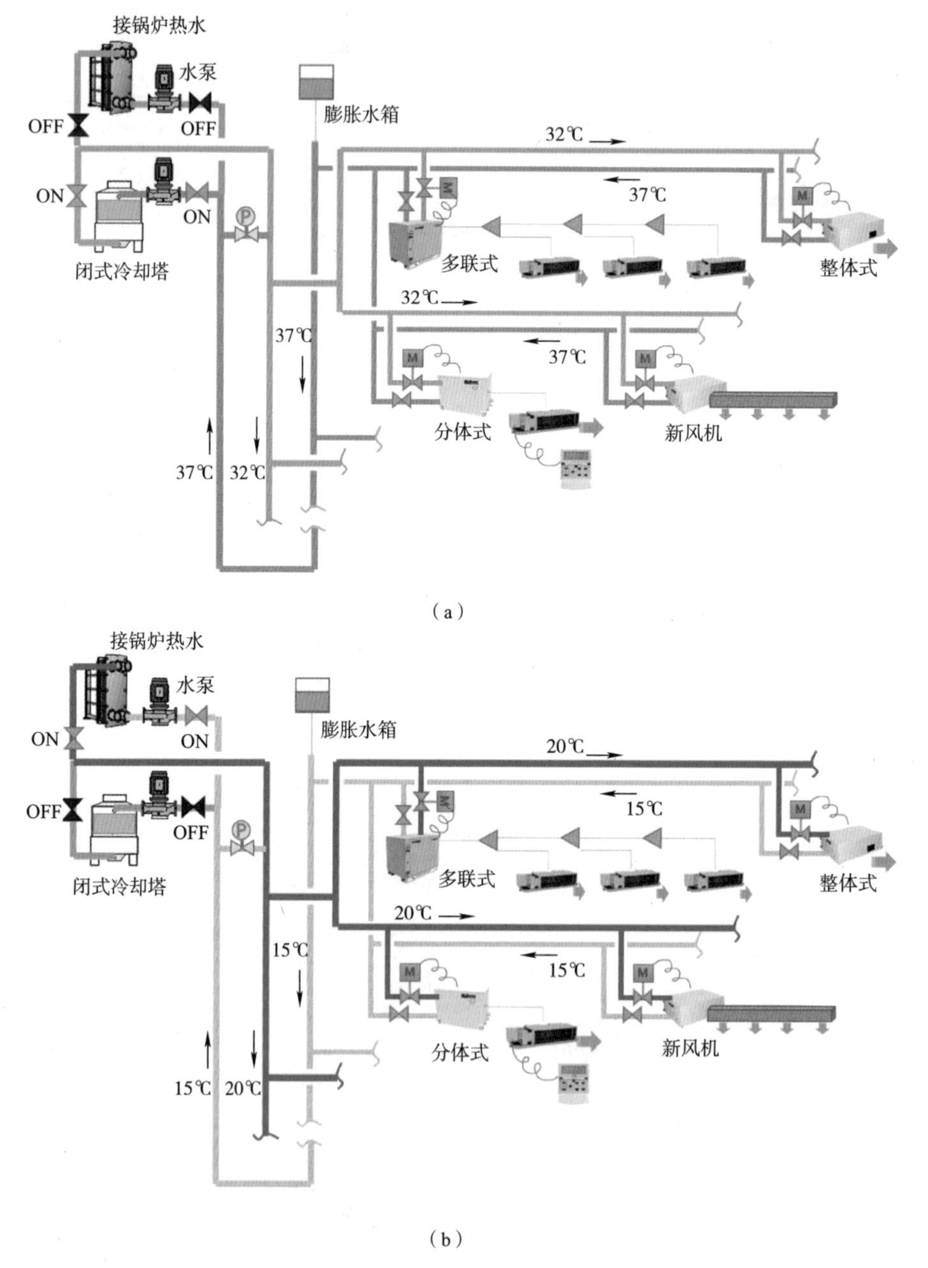

图4.112　水环热泵空调系统原理图

(a)系统供冷时；(b)系统供热时

（5）闭式冷却塔

闭式冷却塔运行原理：工作流体（水或其他液体）在热源及闭式冷却塔的盘管内进行循环。工作流体的热量经过盘管壁以显热换热方式传递给流经盘管外表面的水中。吸收热量的水落入水盘，通过喷淋泵，经水分配管到达喷嘴，洒向填料。温热的喷淋水在填料表面形成一层很薄的薄膜，以达到最佳的冷却效果。同时风机系统启动，使机组外大量的空气以与落水相反的方向从进风格栅进入。空气与水在填料表面直接接触，一部分水蒸发带走热量。在蒸发的过程中，喷淋水将热量以潜热换热的方式传递给流过机组的空气。热饱和气流从逆流闭式冷却塔的顶部排到空气中去，从而将热量消散。其余的喷淋水被填料冷却后落入二次分配水盘，更均匀地淋向盘管。原理方面，换热过程分为潜热换热和显热换热两个过程，潜热在填料内来进行达到最佳的换热效果，而显热在淹没式盘管外进行逆向换热，效果极佳。图4.113为闭式冷却塔原理图。

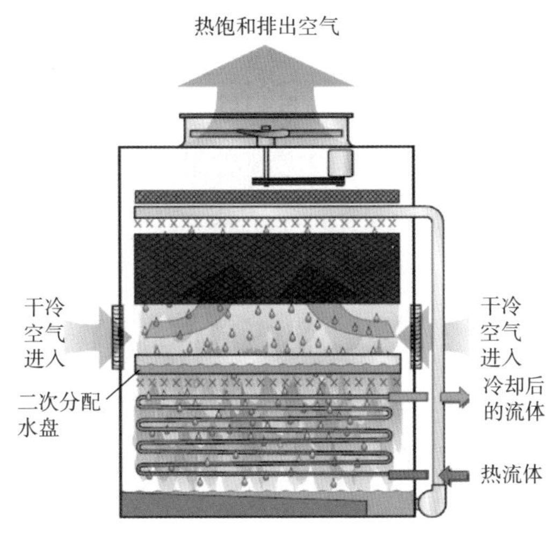

图4.113　闭式冷却塔原理图

闭式冷却塔与水环系统热泵系统或者水源变制冷剂流量多联机系统配套使用，在航站楼所处各地气候条件下，均可高效运行。在寒冷的冬季条件下，闭式冷却塔仍然可以有效运行，保证航站楼内部的散热。在散热负荷需求较小时，可以通过特殊的控制策略，进一步改变闭式冷却特的运行方式，达到降低运行能耗的目的。随着冷却负荷的逐步降低，可以选择以下方式：降低冷却塔风机转速；减少淋水泵循环流量；完全关闭冷却塔风机；完全关闭淋水泵。

（6）超低温飞机地面空调

随着空客A380及波音B787的普及，飞机地面空调生产厂商同步研发了一种超低温送风的飞机地面空调，其出风温度可达–23℃（空气质量流量1.9kg/s），与配套的改进型飞机地面空调，送风温度为–4℃（空气质量流量为3.69kg/s），混合后出风温度达到–9.5℃（空气质量流量为5.5kg/s），在20 ～ 25min内将飞机的机舱温度从38℃降至24℃。

其原理简介如下：

超低温飞机地面空调是利用飞机在飞行时的空调物理制冷的原理，图4.114，通过对压缩空气的处理，产生6 ~ 10kg压力的压缩空气，经过干燥机过滤了大部分水分，使压缩空气的含水量降到0.6g/kg以下，再经过密闭高速膨胀，吸取外界能量，将空气温度降到 -20℃。与配套的低温空调送风相混合后再向飞机送风，这样的送风温度可达 -9℃，起到迅速降温的效果。图4.115为超低温飞机地面空调制冷的典型接管图。

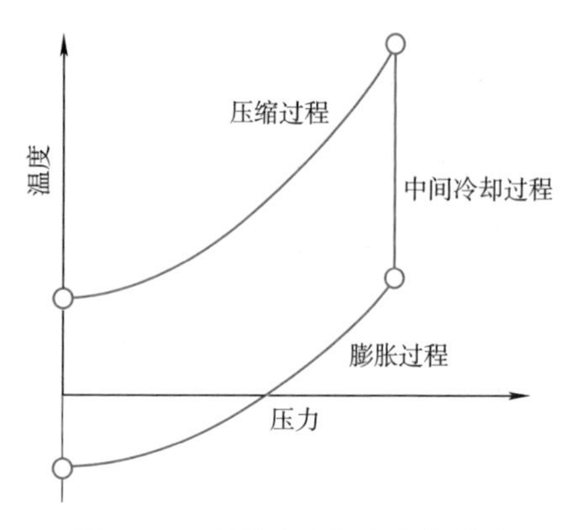

图4.114　超低温飞机地面空调原理

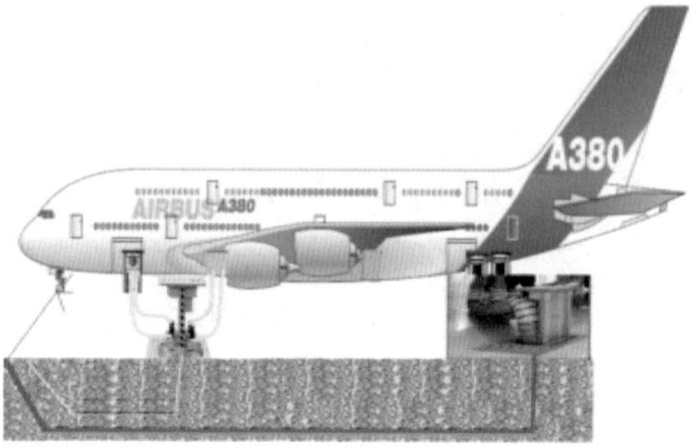

图4.115　超低温飞机地面空调制冷的典型接管图

图4.116说明了超低温飞机地面空调主要部件组成

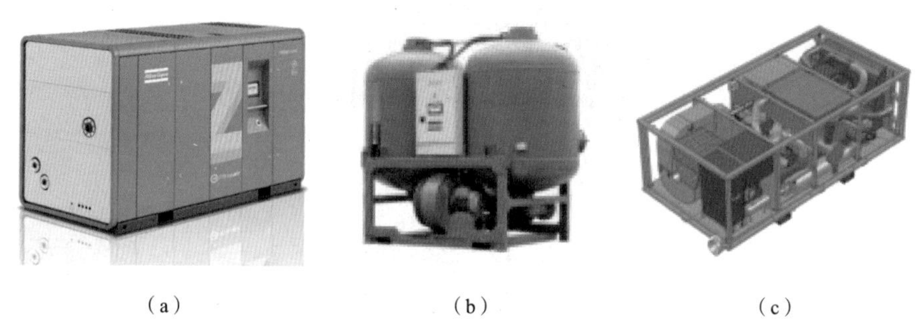

（a）　（b）　（c）

图4.116　超低温飞机地面空调主要部件组成

（a）压缩机；（b）干燥机；（c）超低温空调

超低温飞机地面空调的电功率比传统的要大，一般在500kW左右，（如果采用传统空调需2台叠加送风，其电功率在180kW × 2=360kW左右）。

由于超低温飞机地面空调送风温度较低，为了减少损失，风管采用埋地形式，结合地井系统输送效果更佳。该组设备一般安装在航站楼的指廊底层的房间内。

超低温飞机地面空调可以连续工作，传统飞机地面空调需停机化霜，同时，超低温飞机地面空调无需加冷媒。由于该设备价格昂贵，目前世界上仅在中东一些机场使用，国内机场均没有使用。

（7）地井系统

地井是预埋在飞机停机坪下的设备，可设置在航站楼侧的近机位和停机坪侧的远机位。飞机需要地面提供的供油、供电、空调、气源、给水、排水等均可通过预埋在机坪下的管道送至地井，最后送至飞机机舱。

地井从使用功能上可分为供油井、供电井、空调井、气源井、清水井、污废水井等，本文涉及的地井主要用于飞机地面空调。空调地井从结构上可分为电动升降型和机械升降型。图4.117为空调地井筒体及内部构架示意图。图4.118为空调单管地井构架示意图。

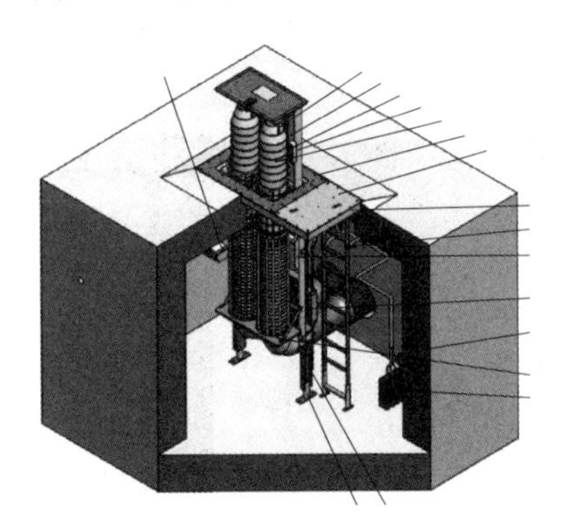

图4.117　空调地井筒体及内部构架

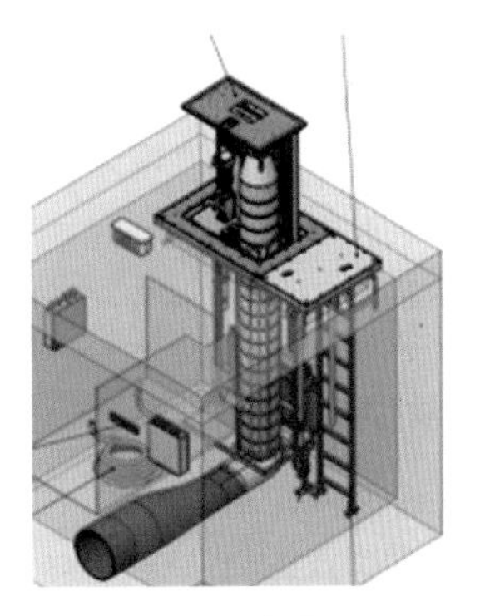

图4.118　空调单管地井构架

地井开挖施工时需在飞行区站坪施工前进行，筒体可采用成品预制件，一次安装就位，以减少站坪施工时间及工程量，同时应考虑各种管线的预埋，还必须进行抗压检测。图4.119、图4.120显示了地井施工过程中的预制件及施工细节。

图4.119　空调地井筒体预制件

图4.120　地井盖段与道面连接

地井系统运行时，会面临以下一些使用问题，需要在设计阶段加以考虑。

1. 恶劣天气

在北方地区使用地井，因考虑地井井盖的防冻结措施，一般采用电热融雪配件。在强对流的雷暴天气下，地井基本上停止使用。

2. 地井电气设备防爆

考虑到飞机加油和地井同时使用，为了防止油气侵入地井而产生爆燃事故，地井内的电气设备应选用防爆型。

3. 埋地风管的保洁

由于夏季空调送风温度一般在-4 ~ 4℃之间，停机后可能有少量热空气侵入而产生冷凝水，遇到空气中的灰尘产生细菌，因此，每个季度都应该清洗埋地风管，具体可以采用吹气方法或机器人进入管道作业。

4. 地井排水

地井的日常运行中，关键的就是防水。在地井的筒体的最低处设有集水坑，并设置自动排水泵，当水位到达一定高度时，自动开启排水泵，排除积水。同时，要求地井内的电气元器件均具有IP67以上的防水等级。图4.121、图4.122显示了自动排水泵在集水坑及地井底部的位置。图4.123显示了电气元器件的防水测试。

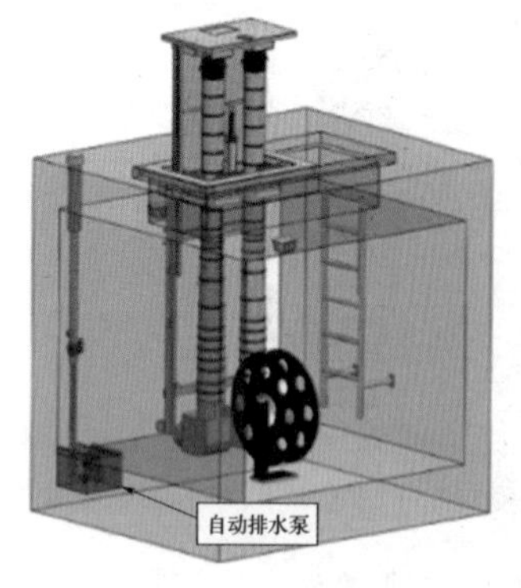

图4.121　集水坑在地井底部的位置

图4.122　自动排水泵

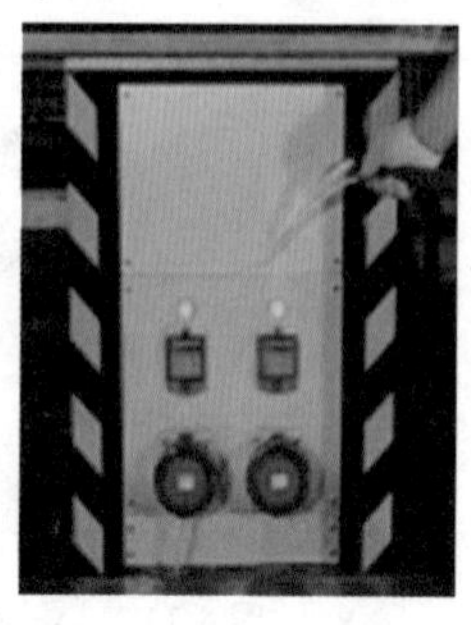
图4.123　电气元器件防水测试

4.2　空调冷水输配系统之三级泵冷水直供技术

随着公共建筑的体量越来越大，水系统的作用半径也越来越大，机场航站楼建筑就是典型代表。由于航站楼一般无法设置冷冻机房，所以冷源通常设置于陆侧总体能源中心内，加之航站楼本体占地面积巨大，故空调水系统输送距离超长，为了使系统末端的用户水力平衡，往往在航站楼内设置多个热力交换站房，使水系统的作用半径变小，同时，使二/三级水泵的扬程在合理的范围内，以节约水泵的运行能耗。随着控制系统的逐渐成熟以及国家和业主对节能要求的不断提高，三级泵直供系统的应用日益增多。一些国际知名的水泵厂家也开始对该系统进行研究，并在实际工程中加以应用。

三级泵系统的最大优点在于各个区域在水力和热力上间接地连接，使各环路相对独立，各环路针对不同的压差和温度独立控制每个区域，这些区域可以是一个盘管、一个空调系统或一幢建筑物，与板式换热器系统相比，三级泵系统具有换热温差和水侧阻力较低的优点。图4.124为板式换热器系统示意图。

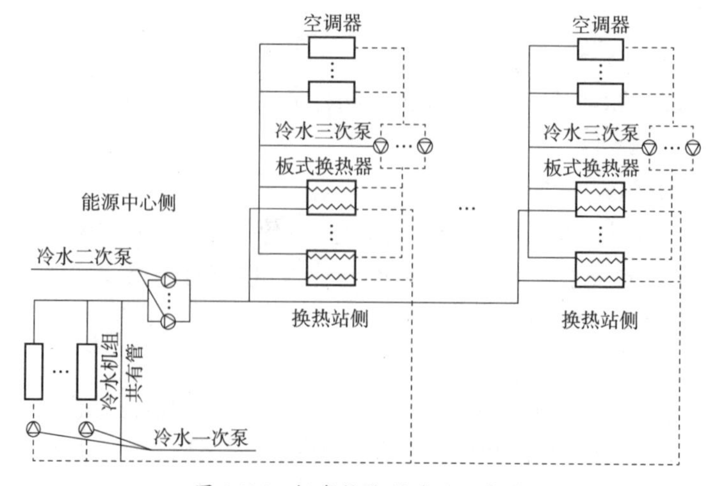

图4.124　板式换热器系统示意图

三级泵直供系统以管路的连接方式可以分为两种基本形式:

(1)二级、三级泵为串联形式

串联系统的最大优点在于当二级泵系统的资用压头可被用户利用时,近端用户的三级泵扬程可降低,而当用户之间相距较远时,远端用户可利用自身三级泵的压力克服二次环路上的阻力,使二级泵的扬程不必管辖到二次环路系统的最末端,以节约二级泵的用电。所以从节能的角度来看,串联系统是最好的。但该系统各用户之间的压力相关性比较大,控制系统复杂且有许多不可预见的因素。当三级泵系统管辖的区域较小或各用户的二级泵资用压力相差不多时,可使用串联系统。图4.125为二级、三级泵串联系统。

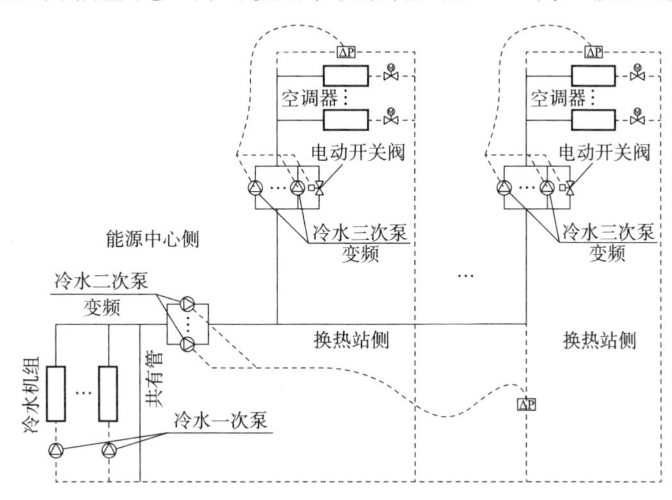

图4.125 二级、三级泵串接系统

(2)二级、三级泵分环路系统

二级、三级泵通过共有管在水力上实现解耦,使三级泵各环路之间相对独立(图4.126)。在这个系统中,需要遵循以下设计的基本原则:

1)在两个T形管路之间应有三倍管径的距离;

2)共有管内的总压力降不能大于0.5mH_2O;

3)在共有管路上,其压降不应超过12mmH_2O/m,而且需要维持低流速。

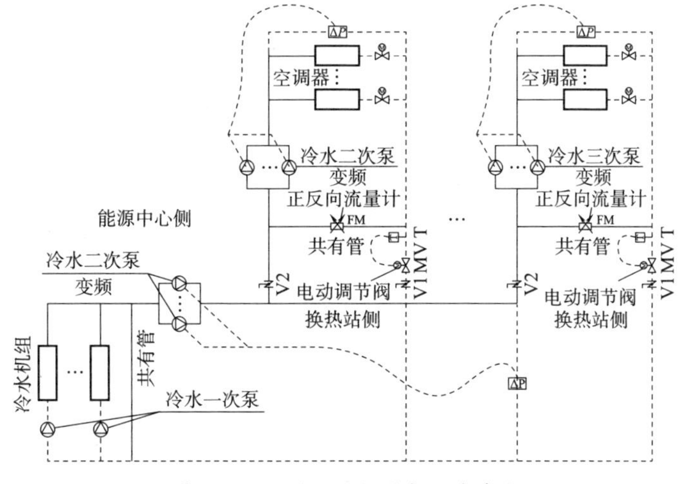

图4.126 二级、三级泵分环路系统

如前所述，每个三次侧区域是独立于系统中其他部分的，能源中心的二级泵只要提供合适的扬程来满足最不利端环路的流量需求，也就是说，不再需要二级泵提供扬程给整个系统的最不利端用户，这样就降低了二级泵的扬程，对于大流量的二级泵系统，扬程的降低意味着二级泵用电量的降低，这对节省能耗的意义重大。在各个三级泵环路里，由三级泵负责将冷水送至各空调箱和风机盘管。

在三次侧通路的回水管上安装有一个二通控制阀，每个环路可认为是一个虚拟的用户，这个阀门的安装被认为是用来控制这个虚拟的用户，其目的是控制各环路的冷水流量，以使冷水量满足区域空调负荷的要求并减少由于相邻热力交换站负荷的突然变化引起的流量干扰。

由于水泵的流量控制主要依靠远端压差和总管流量两个参数，为了避免相同的参数控制不同的对象，二通控制阀的控制以温度控制为宜。实际可能需要设置的四个温度传感器：T1 二次水供水温度，T2 二次水回水温度，T3 三次供水温度，T4 三次回水温度。这 4 个温度值对二通控制阀控制的目的是不同的。T3 只是表达了从能源中心提供的冷水的温度，对三次侧用户的冷量需求无法得知，所以它对二通控制阀的控制是无效的。通过 T1 可以知道进入三次用户侧的冷水供水温度，当温度高于 T3 时，三次侧的空调负荷增加，二通控制阀需开大；当温度与 T3 相同时，供水温度满足或大于三次侧的负荷需求，此时无法判别阀门是否应关小。T4 用以测量三次侧用户的回水温度，却无法知道二次水的旁通流量，只可作为 T2 的辅助控制。温度传感器 T2 能够很好地表达三次侧的负荷需求情况，当三次侧负荷需求减少时，三次侧水泵减少流量，能源中心提供的冷水有一部分通过共有管，此时 T2 温度下降，回水管上二通控制阀关小，使能源中心进入用户的流量减少；反之，当三次侧负荷需求增加时，三次侧水泵增加流量，由于能源中心不可能马上增加流量，一部分三次侧回水会通过共有管回到供水管，从而提高了三次侧的回水温度，回水管上二通控制阀开大。通过以上分析可以看出，用 T2 控制回水总管二通阀最优，若同时测量 T4 的温度进行辅助控制，可以知道系统的运行是处于盈还是亏。目前也有让四个温度点同时参与控制的策略，但此方案对控制要求高。也可在共有管上设置正、反向流量计，虽然此方法比较粗略简单，流量计的控制精度不如温度计高，但其直观性好、反应速度快。

无论采用以上哪种系统，三级泵直供系统设计要特别注意以下几点：

（1）水系统水力计算

冷水直供系统的应用，导致了整个空调冷水系统规模更加庞大，水泵、阀门等关键水力部件的选型计算均依赖于系统的水力工况信息，故建议采用水力模拟软件搭建实际的系统模型，利用软件进行最不利工况与最有利工况的计算分析，便于对关键水力部件进行精细化的设计选型，以满足各种工况的实际需求。

（2）系统定压

系统采用开式蓄冷水罐作为冷源时，需充分考虑直供末端与蓄冷水罐液面高度之间的关系，确保系统定压有效。

（3）三次侧用户末端供水温度

若系统采用二级、三级泵分环路方式，当用户侧（三次侧）流量需求大于供应侧（二次侧）流量时，由于共有管的存在，会出现用户侧供水温度偏高的情况，对于该情况应予以评估。

（4）精确的控制系统

三级泵冷水直供系统的关键技术在于控制系统，控制的有效性决定了系统的成败，通常采用以PLC控制器为核心的独立监控系统以满足相关控制要求，PLC控制器可实现对控制要求的灵活编程，控制系统中的执行器、传感器等关键设施应采用高精度性能的产品。

案例：华东某机场T2航站楼[3,4]

项目总建筑面积约为36万m^2，由能源中心进行供冷，航站楼内共设置8个换热站，近、远端换热站相距约700m，各换热站的负荷差异较大，空调冷水系统采用三次泵冷水直供技术，一级、二级冷水泵设置于能源中心内，换热站内设置三级冷水泵，为实现各换热站间的水力解耦，减小互相干扰，采用了二级、三级冷水泵分环路系统方式。

系统设置低阻力的共有管，通过换热站内总回水温度传感器和设置在总回水管上的电动二通调节阀调节，适应三次侧的冷量需求，同时在共有管上设置正方向流量计作为辅助控制，虽然流量计的控制精度不如温度计高，但其直观性好，反应速度快。

为航站楼服务的能源中心设在离航站楼以北约300m的地块，空调冷水通过室外共同沟接至各热力交换站，现阶段能源中心为航站楼的8个热力交换站和南侧宾馆服务，能源中心二级泵的扬程至航站楼各热力交换站的系统最不利处。图4.127为航站楼冷水一级、二级泵环路流程。

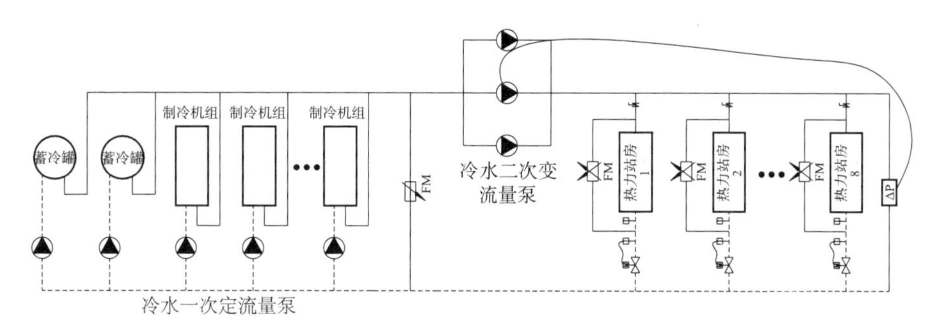

图4.127　航站楼冷水一级、二级泵环路流程

由于能源中心定压的原因，航站楼标高24m以下层冷水采用直供系统连接，标高24m及以上层采用板式热交换器连接。能源中心冷水供、回水温度为5.0/13.0℃，考虑沿途水的温升，至西航站楼的冷水供、回水温度为5.2/12.8℃。航站楼用户侧三级泵为变频水泵，由设在系统最不利环路区域的压差传感器和设在热力交换站房内的流量计控制三次循环水泵的流量。每个热力交换站的总冷水管上设有能量计量装置。系统工作压力为1.0MPa。采用直供系统连接的换热站如图4.128所示。

为确保直供系统控制的精确性，控制系统采用了小循环的PLC程序控制，使用工业级传感器与通信总线，直供系统的控制自成系统，各换热站内的测量信息、控制信息以及三级泵的运行信息均通过485通信接口传输给T2航站楼的BA系统和能源中心的供冷监控系统。该系统自2008年使用至今，运行良好，节能效果显著。

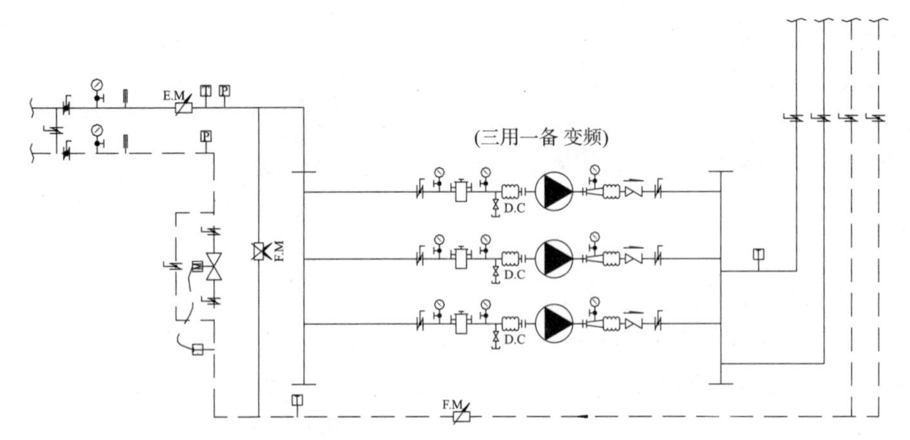

图 4.128　航站楼冷水三次泵环路流程（1号热力站）

该直供系统的技术经济性分析：

（1）直供系统与板式热交换器的形式比较

从系统构成的角度出发，直供系统与板式热交换器的不同主要在于冷水二次/三次侧的连接形式（图4.129）。在直供系统中，冷水二次水环路与三次水环路直接连接，并利用共有管低阻力的特点将各三次水环路在水力上进行解耦，以解决相互干扰的问题；在板式热交换器中，冷水二次水环路与三次水环路通过板式热交换器间接连接，使各三次水环路之间在水力上相对独立，而由于板式热交换器的存在，需要增加各类设备和配件以实现各三次水环路自成独立的系统。

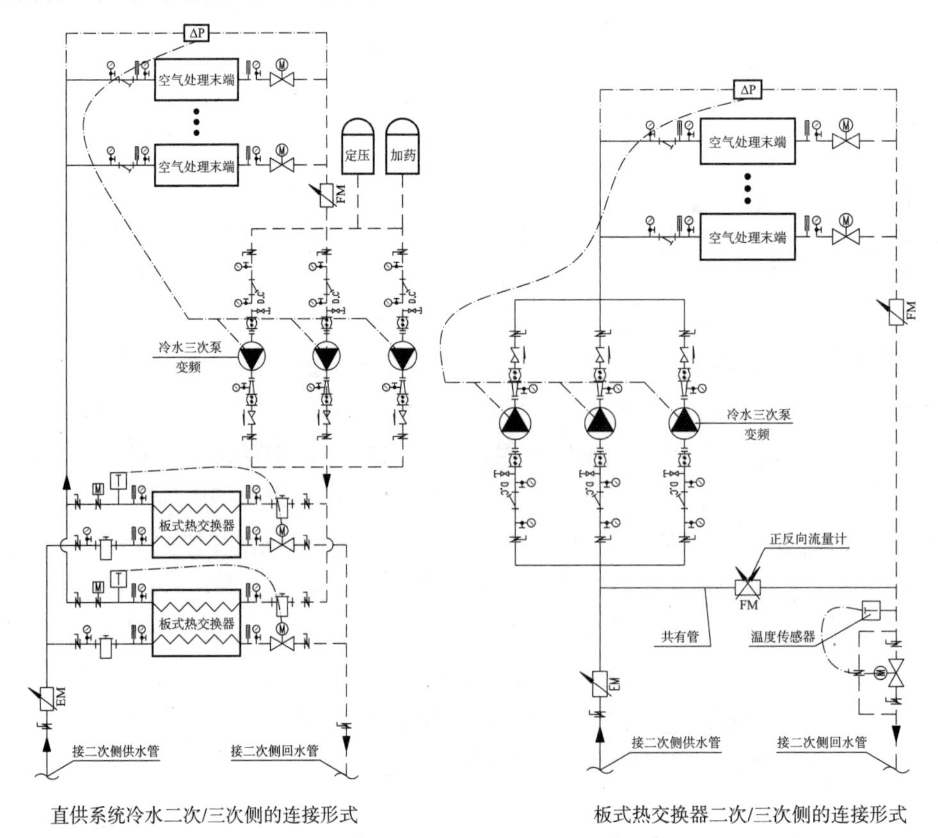

图 4.129　直供系统与板式热交换器的形式比较

（2）直供系统与板式热交换器的初投资比较

通过对直供系统与板式热交换器形式的比较可以看到，实现这两种系统所需设备（包括配件）的种类、容量、数量以及对应的外围条件等都存在着一定的差异，而这些差异也影响着系统的初投资，因此，本节将针对一些影响造价的主要因素对直供系统与板式热交换器的初投资进行比较。

1）对能源中心离心式冷水机组造价的影响

由于设计工况下板式热交换器二侧流体存在着1℃的换热温差，在保证末端空气换热设备进水温度一定的前提下，板式热交换器所要求的能源中心离心式冷水机组出水温度比直供系统低1℃，导致冷水机组在该设计工况下的制冷量下降约1.95%，即采用板式热交换器所需要的冷水机组总装机容量比直供系统增加1.95%。以西航站楼冷水系统为例，采用直供系统时，能源中心离心式冷水机组总装机容量为15200USRT（造价约为4100万元），采用板式热交换器后，总装机容量会增加296.4USRT，离心式冷水机组造价增加约79.95万元。

2）对能源中心冷水二次水泵造价的影响

由于设计工况下板式热交换器存在6mH_2O的水侧阻力，因此，采用板式热交换器后，能源中心冷水二次水泵的设计扬程需增加6mH_2O。表4.30给出了两种系统形式下能源中心冷水二次水泵造价的比较。

两种系统形式下能源中心冷水二次水泵造价的比较　　表4.30

直供系统		板式热交换器	
冷水二次水泵（含变频控制器等配件）	造价（元）	冷水二次水泵（含变频控制器等配件）	造价（元）
1500CMH，45mH_2O，5用1备	3028800	1500CMH，51mH_2O，5用1备	3634560

3）对航站楼各热力交换站造价的影响

从用户侧（即各热力交换站）的角度出发，板式热交换器与直供系统在设备、管路配件、控制系统等方面都存在着一定的差异，表4.31给出了西航站楼1号～8号热力交换站侧造价的比较。

1号～8号热力交换站房侧造价比较　　表4.31

	直供系统			板式热交换器		
	各个单项	数量	造价（元）	各个单项	数量	造价（元）
1号	冷水泵（含变频控制器等配件）	335（m^3/h）/30mH_2O，3台	325690	板式热交换器	2367kW/1.0MPa，2台	596200
	蝶阀	*DN*300，3个	25920	冷水泵（含变频控制器等配件）	335（m^3/h）/36mH_2O，3台	401454
	中央处理单元	1块	2195	电动二通阀	*DN*250，2个	42400
	模拟量输入输出模块	1块	2477.5	电动调节阀	*DN*200，2个	63520
	PROFIBUS通信模块	1块	2995	蝶阀	*DN*250，8个	59680
	总线连接器	1块	505	自洁式过滤器	*DN*250，4个	180000

续表

	直供系统			板式热交换器		
	各个单项	数量	造价（元）	各个单项	数量	造价（元）
1号	系统控制箱	1个	4500	温度计	8个	800
	温度传感器	1个	1625	盘式压力表	12个	1440
	双向电磁流量计	*DN*250，1个	54562	闭式定压装置	1套	250000
	电动调节蝶阀	*DN*200，1个	66492	自动加药装置	1套	200000
				BA点位	11个	16500
	小计		486961.5	小计		1811994
2号	冷水泵（含变频控制器等配件）	245（m^3/h）/30mH_2O，3台	300672	板式热交换器	1988kW/1.0MPa，2台	479600
	蝶阀	*DN*300，3个	25920	冷水泵（含变频控制器等配件）	245（m^3/h）/36mH_2O，3台	361370
	中央处理单元	1块	2195	电动二通阀	*DN*200，2个	29220
	模拟量输入输出模块	1块	2477.5	电动调节阀	*DN*150，2个	45120
	PROFIBUS通信模块	1块	2995	蝶阀	*DN*200，8个	47760
	总线连接器	1块	505	自洁式过滤器	*DN*200，4个	144000
	系统控制箱	1个	4500	温度计	8个	800
	温度传感器	1个	1625	盘式压力表	12个	1440
	双向电磁流量计	*DN*200，1个	43852	闭式定压装置	1套	250000
	电动调节蝶阀	*DN*200，1个	66492	自动加药装置	1套	200000
				BA点位	11个	16500
	小计		451233.5	小计		1575810
3号	冷水泵（含变频控制器等配件）	407（m^3/h）/45mH_2O，4台	583301	板式热交换器	3075kW/1.0MPa，3台	1024500
	蝶阀	*DN*400，3个	46920	冷水泵（含变频控制器等配件）	407（m^3/h）/51mH_2O，4台	648951
	中央处理单元	1块	2195	电动二通阀	*DN*250，3个	63600
	模拟量输入输出模块	1块	2477.5	电动调节阀	*DN*200，3个	95280
	PROFIBUS通信模块	1块	2995	蝶阀	*DN*250，12个	89520
	总线连接器	1块	505	自洁式过滤器	*DN*250，6个	270000
	系统控制箱	1个	4500	温度计	12个	1200
	温度传感器	1个	1625	盘式压力表	18个	2160
	双向电磁流量计	*DN*250，1个	54562	闭式定压装置	1套	250000
	电动调节蝶阀	*DN*300，1个	70069	自动加药装置	1套	200000
				BA点位	15个	22500
	小计		769149.5	小计		2667711

续表

	直供系统			板式热交换器		
	各个单项	数量	造价（元）	各个单项	数量	造价（元）
4号	冷水泵（含变频控制器等配件）	378（m^3/h）/ 40mH_2O，5台	711116	板式热交换器	2617kW/1.0MPa，4台	1100000
	蝶阀	*DN*500，3个	97950	冷水泵（含变频控制器等配件）	378（m^3/h）/ 46mH_2O，5台	711116
	中央处理单元	1块	2195	电动二通阀	*DN*250，4个	84800
	模拟量输入输出模块	1块	2477.5	电动调节阀	*DN*200，4个	127040
	PROFIBUS通信模块	1块	2995	蝶阀	*DN*250，16个	119360
	总线连接器	1块	505	自洁式过滤器	*DN*250，8个	360000
	系统控制箱	1个	4500	温度计	16个	1600
	温度传感器	1个	1625	盘式压力表	24个	2880
	双向电磁流量计	*DN*250，1个	54562	闭式定压装置	1套	250000
	电动调节蝶阀	*DN*400，1个	77732	自动加药装置	1套	200000
				BA点位	19个	28500
	小计		955657.5	小计		2985296
5号	冷水泵（含变频控制器等配件）	378（m^3/h）/ 43mH_2O，5台	711116	板式热交换器	2617kW/1.0MPa，4台	1100000
	蝶阀	*DN*500，3个	97950	冷水泵（含变频控制器等配件）	378（m^3/h）/ 46mH_2O，5台	711116
	中央处理单元	1块	2195	电动二通阀	*DN*250，4个	84800
	模拟量输入输出模块	1块	2477.5	电动调节阀	*DN*200，4个	127040
	PROFIBUS通信模块	1块	2995	蝶阀	*DN*250，16个	119360
	总线连接器	1块	505	自洁式过滤器	*DN*250，8个	360000
	系统控制箱	1个	4500	温度计	16个	1600
	温度传感器	1个	1625	盘式压力表	24个	2880
	双向电磁流量计	*DN*250，1个	54562	闭式定压装置	1套	250000
	电动调节蝶阀	*DN*400，1个	77732	自动加药装置	1套	200000
				BA点位	19个	28500
	小计		955657.5	小计		2985296
6号	冷水泵（含变频控制器等配件）	335（m^3/h）/ 35mH_2O，3台	365529	板式热交换器	2367kW/1.0MPa，2台	596200
	蝶阀	*DN*300，3个	25920	冷水泵（含变频控制器等配件）	335（m^3/h）/ 36mH_2O，3台	365529
	中央处理单元	1块	2195	电动二通阀	*DN*250，2个	42400
	模拟量输入输出模块	1块	2477.5	电动调节阀	*DN*200，2个	63520

续表

	直供系统			板式热交换器		
	各个单项	数量	造价（元）	各个单项	数量	造价（元）
6号	PROFIBUS通信模块	1块	2995	蝶阀	*DN*250，8个	59680
	总线连接器	1块	505	自洁式过滤器	*DN*250，4个	180000
	系统控制箱	1个	4500	温度计	8个	800
	温度传感器	1个	1625	盘式压力表	12个	1440
	双向电磁流量计	*DN*250，1个	54562	闭式定压装置	1套	250000
	电动调节蝶阀	*DN*200，1个	66492	自动加药装置	1套	200000
				BA点位	11个	16500
	小计		526800.5	小计		1776069
7号	冷水泵（含变频控制器等配件）	245（m^3/h）/ $35mH_2O$，3台	326185	板式热交换器	1988kW/1.0MPa，2台	479600
	蝶阀	*DN*300，3个	25920	冷水泵（含变频控制器等配件）	245（m^3/h）/ $36mH_2O$，3台	326185
	中央处理单元	1块	2195	电动二通阀	*DN*200，2个	29220
	模拟量输入输出模块	1块	2477.5	电动调节阀	*DN*150，2个	45120
	PROFIBUS通信模块	1块	2995	蝶阀	*DN*200，8个	47760
	总线连接器	1块	505	自洁式过滤器	*DN*200，4个	144000
	系统控制箱	1个	4500	温度计	8个	800
	温度传感器	1个	1625	盘式压力表	12个	1440
	双向电磁流量计	*DN*200，1个	43852	闭式定压装置	1套	250000
	电动调节蝶阀	*DN*200，1个	66492	自动加药装置	1套	200000
				BA点位	11个	16500
	小计		476746.5	小计		1540625
8号	冷水泵（含变频控制器等配件）	407（m^3/h）/ $50mH_2O$，4台	659625	板式热交换器	3075kW/1.0MPa，3台	1024500
	蝶阀	*DN*400，3个	46920	冷水泵（含变频控制器等配件）	407（m^3/h）/ $51mH_2O$，4台	659625
	中央处理单元	1块	2195	电动二通阀	*DN*250，3个	63600
	模拟量输入输出模块	1块	2477.5	电动调节阀	*DN*200，3个	95280
	PROFIBUS通信模块	1块	2995	蝶阀	*DN*250，12个	89520
	总线连接器	1块	505	自洁式过滤器	*DN*250，6个	270000
	系统控制箱	1个	4500	温度计	12个	1200
	温度传感器	1个	1625	盘式压力表	18个	2160
	双向电磁流量计	*DN*250，1个	54562	闭式定压装置	1套	250000
	电动调节蝶阀	*DN*300，1个	70069	自动加药装置	1套	200000

续表

	直供系统			板式热交换器		
	各个单项	数量	造价（元）	各个单项	数量	造价（元）
8号				BA点位	15个	22500
	小计		845473.5	小计		2678385
汇总	直供系统造价（元）			板式热交换器造价（元）		
	5467680			18021186		

通过表4.31的汇总可以看到，从航站楼内1号～8号热力交换站侧的造价来看，直供系统仅为板式热交换器的30.34%，节约造价约1255万元。以上比较均未考虑由于板式热交换器的设置而增加的热力交换站面积，板式热交换器形式下1号～8号热力交换站需增加机房总面积约380m^2，按1000元/m^{2}的土建造价估算，约可降低土建造价38万元。这些面积的后续使用收益也是相当可观的。同时也未考虑由于能源中心二次变频水泵扬程的减少所带来的用电量的减少而导致的变频器及输、配电系统容量的减少。这部分投资减少约100万元。

4）直供系统与板式热交换器初投资比较小结

通过两种系统形式下对能源中心离心式冷水机组、冷水二次水泵以及西航站楼各热力交换站的造价分析比较，可以得到直供系统比板式热交换器减少直接投资约13958766元（以上分析仅针对现阶段项目实施，远期北指廊及北酒店项目建设后，二者的差异将进一步增大）。

（3）直供系统与板式热交换器运行能耗的比较

直供系统与板式热交换器相比，其运行能耗的差异主要体现在三大方面：能源中心冷水机组运行能耗、能源中心冷水二次泵运行能耗以及用户侧冷水三次泵运行能耗。以西航站楼为例，两种系统形式下的冷水机组、冷水二次泵以及冷水三次泵的年供冷季运行能耗比较如下。

1）航站楼供冷季逐时空调负荷计算

利用航站楼全年负荷计算模型，图4.130给出了全年供冷期内的逐时冷负荷。

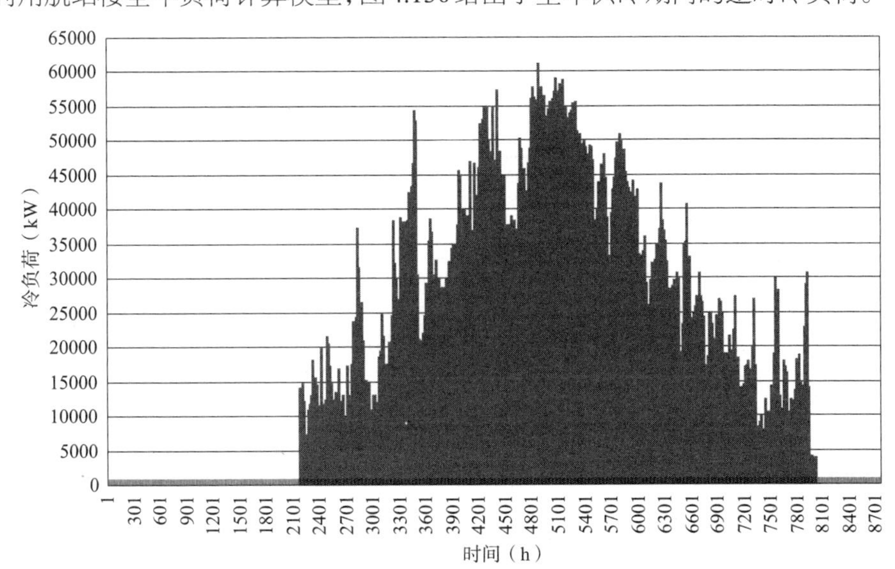

图4.130　西航站楼供冷期内的逐时冷负荷

表4.32给出了整个供冷期内西航站楼的冷负荷出现频度。

西航站楼冷负荷出现频度 表4.32

负荷率(%)	0 ~ 5	5 ~ 10	10 ~ 15	15 ~ 20	20 ~ 25	25 ~ 30	30 ~ 35	35 ~ 40	40 ~ 45	45 ~ 50
出现频度(%)	1.4	5.1	5.4	7.0	8.6	6.9	6.6	5.3	5.1	5.6
负荷率(%)	50 ~ 55	55 ~ 60	60 ~ 65	65 ~ 70	70 ~ 75	75 ~ 80	80 ~ 85	85 ~ 90	90 ~ 95	95 ~ 100
出现频度(%)	5.4	5.9	4.8	5.0	4.9	4.6	4.7	4.0	2.5	1.2

注：供冷总小时数为4636h。

2)能源中心离心式冷水机组运行能耗比较

航站楼能源中心本期共设8台1900USRT的离心式冷水机组和2个蓄冷量为55000USRTh的水蓄冷罐，水蓄冷系统实施蓄冷优先控制策略。本计算中，假定蓄冷罐可实现当天蓄冷当天用完的运行模式，且忽略蓄冷罐冷损失，基于全年供冷期内逐时负荷得到了各台离心式冷水机组的逐时运行负荷。

为保证末端空气处理装置冷水进水温度一定，直供系统形式下离心式冷水机组的出水温度和蓄冷温度均为5℃，而板式热交换器形式下为4℃。冷水出水温度的不同导致了冷水机组的能效比也不一致，表4.33分别给出了直供系统(5℃冷水出水温度)与板式热交换器(4℃冷水出水温度)两种工况下，能源中心离心式冷水机组在部分负荷下的机组能效比。可以看到，在各部分负荷率下直供系统的冷水机组能效比均比板式热交换器高1.49% ~ 2.30%(设计工况下高4.06%)。

直供系统与板式热交换器形式下冷水机组能效比 表4.33

负荷率(%)		15	20	25	30	35	40	45	50	55
冷却水进水温度(℃)		21	21	21	25	25	25	25	25	28
能效比	5℃冷水出水	4.058	4.608	5.047	5.037	5.303	5.522	5.695	5.821	5.585
	4℃冷水出水	3.968	4.519	4.945	4.952	5.224	5.434	5.594	5.717	5.477
比率(%)		2.22	1.93	2.02	1.69	1.49	1.59	1.77	1.78	1.93
负荷率(%)		60	65	70	75	80	85	90	95	100
冷却水进水温度(℃)		28	28	28	28	32	32	32	32	32
能效比	5℃冷水出水	5.631	5.67	5.69	5.708	5.21	5.206	5.180	5.123	5.089
	4℃冷水出水	5.529	5.559	5.579	5.597	5.099	5.086	5.101	5.028	4.882
比率(%)		1.81	1.96	1.95	1.94	2.13	2.30	1.52	1.85	4.06

注：以上能源中心离心式冷水机组数据由Johnson Controls公司提供。

依据Johnson Controls公司提供的离心式冷水机组的运行数据回归得到该冷水机组的多项式模型，并基于TRNSYS系统仿真平台计算得到直供系统与板式热交换器两种系统形式下，能源中心离心式冷水机组在全年供冷期内的逐时运行能耗(离心式冷水机组能耗汇总比较见表4.34)。

全年供冷期能源中心离心式冷水机组运行能耗比较 表4.34

系统形式	直供系统	板式热交换器
供冷期能耗(kWh)	17375137	17750440
节能率(%)	2.11	

在直供系统形式下，全年供冷期能源中心离心式冷水机组运行能耗比板式热交换器减少375303kWh/a，节能率达2.16%。

3）能源中心冷水二次泵运行能耗比较

选用ITT Industries的EPS-PLUS软件对直供系统与板式热交换器所需要的冷水二次泵进行选型（保证直供系统计算中所选水泵型号与实际招标型号一致），进而计算这两种系统形式下冷水二次泵在全年供冷期内的运行能耗，图4.131为EPS-PLUS软件的主要操作界面。

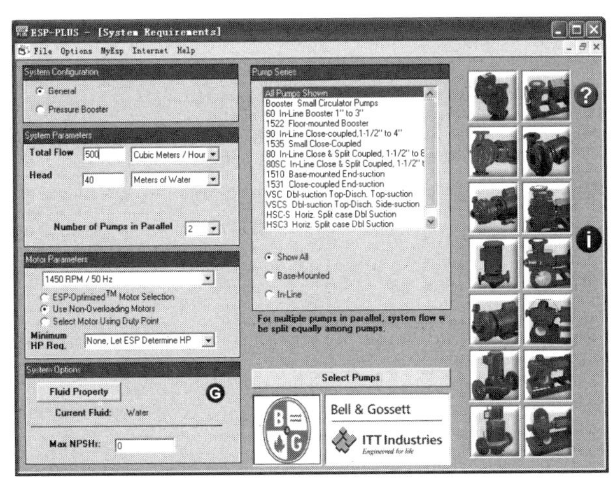

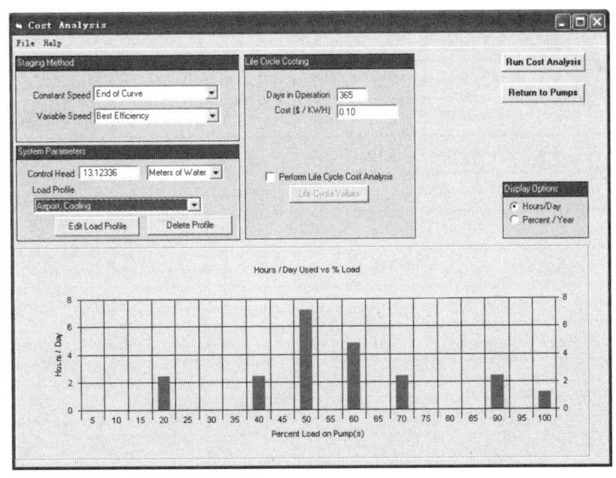

图4.131　EPS-PLUS软件的主要操作界面

经计算得到直供系统形式下，冷水二次泵在全年供冷期内的运行能耗为1379923.4 kWh；板式热交换器形式下，全年供冷期内的运行能耗为1517293.4 kWh。在能源中心冷水二次泵运行能耗方面，直供系统比板式热交换器节约运行能耗137370kWh/年，节能率约为9%。

4）航站楼1号～8号热力交换站内冷水三次泵运行能耗比较

依据冷负荷频度可以推算出航站楼1号～8号热力交换站内冷水三次泵的运行流量频度（表4.35）。

航站楼1号～8号热力交换站内冷水三次泵的运行流量频度　表4.35

1号										
流量（m^3/h）	33.5	67	100.5	134	167.5	201	234.5	268	301.5	335
频度（%）	1.4	5.1	5.4	7.0	8.6	6.9	6.6	5.3	5.1	5.6
流量（m^3/h）	368.5	402	435.5	469	502.5	536	569.5	603	636.5	670
频度（%）	5.4	5.9	4.8	5.0	4.9	4.6	4.7	4.0	2.5	1.2
2号										
流量（m^3/h）	24.5	49	73.5	98	122.5	147	171.5	196	220.5	245
频度（%）	1.4	5.1	5.4	7.0	8.6	6.9	6.6	5.3	5.1	5.6
流量（m^3/h）	269.5	294	318.5	343	367.5	392	416.5	441	465.5	490
频度（%）	5.4	5.9	4.8	5.0	4.9	4.6	4.7	4.0	2.5	1.2
3号										
流量（m^3/h）	61.05	122.1	183.15	244.2	305.25	366.3	427.35	488.4	549.45	610.5
频度（%）	1.4	5.1	5.4	7.0	8.6	6.9	6.6	5.3	5.1	5.6
流量（m^3/h）	671.55	732.6	793.65	854.7	915.75	976.8	1037.85	1098.9	1159.95	1221
频度（%）	5.4	5.9	4.8	5.0	4.9	4.6	4.7	4.0	2.5	1.2
4号										
流量（m^3/h）	75.6	151.2	226.8	302.4	378	453.6	529.2	604.8	680.4	756
频度（%）	1.4	5.1	5.4	7.0	8.6	6.9	6.6	5.3	5.1	5.6
流量（m^3/h）	831.6	907.2	982.8	1058.4	1134	1209.6	1285.2	1360.8	1436.4	1512
频度（%）	5.4	5.9	4.8	5.0	4.9	4.6	4.7	4.0	2.5	1.2
5号										
流量（m^3/h）	75.6	151.2	226.8	302.4	378	453.6	529.2	604.8	680.4	756
频度（%）	1.4	5.1	5.4	7.0	8.6	6.9	6.6	5.3	5.1	5.6
流量（m^3/h）	831.6	907.2	982.8	1058.4	1134	1209.6	1285.2	1360.8	1436.4	1512
频度（%）	5.4	5.9	4.8	5.0	4.9	4.6	4.7	4.0	2.5	1.2
6号										
流量（m^3/h）	33.5	67	100.5	134	167.5	201	234.5	268	301.5	335
频度（%）	1.4	5.1	5.4	7.0	8.6	6.9	6.6	5.3	5.1	5.6
流量（m^3/h）	368.5	402	435.5	469	502.5	536	569.5	603	636.5	670
频度（%）	5.4	5.9	4.8	5.0	4.9	4.6	4.7	4.0	2.5	1.2
7号										
流量（m^3/h）	24.5	49	73.5	98	122.5	147	171.5	196	220.5	245
频度（%）	1.4	5.1	5.4	7.0	8.6	6.9	6.6	5.3	5.1	5.6
流量（m^3/h）	269.5	294	318.5	343	367.5	392	416.5	441	465.5	490
频度（%）	5.4	5.9	4.8	5.0	4.9	4.6	4.7	4.0	2.5	1.2
8号										
流量（m^3/h）	61.05	122.1	183.15	244.2	305.25	366.3	427.35	488.4	549.45	610.5
频度（%）	1.4	5.1	5.4	7.0	8.6	6.9	6.6	5.3	5.1	5.6
流量（m^3/h）	671.55	732.6	793.65	854.7	915.75	976.8	1037.85	1098.9	1159.95	1221
频度（%）	5.4	5.9	4.8	5.0	4.9	4.6	4.7	4.0	2.5	1.2

同样利用EPS-PLUS软件计算航站楼1号～8号热力交换站内冷水三次泵在全年供冷期内的运行能耗，表4.36给出了计算结果。

航站楼1号～8号热力交换站内冷水三次泵全年供冷期运行能耗比较　　表4.36

热力交换站房	全年供冷期运行能耗（kWh）		节能率（%）
	直供系统	板式热交换器	
1号	90600.7	104475.3	13.2
2号	68671.4	77572.3	11.5
3号	232251.2	265455.7	12.5
4号	268503.9	300661.3	10.7
5号	284809.9	300661.3	5.3
6号	101658.2	104475.3	2.7
7号	75957.0	77572.3	2.1
8号	262055.4	265455.7	1.3
总和	1384508	1496329	7.5

由表4.36可以看到，在航站楼1号～8号热力交换站内冷水三次泵运行能耗方面，直供系统比板式热交换器节约运行能耗111821kWh/年，节能率约为7.5%。

5）直供系统与板式热交换器运行能耗比较小结

通过两种系统形式下对能源中心离心式冷水机组、冷水二次水泵以及航站楼各热力交换站冷水三次水泵的运行能耗分析比较，可以得到直供系统比板式热交换器减少运行能耗约624494 kWh/年，从能源中心冷水机组、冷水二次泵以及冷水三次泵3项主要耗能设备的用电量来看，系统综合节能率为3.1%，如果远期北指廊及北酒店项目建设后，二者的差异将进一步增大。

控制系统关键元器件有如下几种：

（1）温度传感器

工业级仪表；温度传感元件采用标度为Pt1000铂热电阻传感器；结构：传感器变送器一体化；显示：LCD/LED显示；测量精度：±0.1℃；工作温度：-10～50℃；工作压力：0～1.6MPA；信号输出：4～20mA；供电：AC24V；防护等级：IP65；插入深度为深入管道内200mm～0.5D。

（2）正、反向流量计

测量精度不低于±0.5%；带RS485通信接口，可送出瞬时流量值、流向信号及累计流量值；阻力损失极小，可忽略不计；无需经常维护，拆下检修时，不影响系统运行；采用一、二次仪表分体安装型，二次表上带有数字显示（中文显示），可显示瞬时流量及累计流量，二次仪表可墙上安装；双向流量计反方向的流量值用“–”表示；仪表电源中断，累计流量数据可长期保留，电源恢复时，可在原数据基础上继续进行累计；内部电路装有过电压保护装置；工作压力≥1.6MPa；电源电压为AC24V±15%或AC220V±10%；可输出模拟流量信号4～20mADC或0～10VDC及流量方向信号（可为接点信号）；防护等级≥IP65。

（3）控制器

应选用模块化的分布式控制系统，且支持符合国际标准的开放现场总线协议。

为了最大限度地保证自控系统的可靠性和提高系统的可用率，PLC采用冗余配置，双控制器热备份宜采用双背板方式，为硬件冗余，即主控制器机架的处理器、电源、框架、上位监控网络完全按照冗余配置，任何部件的故障或者异常关断都能够自动切换到备用系统。同时，控制器具有独立运行模式，当系统发生故障和意外时，控制器可独立运行和监控。假如一台控制器不能工作或被诊断为故障，另一台必须保证所有设备及模式能不间断地、无扰动继续自动切换运行。主备控制器的切换时间应＜50ms，且应以不影响监控对象和监控系统设备正常运行、系统功能正常执行及数据的正常通信为准则。

应采用模块式结构。每种模块应配置测试点、状态LED指示，包括输入/输出状态和诊断设备故障LED指示。在CPU或通信出现故障时，所有输出模块均应可预先设置为保持原有状态，以确保设备的安全。

PLC具有强大的通信功能，支持多网配置，如以太网、现场总线、控制网、设备网，及其通信协议，如EtherNet、BACndt、Profibus、DeviceNet、Modbus等。PLC中各机站应采用独立的电源模块供电，小于20 ms的断电，PLC不受影响，超过20 ms的断电，PLC系统将重新启动。应可支持电源模块冗余。机架中可以任意配置和排列任何数量的I/O或通信模块。PLC的I/O扩展方式要求灵活，应能适应多分站、远距离结构。本地、远程、分布式I/O网络应具有灵活的系统结构。主要部件要求如下。

1)CPU

①PLC内部采用32位的高性能工业级微处理器，支持实时的多任务操作系统；内存≥16M；内存分布为程序区和用户数据区，采用完全的自动内存分配机制，开发人员无需人工分配系统内存，缩短开发时间并保证程序的可维护性。

②CPU主频速率≥300MHz。

③具有RUN运行模式、PROGRAM编程模式、REMOTE远程模式钥匙开关，便于用户使用。

④CPU自带锂电池，以对用户程序和数据进行保存。

⑤PLC必须能够提供包括功能块、语句表、梯形图、结构文本、顺控图、连续功能图在内的符合IEC1131-3标准的灵活的编程语言支持。支持单步、单循环、断点设置等调试工具。编程环境应能够提供再现调试功能和离线仿真功能。

⑥控制器可支持C语言模块开发。

⑦用户程序、I/O内存或系统参数能够以文件形式存放于数据存储卡或CPU内存中。

⑧所有I/O模块的配置及编制通过软件实现无跳线及DIP开关；PLC支持多处理器结构，能在机架内根据需要随意布置处理器模块、输入输出模块和通信模块，而没有任何的数量和类型限制。

⑨完整的自诊断功能，可以在运行中自动诊断出系统的任何一个部件的故障，并且在监控软件中及时、准确地反映出故障状态、故障时间、故障地点及相关信息。在系统或工艺设备发生故障后，I/O状态应返回到工艺要求预设置的安全状态上。

⑩具有可直接插入机架的以太网、控制网、设备网模块，支持以太网、控制总线、设备总线，并支持多网配置。控制系统支持灵活的网络结构，无需任何编程或者处理器干预，即可实现不同网络之间的通信桥接和数据交换。

⑪PLC处理器必须经过特殊的涂覆处理，能抗酸性和腐蚀性，符合工业环境中使用标准；在背板电源和用户端电源不断开的情况下，CPU、I/O模块、通信模块及可拆卸端子排等必须能够支持带电插拔。

2）电源模块

①电源：220VAC ± 10%；

②工作电压：85 ~ 265VAC；

③频率范围：47 ~ 63Hz；

④工作环境温度：0 ~ 60℃；

⑤保存温度：0 ~ 85℃；

⑥相对湿度：5% ~ 95%；

⑦绝缘：2500VDC或1800VAC持续1s；

⑧掉电延迟：13.5ms；

⑨电源模块提供浪涌保护和隔离保护功能；

⑩I/O模块；

⑪PLC的I/O模块与CPU模块须为同系列产品；

⑫数字量输入/输出模块；

⑬应能提供多种形式的输入/输出模块选择；

⑭点级的故障报告和现场级的诊断检测；

⑮常开/常闭可设置；

⑯PNP/NPN可设置；

⑰模拟量输入/输出模块；

⑱输入/输出的备用量每个单元不小于20%；

⑲各模块具有光电隔离功能，每个输入点都具有状态指示；

⑳连接方式：必须采用可拆卸式端子排或接线器连接；

㉑数字输出模块最大开闭能力：250VAC，0.5A；

㉒支持带电插拔，具备电子电路熔断保护功能；

㉓各种插槽式模块都应符合完全的无风扇散热设计要求；

㉔各模块具有光电隔离功能，每个输出点都具有状态指示。

4.3　航站楼空调末端系统

1. 排风热回收系统

排风热回收技术是回收建筑物排风的冷（热）量，并把回收的冷（热）量作为新风的预冷（热）量的系统。

航站楼空调系统中，处理新风所需的冷热负荷占建筑物总冷热负荷的比例很大，为有效地减少新风冷热负荷，《公共建筑节能设计标准》GB 50189-2015中规定："设有集中排风的空调系统经技术经济比较合理时，宜设置空气—空气能量回收装置。"

新风热回收的方式很多，各种不同方式的效率的高低、设备费的多少、维护保养的繁简也各不相同。热回收装置有板式热回收、转轮式热回收、热管式热回收、中间热媒式热回收、热泵式热回收、溶液喷淋式热回收等。以下介绍几种常用的新风热回收方式。

（1）板（翅）式新风热回收装置

板（翅）式热回收分为板式显热热回收和板翅式全热热回收。板式显热热回收的基材为铝箔等导热性能好的金属，使排风与新风之间进行热交换。板翅式全热热回收器是采用金属平板膜片与高分子平板膜片组合而成，当隔板两侧气流之间存在温度差和水蒸气分压力差时，两侧气流之间就产生传热和传质的过程，进行全热交换。芯体结构示意图见图4.132。其特点是构造简单，过滤除尘，双向换气，无互串气，效率高，机体内没有运动部件运行，安全、可靠，各出入口接管便利，安装方便，设备费用较低，适用于一般民用空调工程。

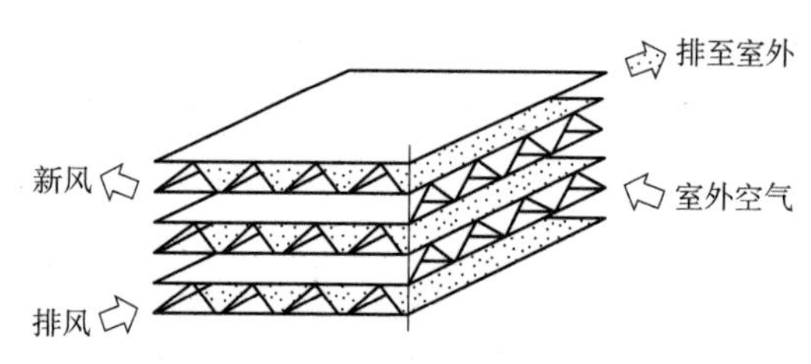

图 4.132　板（翅）式芯体结构示意图

在选用板式显热热回收时，新风温度不宜低于 -10℃，否则排风侧易出现结霜；当新风温度低于 -10℃时，应在热交换器前加新风预热器；新风进入热回收机之前，必须先经过过滤器净化，排风进入热回收机之前，一般也装过滤器，但当排风较干净时，可不装。在选用板翅式全热热回收时，当排风中含有潜在有害成分时，例如用于航站楼卫生检验检疫系统时，不应选用。

（2）转轮新风热回收装置

转轮式热回收是转轮在旋转过程中让排风与新风以相逆的方向流过转轮（蓄热器）而相互转换能量。它既能回收显热，又能回收潜热，排风与新风交替逆向流过转轮，具有自净作用。它可以通过对转轮转速的控制来适应不同的室内外空气参数。如图4.133所示。转轮式热回收一般用于航站楼大型空调系统中，如候机大厅、出发大厅、大型VIP室等。一般情况下，转轮式热回收宜布置在负压段，且适用于排风不带有害物或有毒物质的场合。

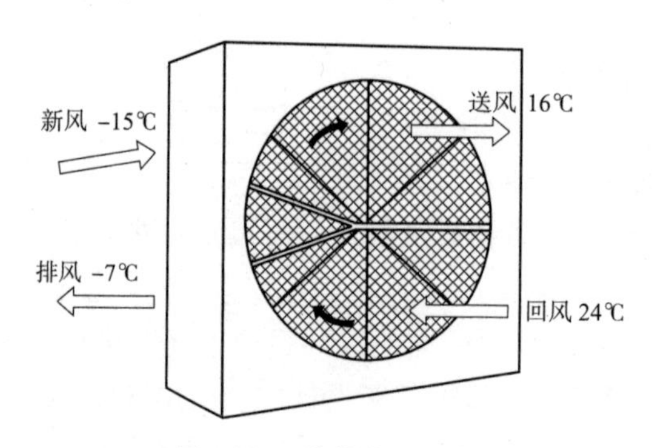

图 4.133　转轮式热回收

（3）热管热回收装置

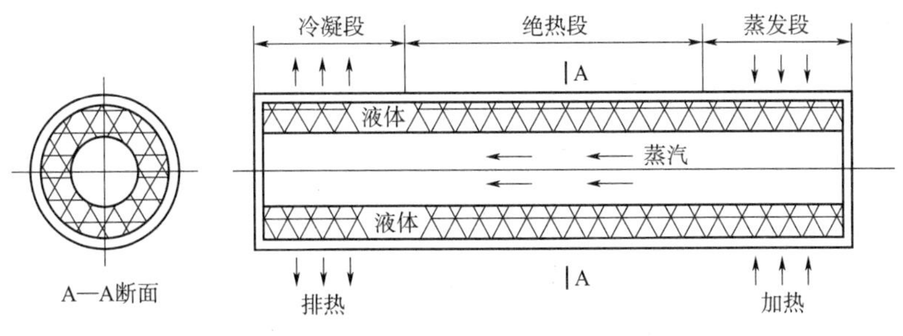

图 4.134　热管元件结构示意图

热管是由内部充注一定量冷媒的密闭真空金属管构成的，当热管的一端（冷凝端）受热后，管中的液体吸收外界热量迅速汽化，在微小压差下流向热管的另一端，向外界放出热量后冷凝成为液体，液体借助于贴壁金属网的毛细抽吸力返回到加热段，并再次受热汽化，如此不断循环，热量就从管的一端传向另一端。由于是相变传热，且热管内部热阻很小，所以在较小的温差下也能获得较大的传热量。

热管式热回收装置由多根热管组成，利用热管进行空调热回收，工作温度范围一般为 -20 ~ 40℃，管材一般为铝或铝合金。热管元件结构示意图见图 4.134。热管是一种高效的传热元件，其导热能力比金属高出几百倍，热管还具有均温特性好、热流密度可调、传热方向可逆等，由它组成热管换热器不仅具有热管固有的传热量大、温差小、重量轻、体积小、热响应迅速等特点，而且具有安装方便、维修简便、使用寿命长、阻力损失小、进排风流道间便于分隔、互补渗漏等优点，作为空气调节、通风、余热回收装置、均温装置、太阳能吸收器等方面的理想节能产品。

（4）中间冷媒式换热器

中间冷媒式换热器（又称盘管环路式）在新风侧和排风侧分别使用一个气液换热器。排风侧的空气流过时，对系统中的冷媒进行冷却。而在新风侧，被冷却的冷媒再将冷量转移到进入的新风上，冷媒在泵的作用下不断地在系统中循环（图 4.135）。当冬季室外温度在 0℃以上，或只用于夏季回收排风冷量时，中间冷媒可以用水；当冬季室外温度在 0℃以下时，中间冷媒应使用乙二醇水溶液，溶液的浓度视室外温度而定。中间热媒换热器中新风与排风不会产生交叉污染，供热侧与得热侧之间通过管道连接，管道可以延长，布置灵活方便，但是须配备循环水泵，因此存在动力消耗，通过中间热媒输送，温差损失大，换热效率较低，在 30% ~ 40%。

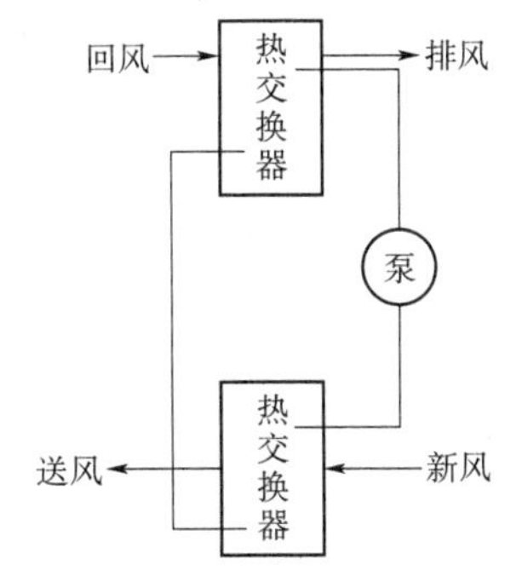

图 4.135　中间冷媒式热回收器工作原理图

航站楼空调排风热回收系统设计要点：

在进行空气能量回收系统的技术经济比较时，应充分考虑当地的气象条件、能量回收系统的使用时间等因素。在满足节能标准的前提下，如果系统的初成本回收期过长，则不宜采用能量回收系统。

当排风中污染物浓度较大或污染物种类对人体有害时（例如卫生检验检疫系统），在不能保证污染物不泄漏到新风送风中时，空气热回收装置不应采用转轮式空气热回收装置，同时也不宜采用板式或板翅式空气热回收装置。

在严寒地区和夏季室外空气比焓低于室内空气设计比焓而室外空气温度又高于室内空气设计温度的温和地区，宜选用显热回收装置；在其他地区，宜选用全热回收装置。空气热回收装置的空气积灰对热回收效率的影响较大，设计中应予以重视，并考虑热回收装置的过滤器设置问题。

对于室外温度较低的地区（如严寒地区），如果不采取保温、防冻措施，冬季就可能冻结而不能发挥应有的作用，因此，要求对热回收装置的排风侧是否出现结霜或结露现象进行核算，当出现结霜或结露时，应采取预热等措施。

表4.37、表4.38为常用的空气热回收装置性能和适用对象的对比。

常用的空气热回收装置性能和适用对象　　**表4.37**

项目	热回收装置形式				
	转轮式	板式	热管式	板翅式	溶液循环式
热回收形式	显热或全热	显热	显热	全热	显热
热回收效率	50% ~ 85%	50% ~ 80%	45% ~ 65%	50% ~ 70%	55% ~ 65%
排风泄漏量	0.5% ~ 10%	0 ~ 5%	0 ~ 1%	0 ~ 5%	0
适用对象	排风量较大且允许排风与新风间有适量渗透的系统	仅需回收显热的系统	含有轻微灰尘或温度较高的通风系统	需要回收全热且空气较清洁的系统	新风与排风热回收点较多且比较分散的系统

各种热回收器的比较　　**表4.38**

各种热回收器	效率	设备费用	维护保养	辅助设备	占用空间	交叉污染	自身能耗	接管灵活性	抗冻能力
转轮换热器	高	高	中	无	大	有	少	差	差
板翅式全热换热器	高	中	中	无	大	有	无	差	中
板式显热换热器	低	低	中	无	大	无	无	差	中
热管换热器	中	中	易	无	小	无	无	中	好
中间冷媒式换热器	低	低	难	有	中	无	多	好	中

空调排风热回收装置的选型原则可以参考表4.39。

空调排风热回收装置的选型　　**表4.39**

类型	适用风量范围（m^3/h）	适用场合	说明
转轮式换热器	≥ 30000	候机大厅、出发大厅、行李大厅等	大风量条件下结构尺寸相对较小
板翅式全热换热器	≤ 1000	分散办公区域，边防安检区、VIP 区等	风量较大时设备阻力增加较多
热管式换热器	2000 ~ 30000	检验检疫区域、分散办公区域，边防安检区、VIP 区、大空间区域等均可	阻力相对较小，显热回收，无污染
中间冷媒换热器	≥ 30000	大空间区域	适用于统一回收距离较远的进排风系统冷热量，无交叉污染

设置空气热回收系统的必要条件是新风与排风集合到一处，这就要求设计时对系统划分、风道布置、送回风机、热回收装置的设备等统筹考虑，使系统趋于合理。一般从以下五个方面着手：

1）热回收装置的合理选择。应考虑工程实际状况以及排风中有害气体的情况，确定选用合适的热回收装置，并且在热回收系统设计时充分考虑安装尺寸、运行的安全可靠性以及设备配置的合理性。

2）系统规模要适中。热回收装置一般布置在设备机房（层）内。设备本身尺寸比较大，处理15000m^3/h风量的热回收装置及风道占用建筑空间就在5.1m×6.8m左右，很显然配置热回收装置有很大困难，所以选择新风量标准应考虑实际机房（层）的尺寸。对于大负荷的热回收系统，当风量超过15000m^3/h时，应组成若干个小系统，有利于设备、风道布置。

3）系统运行的可靠性。全热回收装置换热是靠新风与排风的温差和蒸汽分压力差来完成热湿交换，为使设备在高效率工况下运行，进入装置之前的新风和排风应进行空气过滤处理。装置运行环境温度应在-5℃以上，否则结霜，不能正常工作。对于北方寒冷地带，冬季不能直接选用热回收装置，应将冷空气预热至-5℃以上，设置温度自控装置。新风与排风管道在与装置相连接处设旁通风道，以保证装置非正常运行状态时空调系统能正常使用，以使系统安全可靠。

4）保证热回收系统的清洁度。转轮式换热器的缺点就是存在交叉污染，为发挥扇形器自净作用，应当使系统新风压入，排风吸出，保证新风压力大于排风压力，压差控制在200Pa左右，这样可以提高空气品质，达到系统最大限度的清洁性。

5）自动控制的重要性。在设置热回收装置的空调系统里，要想得到有效的热量回收，宜设计和配备必要的自控装置，以确保热回收系统在合理的状态下工作。

（5）空调排风热回收系统的一些应用问题

1）关于显热热回收装置与全热热回收装置的选择。全热热回收装置与显热热回收装置相比，夏季工况时全热回收型节能优势更突出一些，冬季工况二者差别不大；采用全热回收装置，冬季可减少空调加湿系统的费用，对湿度要求不高的场合可以不用对新风加湿。但是，全热回收装置也存在着一些不足：首先是存在新风被排风污染的隐患，尤其是在经过较长时间的使用之后，产品密封工艺水平对交叉污染的程度起着决定性的影响，而在一些对新风卫生要求比较高或湿度较大的场所都不宜使用全热热回收装置。另外，性能较好的全热热回收装置的滤芯基本上是进口产品，因而在价格和后期维护费用上要高于国内生产的显热热回收装置，所以在投资经济性上还需要进行详细比较。

2）进排风口。由于热回收新风换气装置将送排风集于一身，因此在设计时，应注意使室外新风入口和排风出口保持一定距离并将朝向区分开，而且需要特别注意室外风向的问题，避免因气流的短路而造成新风污染，影响使用效果。

3）控制与调节。热回收新风换气装置如与各层的新风机组或空调机组串联运行，则其风机宜设调速装置，便于按运行层数的需要调节风量的大小，进一步减少通风能耗。可能的话，应加设时间程序控制装置，使其能在指定的时间区域内工作，或作预通风运行；另外，宜对送排风机进行分别控制，使运行更灵活。

4）新风旁通管的设置。旁通管的设置有利于过渡季节减少热回收段的阻力消耗，从而减少风机能耗，但前提是风机配备变频装置，这也会增加投资。因此，在设置变速风机减少过渡季节能耗与节省变频装置投资的选择上，还需要认真比较。

案例：华东某机场卫星厅

该项目总建筑面积约为62万m^2，指廊内共设置22台带有热回收功能段的全空气空调机组，热回收方式选用三维热管式换热器，共约10万m^3/h新风量经热回收热管式换热器进行预冷预热处理。

三维热管式换热器具有三维热回路专利，可以使并排的气流在双方向进行热交换，在热管的水平放置的方式下，冷热气流可以从左右任意侧通过，自动实现季节切换。

图4.136为一热回收空调箱俯视图。

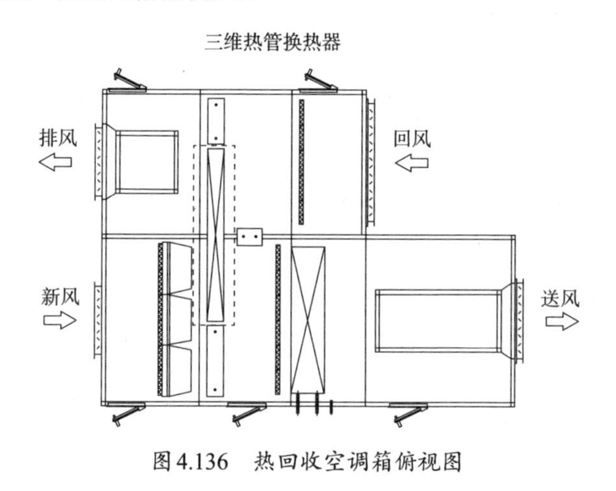

图4.136　热回收空调箱俯视图

2. 分层空调技术——近地面送回风系统

航站楼建筑出发层通常为高大空间，从满足旅客视觉需求的角度出发，围护结构多采用通透的玻璃幕墙，并设有较大面积的天窗，该特性导致了航站楼建筑的空调负荷及能耗均大于常规公共建筑。分层空调气流组织方式在航站楼建筑高大空间中的应用，一方面解决了此类空间内空调系统送、回风口布置困难的问题，另一方面也在保证人员停留区热舒适性的前提下，降低了夏季空调系统负荷与系统能耗。图4.137为一航站楼出发层典型大空间示例。

图4.137　航站楼出发层典型大空间

分层空调气流组织方式下，夏季空调冷负荷的计算方法有别于常规工程应用中的计算方法，分层空调因为空间上分为空调区和非空调区，冷负荷仅为计算空调区得热形成的冷负荷。

有别于一般房间冷负荷计算，分层空调因为空间上分为空调区和非空调区，冷负荷仅需计算空调区得热形成的冷负荷。本节将通过分析分层空调冷负荷的形成机理，梳理出航站楼建筑分层空调冷负荷的计算方法。

（1）分层空调冷负荷的构成

采用分层空调气流组织方式，当空调区送冷风时，上、下两区因空气温度和各个内表面温度的不同而产生由上向下的热转移，由此形成的空调负荷称为非空调区向空调区的热转移负荷，它由对流热转移负荷和辐射热转移负荷两部分组成。对流热转移负荷是由于送风射流的卷吸作用，使非空调区部分热量转移到空调区，当即全部成为空调区的冷负荷；而辐射热转移负荷是非空调区经辐射方式传给空调区的热量，被空调区的各个表面接受后，其中以对流方式再放出的部分才转变为空调负荷。

因此，分层空调负荷计算的特点，除了要计算通常空调区本身得热所形成的冷负荷外，还必须计算对流和辐射的热转移负荷。换言之，分层空调气流组织方式下，空调区的冷负荷由两部分组成：空调区本身得热形成的冷负荷和热转移负荷。

（2）分层高度的估算

分层高度的确定是计算分层空调负荷的前提，但由于在负荷计算阶段，往往无法确切地给定送、回风口的布置位置和送风参数，因此，在该阶段只能以与建筑专业协调好的初步送、回风口布置方案及航站楼建筑大空间送风设计经验参数作为分层高度估算的依据，待后期送、回风口的布置位置和送风参数明确后，再进行复核修正。估算过程如下所述（公式（1）~公式（15）引自文献[5]）：

①确定送风作用距离 S（m）

②计算送风系统射程 X（m）

$$X=0.93S \tag{1}$$

③计算射流落差 Y（m）

依据实验，射流落差 Y 的推荐范围为

$$Y=(1/16 \sim 1/4)X \tag{2}$$

当射程较小时，可取到（1/4）X；当射程较大时，可取到（1/16）X。

④确定送风口安装高度 h（m）

依据与建筑专业协调好的送风口初步布置原则而定。

⑤计算分层高度 h_1（m）

$$h_1=h+Y+h_a \tag{3}$$

式中　h_a 为高度安全余量，取值通常小于等于 0.3m。

（3）分层高度以下空调区内冷负荷

以分层高度为界，将该高度范围以下的区域作为空调区，并计算由于该区域内本身得热而形成的冷负荷，这部分冷负荷包括：①通过外围结构得热形成的冷负荷 q_{1W}；②空调区内部热源（如设备、照明、人等）发热引起的内热冷负荷 q_{1n}；③室外新风及渗漏形成

的冷负荷q_x。

由此可得，分层高度以下空调区内冷负荷：

$$q_A=q_{1W}+q_{1n}+q_x \tag{4}$$

该冷负荷的计算与普通空调冷负荷的计算方法相同，可通过常规负荷计算软件计算而得，在此就不予以赘述。

（4）分层高度以上热转移负荷

分层高度以上的空间为非空调区，但该区域的部分得热会通过辐射及对流两种方式转移至分层高度以下的空调区，并形成冷负荷。

热转移负荷：$q_B=q_f+q_d$ （5）

式中　q_d——对流热转移负荷；

q_f——辐射热转移负荷，包括非空调区各个面（屋顶、墙、窗等）对地板辐射换热引起的负荷和非空调区各个面对空调区墙体之间辐射换热引起的冷负荷。

1）辐射热转移负荷的计算

辐射热转移量Q_f的大小，主要取决于各围护结构内表面温度τ、表面材料黑度 ε 以及几何形状和相对位置辐射角系数φ。其计算可归结为封闭多面体之间的辐射换热，可用多组联立系方程求解。在航站楼建筑中，一般表面材料黑度较大，可只考虑一次辐射。为便于设计计算，可按照近似计算法进行计算。

近似计算法的辐射热转移量的计算公式为

$$Q_f=\sum Q_{ij}+\sum Q_F \tag{6}$$

式中　$\sum Q_{ij}$——非空调区各个面（屋顶、墙、窗等）对空调区各个面（地板、墙等）的辐射换热量（kW）；

$\sum Q_F$——透过非空调区玻璃窗进入空调区的日射得热量（kW）。

下面计算$\sum Qij$。

非空调区与空调区任意两个表面之间的辐射换热量可用式（7）计算，对于分层空调，只需计算非空调区各个面与空调区各个面之间的辐射换热，把各个面之间的辐射换热量相加可得出$\sum Q_{ij}$。

$$Q_{ij}=\varphi_{ij}F_i\varepsilon_i\varepsilon_j c_0\left[\left(\frac{T_i}{100}\right)^4-\left(\frac{T_j}{100}\right)^4\right] \tag{7}$$

式中　F_i——计算表面面积（m^2）；

ε_i、ε_j——计算两个表面的黑度；

c_0——黑体辐射发射率，c_0=0.0057kW/（$m^2\cdot K^4$）；

ϕ_{ij}——计算表面对地板的辐射角系数；

T_i、T_j——两个计算表面的绝对温度（K），该温度需通过计算获得。

外围护结构内表面温度t_b计算方法：

$$t_b=t_n+\frac{K\Delta t_{zh}}{\alpha_n} \tag{8}$$

式中　t_n——室内计算温度（℃）；当位于空调区时，该值取空调区室内温度t_1；当位于非空调区时，该值取非空调区室内温度t_2，$t_2=\frac{t_1+t_w+3}{2}$，t_w为室外计算温度。

K——外围护结构传热系数（W/（$m^2\cdot$K））；

α_n——外围护结构内表面放热系数，取8.7 W/（$m^2\cdot$K）；

Δt_{zh}——外围护结构综合温差（对于窗不包括透过玻璃的太阳辐射部分）（℃），具体计算如下：

当外围护结构为外墙或屋顶时，

$$\Delta t_{zh}=t_{wp}+\Delta t_{fp}+\Delta t_w-t_n \tag{9}$$

当外围护结构为玻璃窗或幕墙时，

$$\Delta t_{zh}=t_{wp}+\Delta t_k-t_n \tag{10}$$

式中　t_{wp}——夏季室外计算日平均温度（℃）；

Δt_{fp}——屋顶或外墙外表面辐射平均温升（℃）；

Δt_w——屋顶或外墙“作用时间”室外温度波动部分的综合负荷温差（℃）；

Δt_k——夏季室外逐时温差（℃）。

计算$\sum Q_F$

因为航站楼建筑透过非空调区玻璃进入空调区的日射得热量大部分被地板所接受，因此，计算时主要考虑地板本身吸收的部分，计算式如下：

$$Q_F=\rho_j\varphi_{ij}F_iJ_i \tag{11}$$

式中　ρ_j——空调区地板的吸收率；

φ_{ij}——玻璃窗对地板的角系数；

F_i——玻璃窗面积（m^2）；

J_i——透过玻璃窗的太阳辐射强度（kJ/m^2）。

2）对流热转移负荷的计算

计算空调区热强度

$$q_1=\frac{q_{1W}+q_{1n}+q_x+q_f}{V_1} \tag{12}$$

式中　V_1——空调区体积（m^3）。

计算非空调区热强度

$$q_2=\frac{q_{2W}+q_{2n}-q_f}{V_2} \tag{13}$$

式中　V_2——非空调区体积（m^3）；

q_{2n}——非空调区内热空调负荷（kW），该值可通过常规负荷计算软件计算而得；

q_{2W}——非空调区围护结构空调负荷（kW），该值可通过常规负荷计算软件计算而得，但应注意计算该值时室内温度的设定值应为非空调区室内温度t_2。

计算对流热转移负荷值q_d

依据q_1/q_2值，利用图对流转移负荷实验曲线图（图4.138），查得$\frac{q_d}{q_{2w}+q_{2n}-q_f}$，进而求得对流热转移负荷值$q_d$。

与辐射热转移量部分转变为空调负荷不同的是，由非空调区来的对流热转移量当即全部成为空调区的冷负荷。

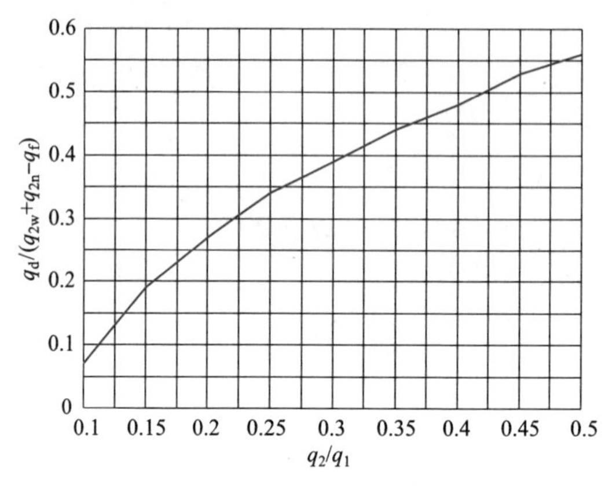

图4.138　对流转移负荷实验曲线图

（5）分层空调负荷汇总

分层空调负荷（q）为分层高度以下空调区内冷负荷（q_A）、辐射热转移负荷（q_f）及对流热转移负荷（q_d）之和。

$$q=q_A+q_f+q_d \tag{14}$$

（6）基于分层高度的负荷修正工作

在确定空调冷负荷后，可确定空调系统的各项参数（如送风温度、送风量），并基于这些参数与初步的送、回风口布置方案，细化气流组织方案，利用气流组织计算的方法或计算流体力学模拟的方法，复核分层高度估算的准确性，当差异值超出工程计算精度的许可范围时，应对分层空调冷负荷值进行修正，修正计算过程同上述计算过程。

分层空调设计中，负荷计算与气流组织设计耦合在一起，预测室内空气分布便成为了其关键技术，目前，在暖通空调工程中采用的方法主要有射流公式法、zonal model法、CFD法和模型实验法四种（表4.40）。

四种暖通空调房间室内空气分布预测方法比较　表4.40

预测方法 比较项目	射流公式法	zonal model法	CFD法	模型实验法
房间形状复杂程度	简单	较复杂	基本不限	基本不限
经验参数依赖性	几乎完全依赖	很依赖	轻度依赖	不依赖
预测成本	最低	较低	较低	最高
预测周期	最短	较短	较长	最长
结果的完备性	简略	简略	最详细	较详细
结果的可靠性	差	差	较好	最好
适用性	机械通风，且与实际射流条件有关	机械和自然通风，一定条件	机械和自然通风	机械和自然通风

由于建筑空间越来越向复杂化、多样化和大型化发展，实际空调通风房间的气流组织形式变化多样，传统的射流理论分析方法是采用基于某些标准或理想条件理论分析或试验得到的射流公式对空调送风射流的轴心速度和温度、射流轨迹等进行预测，势必会带来较大的误差，并且射流公式法只能给出室内的一些集约参数性的信息，不能给出设计人员所需的详细资料，无法满足设计者详细了解室内空气分布情况的要求。

zonal model法是将房间划分为一些有限的宏观区域，认为区域内的相关参数如温度、浓度相等，而区域间存在热质交换，通过建立质量和能量守恒方程并充分考虑区域间压差和流动的关系来研究房间内的温度分布以及空气流动情况，因此，模拟得到的实际上还只是一种相对精确的集约结果，且在机械通风中的应用还存在较多问题。

模型实验法虽然能得到设计人员所需要的各种数据，但需要较长的实验周期和昂贵的实验费用，搭建实验模型耗资很大，而对于不同的条件有时可能还会要求做多种工况，耗资更多，周期更长，难以在工程设计中广泛应用。

相比而言，CFD法具有成本低、速度快、资料完备且可模拟各种不同的工况等独特的优点，故其逐渐受到研究者的青睐。由表4.40给出的四种室内空气分布预测方法的对比可见，就目前的三种理论预测室内空气分布的方法而言，CFD方法具有明显的优点，而且随着计算机技术的发展，CFD方法的计算周期和成本完全可以为工程应用所接受。尽管CFD方法还存在可靠性和对实际问题的可算性等问题，但解决这些问题的技术方法已经逐步得到发展和完善，使得计算结果准确度有了大幅度的提高。因此，CFD方法可应用于对室内空气分布情况进行模拟和预测，从而得到房间内的温度场、空气流速场、湿度场以及有害物浓度等物理量的详细分布情况。因此，CFD方法是解决暖通空调工程的空气流动和传热传质问题的强有力的工具。

为实现近地面的分层空调气流组织，近年的工程设计中，较多地采用了近地面进行送回风的处理方式，即一般将大空间内近地面3 ~ 4m高度内的空间作为空气处理区域。由于离开了上部平顶的依托，空调主送回风管都转而设置在下层空间的平顶层内或下层技术层内。所以在设计中，出发层的下层空间内都必须充分考虑容纳上层空调送回风管的高度。

从航站楼出发大厅的送风布局来看，一般可以分为两种基本形式：①线状（或片状）的送风布置；②点状（或柱状）的送风布置。

所谓线状送风布置，就是利用出发大厅内特有的办票岛、商业模块等岛状建筑物的顶部或侧面进行送回风布置。一般来说，可以布置较长的水平方向的送风管，沿风管长度方向设多个送风口，从而形成线状或片状的送风带。图4.139分别为上海浦东国际机场（一期）出发大厅、美国纽约某国际机场出发大厅、日本关西国际机场出发大厅。

由于大厅内的办票岛、岛状建筑物的顶部高度一般都在3 ~ 4m左右，因此，线状送风布置可以不再额外地占用大厅的地面面积，使得大空间内视觉较为通畅和理想；同时，由于有相当一部分风管在本层而无须在下层空间穿行，因此也缓解了下层空间的压力。

线状送风布置方式往往受到大厅内的办票岛、商业模块等岛状建筑物的几何形状、位置的限制，不容易形成理想的气流组织和送回风管的布置；而且，如果风管是明装布置的，也需要装饰设计的密切配合，以形成完美的整体效果。

上海浦东国际机场(一期)出发大厅

美国纽约某国际机场出发大厅

日本关西国际机场出发大厅

图4.139　典型线状送风示意图

所谓点状的送风布局,是指在大空间的地面上直接布置柱状送风立管,送风高度在3 ~ 4m,送风向四周或几个方向,整个大厅内均匀地布置多个送风立柱以覆盖所有人员停留空间。图4.140分别为广州白云国际机场出发大厅、奥地利维也纳国际机场大厅以及在建设中的广州新国际机场大厅。这些点状的送风方式也被称之为罗盘送风。

广州白云国际机场出发大厅

奥地利维也纳国际机场大厅

建设中的广州新国际机场大厅

图4.140　典型点状送风示意图

另外,还有采用近地面置换送风方式的点状送风形式,处理的高度范围近一步地降低,以期望获得更少的空调送风能耗。图4.141为泰国曼谷国际机场候机大厅内的置换送风口，高度约为近地面2m左右。

图4.141　典型置换送风示意图

点状送风柱布置灵活，根据送风量及覆盖范围的不同，可以取不同设置间距和位置。送风柱造型可以多变，结合装饰设计往往可以取得独特的建筑效果，成为航站楼内特有的风景线。

航站楼内点状送风柱（罗盘送风）是出发层空调送风的一种形式，罗盘箱本体也集合了空调送回风、消火栓、大空间水炮、广播、广告等功能。传统的点状送风方式存在以下几个方面的问题：

1）从空调机房接至罗盘箱的送回风管尺度大，风管在吊顶内转换时，所占空间大，布置困难；

2）罗盘箱布置位置受建筑美观要求与下部管线可接入位置的限制，实际项目中导致罗盘箱布置不均匀，送风均匀性差；

3）罗盘箱外形尺寸受控于送风口布置，而非内部风管布置，导致箱体内空间浪费；

4）空调箱需布置在底层，空调机房空间需求大。图4.142为典型罗盘箱空调送风方式示意，图4.143为一典型罗盘箱构造图。

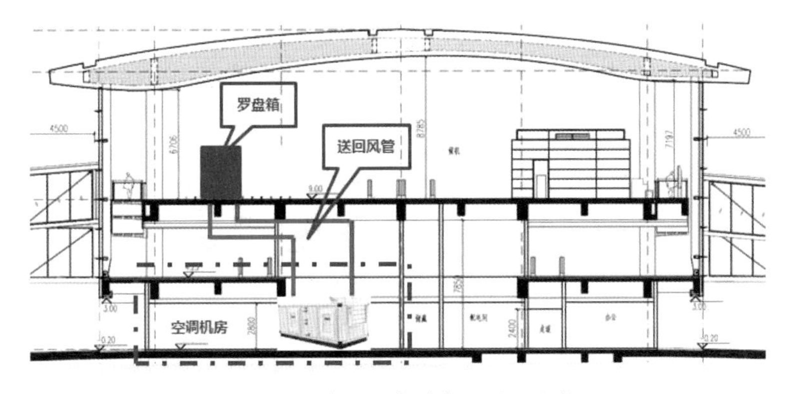

图4.142　典型罗盘箱空调送风方式

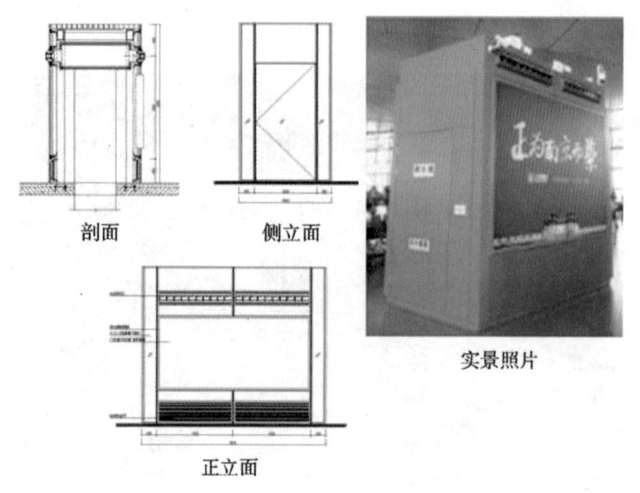

图4.143　典型罗盘箱构造

因此，基于改进上述缺点的目的，近年来出现了将空气处理机组与罗盘箱相结合形成的罗盘箱式的空调机组，参见图4.144，该机组具有以下几个优点：

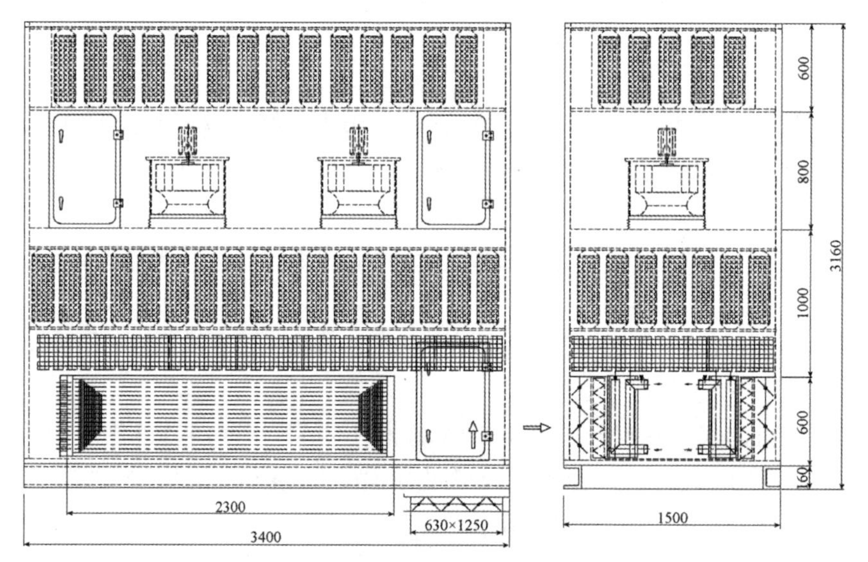

图4.144　罗盘箱空调机组内部构造示意

1）将空气处理机组整合于罗盘箱内，充分利用罗盘箱内的空余空间，节省对空调机房空间的需求；

2）将原吊顶内送回风管布置变为供回水管、新风管、凝结水管，很大程度节省了对吊顶空间的需求（输送相同冷量的情况下，水所需的体积流量仅为空气的1/1850）；罗盘箱布置不受下部管线空间的影响，可实现模块化设计；

3）以水输送替代风输送，很大程度降低了输送能耗（输送相同冷量的情况下，风输送所需的能耗约为水输送的4.5倍）。

在实际的工程设计中，往往会采用点状送风柱布置与线状送风布置相结合的方式，互取长短，形成理想的气流组织。

如何处理好空调送回风的效果，并与建筑整体设计效果有机地结合，是暖通设计始终可以探讨研究的课题。在科技日新月异的今天，我们不仅可以利用计算机模拟出建筑效果，也可以通过数学模型在计算机上获得不同送回风布置方式的室内温度效果，因此，一些特殊的送回风布置方法将逐步地被利用，并可预知其效果。图4.145为东亚某国国际机场出发大厅内独特的送风系统。

图 4.145　东亚某国国际机场出发大厅内独特的送风系统

利用了表面光滑的片装材料，结合了结构设计、装修设计以及送风气流组织的设计，形成了被称为开放式送风管的系统。是计算机模拟技术实际运用的经典案，也是点状与线装送风精妙结合高超之作。

案例：华东某机场T2航站楼

项目总建筑面积约为48万 m^2，办票厅空间高大，空调利用办票岛、局部罗盘及沿幕墙边地面进行送风（图4.146），在设计阶段对分层空调的气流组织方式进行了CFD模拟，以验证分层空调的效果。

图 4.146　T2航站楼办票厅

办票厅空调气流组织，根据空间构成采取了与之对应的送回风方式。办票岛为上侧喷口送风，端部设置回风口。在玻璃幕墙侧设置了上送风，以隔断来自玻璃幕墙的热负荷。在空间上、下开口部附近设置喷口送风，其计算机模型与网络建立参见图4.147，各处风口布置如图4.148所示。

图4.147　计算模型与网格

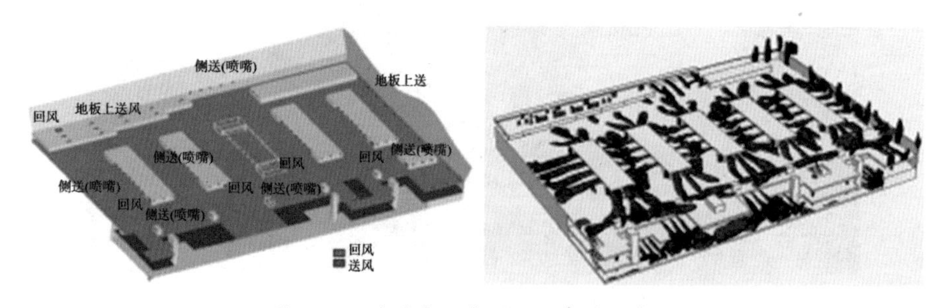

图4.148　办票大厅空调风口布置示意图

夏季工况温度场分析

办票厅采用的气流组织方案是分层空调，力求在满足人员活动区域温湿度要求的同时，达到节能高效。模拟结果表明，温度场基本达到设计效果，气温25℃的范围基本覆盖了活动区域，模拟的温度分布如图4.149和图4.150所示。

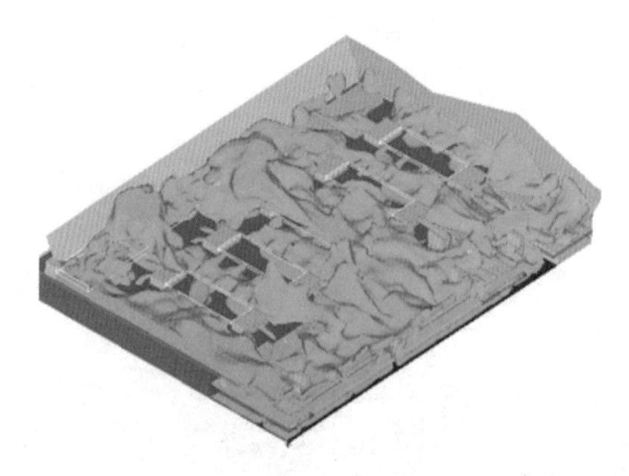

图4.149　夏季工况办票大厅空间25℃等温范围

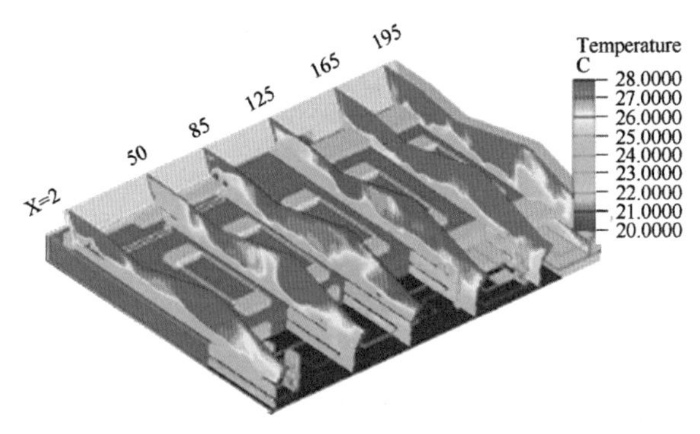

图4.150　夏季工况办票大厅空间温度分布

由图4.151为其中一个横向剖面温度分布图可知，空间温度分布呈明显分层状态，上部空间由于屋顶及玻璃幕墙负荷大，温度偏高（28 ~ 30℃），下部（地上4m以下区域）温度分布在设计范围内，基本实现了分层空调设计思想。办票岛之间区域由于对喷气流汇集，温度相对稍低些，而办票岛附近温度则呈稍高趋势。局部地点温度超过26℃。

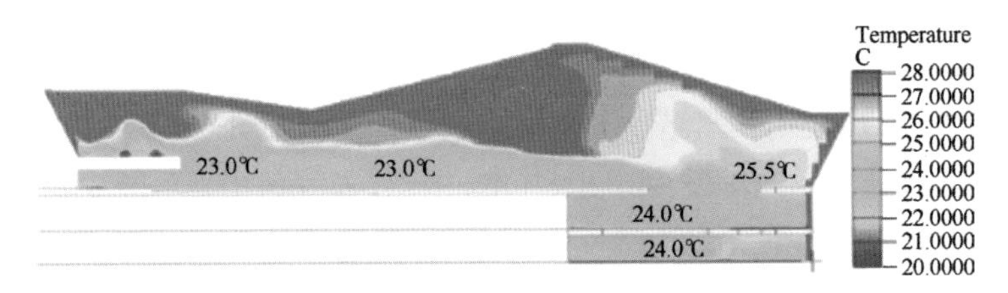

图4.151　夏季工况办票大厅一个横向剖面的温度分布图

由图4.151、图4.152办票岛之间空间测点的模拟结果可知，除测点2外，基本形成了对离地4m以下空间的分层空调控制效果，温度范围为22 ~ 25℃。测点2稍稍偏高，但在离地2.5m以下空间也能达到设计要求。

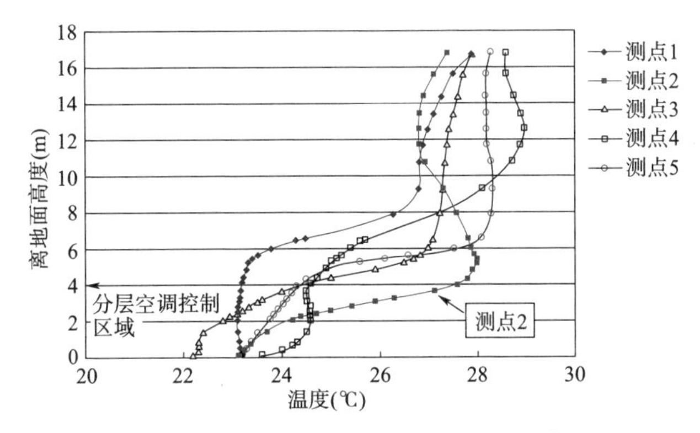

图4.152　夏季工况办票大厅空间温度分布（办票岛之间各测点）

3. 分层空调技术——地面辐射供冷（热）技术

地面辐射供冷（热）技术的原理是：由制冷（热）装置给盘管提供冷（热）水，盘管是一种特殊的塑料管材（PEX、PP-R、PB等），此管埋设于户内地板上部细石混凝土水泥砂层内，辐射供冷（热）盘管通过地板表面以辐射和对流换热的方式与室内空气进行热湿交换，以辐射方式为主定向均匀供冷（热），从而达到舒适的供冷（热）效果。图4.153为地板辐射供冷（热）技术典型安装示意图。

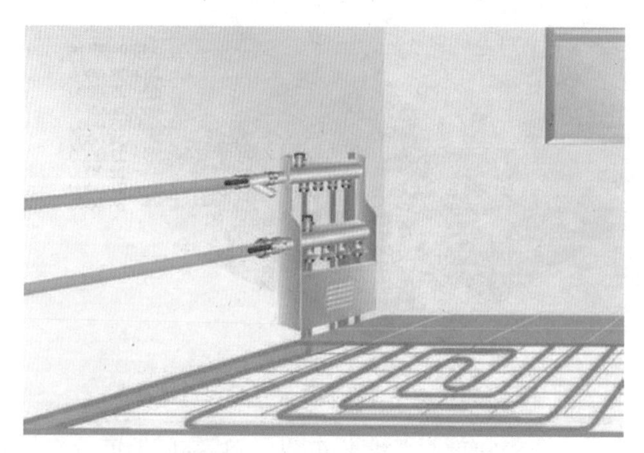

图4.153　地板辐射供冷(热)技术典型安装示意图

地面辐射供冷(热)用于航站楼的大空间具有如下优点:

(1)地面辐射供冷(热)具有辐射换热比例高、热舒适性强的特点。地面辐射供冷(热)的辐射和自然对流换热避免了一般大空间空调系统较强的吹风感,可极大地降低空调送回风的气流噪声,提高旅客人体的舒适性。

(2)由于地板供冷使用的水温高于常规空调系统,不仅可以提高主机(冷源)系统效率,减少环境污染,还可以为蒸发冷却、深井水、地热(冷)利用等节能冷源的使用提供条件。通常认为比常规空调系统节能28% ~ 40%,耗能量低。

(3)自我调节的能力。根据辐射换热的4次方定律可知,当室内负荷增大或室内其他围护结构的温度上升时,地面辐射供冷系统的制冷量随地下埋管内的水温与室内空气温度及内墙温度差的增加而增加,随气温差的减少而减少,因此当温差增大时,辐射供冷/供暖的能力也迅速增大。

(4)换热效果更佳。其他辐射供冷面相比,地板表面离人体更近,地面辐射供冷(热)对人体的角系数更大,因而其辐射换热量比例更大。在系统形式和施工等方面,地板供冷比冷吊顶简单,造价要低得多,较适合于航站楼的高大空间。

地面辐射供冷(热)有如下局限性:

(1)地板结露的问题。根据湿空气的物理性质分析,冷却表面的温度若持续低于近表面的湿空气露点温度,则冷却表面将会产生结露。因此,地板辐射供冷系统地表温度应高于露点温度。

(2)供冷能力受限。冷媒温度越低,地板辐射表面结露的可能性就越大。因此,地板表面温度不能太低,这样会对地板的供冷能力产生一定的影响。在高湿地区的使用受到了一定的限制。

(3)对人体生理热舒适性的影响。受冷却地板辐射面的影响,密度较大的冷气流下沉,易形成较大的室内竖向温差。

(4)地面辐射系统一旦完成,会对地面其他工程的施工产生限制,对后期的精装配合施工也会有限制要求。

图4.154为某出发办票大厅分集水器安装与地面供冷(热)管道敷设图。

地面辐射供冷(热)的传热机理非常复杂,许多复杂的理论计算在实际工程中往往难以适用，因此在这里不做赘述。工程实际应用场合，通常都是基于大量的实践及使用经验基础上，经过试验测试及验证，利用经验公式来指导工程设计。工程设计的目标是控制较为舒适的辐射表面温度，根据ASHRAE标准中关于人体的生理方面考虑，一般考虑将地板完成面的表面温度控制在19 ～ 29℃范围内，以保证舒适度，同时也保证了供冷（热）的能耗水平。

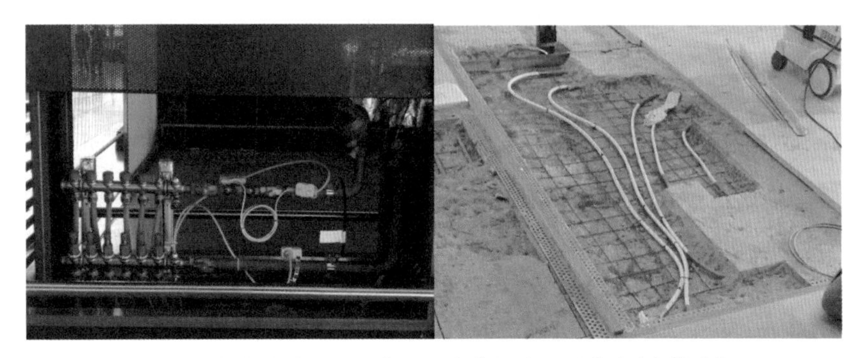

图4.154　出发办票大厅分集水器安装与地面供冷（热）管道敷设

航站楼地面辐射空调系统可以为单供冷，也可以冷热兼供。相对来说，地面辐射供冷需要考虑的设计问题比其地面辐射供热时更为复杂。因此，实际工程设计时，首先可以从地面辐射供冷的工况入手分析。当考虑利用该系统进行供热时，可以在供冷确定的系统基础上，校核其供热能力，如有不足，可以进行地面辐射管设计的修正或利用其他供热系统补充。

进行地面辐射供冷设计时，工程上一般考虑如下的步骤：

（1）根据空调负荷、新风量及舒适性要求，确定地表温度。

（2）地面辐射供冷与新风承担空调负荷比例。

采用地板供冷与新风处理机组复合式空调系统时，根据新风系统和辐射供冷的传热特点和冷媒参数。应先确定冷负荷分配。由于地板辐射系统在制冷工况下受室内空气露点温度的影响，限制了其制冷能力，故通常在湿度较大、热负荷较大的房间采用地板辐射系统时，需要结合独立的除湿系统。目前，大多采用新风除湿的方法，这样新风系统不仅承担着室内的卫生要求，而且承担着室内的除湿任务。辐射供冷系统经常与某种新风系统相结合，组成地板辐射供冷与新风系统组合的复合式供冷系统。

一般的分配原则应当是：由地板辐射供冷承担建筑围护结构传热和日射得热负荷，即渐变负荷以及室内设备、人员的辐射热负荷；由新风处理系统承担室内的湿负荷和人员、设备的对流热负荷，即瞬时负荷，同时满足室内新风量的要求。按照这一负荷分配原则，可以根据建筑物的特点来设计选择辐射埋管方式、新风系统并确定冷媒参数。按照新风系统和地板辐射供冷的负荷分配原则，确定地板辐射供冷盘管间距和布置形式及管道长度。

（3）新风量的确定。

新风量为室内全部潜热负荷及其余显热负荷、人员新风量及使室内空气充分混合，维持均匀的温度场、速度场、杜绝地板结露、联合供冷系统新风量中确定的新风量最大值。

（4）新风送风点的含湿量确定。

新风负担全部的湿负荷，根据室内的余湿量、含湿量以及新风量，计算新风送风点的湿度。

（5）新风送风点的温度确定。

新风负担的显热负荷为全部显热负荷减去地板承担的显热负荷。根据这个负荷，确定送风点的温度。

（6）航站楼建筑迎客厅与办票厅外门。固定登机桥口部等区域室外渗透风情况较为严重，在湿热地区应避免将辐射供冷管道敷设于此类区域附近，以避免由于渗透风导致的地面结露问题。

（7）如冬季还承担地面辐射供热，应校核该系统的供热能力。如有不足，可以进行地面辐射管设计的修正或利用其他供热系统补充。

（8）航站楼建筑中出发层地面强弱电线槽数量较多，辐射管道敷设时应做好统一规划，避免管线冲突。

辐射供冷所需冷水温度为16 ~ 20℃，因此，合理地选取冷源可达到良好的节能效果。可利用地表（地下）水等可再生资源或者高效率的制冷空调系统作为冷源。作为低能耗的冷源有：

（1）地下水

夏季可利用天然冷源——地下水作为辐射空调系统的冷水，以省去制冷设备，降低造价，节约能源且不污染环境。在美国，大部分顶棚辐射空调系统都采用地下水作为冷源。我国地下水温度区分为5个区，除了Ⅳ区广东等华南地区外，其他地区均能满足辐射供冷的水温要求。在利用地下水时，为避免地面沉降，必须采取人工回灌技术，保持地下水资源可持续利用。

（2）地源热泵、水源热泵

地源热泵利用低品位地热（土壤热）作为供冷冷源。冬季，热泵将地表浅层中的热量取出，用于供暖，同时向地下储存冷量，以备夏季使用；夏季，热泵将室内热量取出，释放到地表浅层中，以备冬季使用。水源热泵直接利用地下水或者江河湖泊水塘作为空调系统的冷热源，通常分为开式系统和闭式系统两类。

（3）风冷热泵机组

风冷热泵机组主要应用在冬冷夏热（冬季非采暖）地区。由于其安装方便、维护简单，对于分散用户是一个很好的选择。

（4）太阳能吸附式制冷

由于辐射供冷所需冷水温度较高，制冷系统的制冷性能系数可以很大程度提高，系统造价也有所下降，增加了使用太阳能的可行性。

案例一：西北某新建国际机场航站楼采用地板热辐射简介[6]

该航站楼地上建筑面积为500090 m^2，地下专用设施面积（不计入总建筑面积）为41270 m^2，航站楼由一个主楼和三根平行指廊组成，建筑高度为55m，指廊高度为19.15m，地下一层、地上四层（含夹层），自上而下分别是出发景观商业夹层、出发值机办票及国际出发候机层、国内混流及国际到达层、站坪层、地下机房及设备管廊层。出发值机大厅标高13.300m，国际部分的出发层与到达层位于北指廊，出发候机层标高9.050m，到达层标高4.500m；国内出发候机层位于南指廊的6.500m层和中指廊的5.500m层；站坪层位于主楼部分的主要是行李处理机房、VVIP商务贵宾和政要贵宾候机室、设备机房及办公区域，站坪层的指廊部分除了远机位的出发和到达、可转换机位，还有设备机房、站坪维修间、业务用房等功能，地下一层的主要功能为设备机房及管线共同沟。

航站楼内高大空间考虑采用地板热辐射的方式进行冬季供热。主要区域有-0.800m政务贵宾厅、±0.000m商务贵宾厅；-1.000m、±0.000m、+1.000m指廊远机位候机；±0.000m卫星厅摆渡车候车厅；+5.500m、+6.500m指廊国内出发到达层，+5.500m主楼迎客厅；+9.050m指廊国际出发候机厅；+13.300m主楼出发办票大厅。

主楼+5.500m迎客厅、+13.300m办票大厅设置低温热水地板辐射供暖的区域，在夏季接入干空气能间接蒸发冷水机组提供的高温冷水，可以进行地面冷辐射供冷，以作为该区域大空间空调冷系统的补充。

低温热水地板辐射供暖分、集水器沿墙隐蔽设置，分集水器、支管接头及调节阀门采用紫铜或黄铜。每一集配装置的分支管不超过8个，同一集配装置系统各分支路的加热管长度尽量接近，且不超过120m。每一分、集水器回水管上集中设置温控阀。接自能源中心的一次热水供、回水温度为130℃/70℃，通过直埋进入各热力交换站内，热力交换站内设置供暖水-水板式热交换器，换热后的二次低温热水地板辐射供暖系统供、回水温度为45℃/35℃。

案例二：西北某国际机场T3A航站楼采用地板冷热辐射简介

整个T3A航站楼面积约为28.0万m^2，本次建设面积为26.4万m^2，地上2层、地下1层，地面建筑最大高度为37.0 m，地下深度为8.6 m，其中，航站楼内最大层高（办票大厅）为27.0m。T3A航站楼主要功能为：办票大厅、候机大厅、行李提取厅、迎宾厅、行李分拣厅、商业和办公用房以及配套设备功能用房。航站楼空调的供冷、供热由本期配套建设的集中室外制冷、换热站提供，室外制冷、换热站距本期航站楼主楼各约1km。

为降低空调系统的初投资、减少运行费用以及提高舒适性与室内空气品质，对航站楼内高大空间部分采用“置换式下送风+地板冷热辐射+干式地板风机盘管”的空调及送风方式，即室内温度主要由干式风机盘管和地板冷热辐射系统共同调节和控制，湿度则主要由置换式下送风系统送入的空气进行调节和控制，航站楼内的温湿度独立控制空调系统运行参数如下：

（1）室外集中冷源、热源——夏季供水温度为3℃，冬季供水温度为60℃；

（2）地板（冷热）辐射盘管——夏季供/回水温度为14℃/19℃，冬季供/回水温度为40℃/30℃；

（3）干式风机盘管——夏季供/回水温度为16℃/18℃，冬季供/回水温度为50℃/45℃；

（4）干盘管空调机——夏季供/回水温度为16℃/20℃，冬季供/回水温度为50℃/40℃；

（5）溶液式热泵新风机预冷（热）——夏季供/回水温度为16℃/20℃，冬季供/回水温度为50℃/40℃。

地面辐射供冷（热）技术项目应用优点：

（1）辐射供冷和供热抵消了室内不利的热辐射和冷辐射，提高了人体的舒适性；

（2）采用辐射供冷、供热室内温度可比传统对流换热方式低（冬季）/高（夏季）1 ~ 2℃，从而降低空调冷热负荷；

（3）地板辐射盘管的初投资和输送能耗均比传统的全空气系统低；

（4）地板冷、热辐射系统用水温度夏季较高、冬季较低的特点，可加大整个空调水系统的输送温差，既可降低输送投资和能耗，又可提高制冷机的*COP*。

附：分层空调技术关键设备介绍

1. CFD模拟软件

分层空调气流组织设计应用计算流体力学（Computational Fluid Dynamics, CFD）的方法数值模拟高大空间建筑传热与流体流动问题，即研究高大空间展厅的温度场、速度场、热舒适等问题。研究范畴属于室内不可压缩气体三维稳态问题，微分方程中的非稳态项为零。基于空气湍流特性的微观解析，主要方法是采用室内零方程模型求解方程组。采用室内零方程模型求解湍流对流换热问题时，控制方程包括连续性方程、动量方程、能量方程及室内零方程。美国FLUENT公司开发的Airpak软件主要面向HVAC（供暖、通风、空调）领域工程师，用来进行专业通风系统的分析。它可以很精确的模拟所研究对象内的空气流动、传热、污染等物理现象，并提供舒适度、平均投票率、不满意率等空气质量技术指标（Indoor Air Quality, IAQ），此软件适用于该领域的计算。

2. 罗盘箱式空调机组（注1）

罗盘箱空调机组产品为该技术的关键设备，相关产品可以为长方体也可为圆柱体，某品牌的相关产品研发情况如下。

（1）机组框架

机组框架形式为某品牌全工况机组的结构，内外壁板采用整体不锈钢成型工艺，采用25 ~ 100mm的高压发泡聚氨酯保温层。该结构机组在防冷桥、漏风率、强度等方面都处于行业领先：

1）冷桥因子达到EN 1886中的最高等级TB1级（≥0.75）；

2）机组的漏风率可控制在0 ~ 0.1%之间，远高于EN1886的最高级C级以及国标《组合式空气处理机组》GB/T14294-2008；

3）由于圆形壳体极优的力学性能，机组的机械强度远高于EN 1886中的最高等级2A级，可承压2500Pa以上。

（2）机组的送回风口

机组的送风、回风风口采用不锈钢网板，风口带有移动式导轨，可在机组关闭时自动关闭，防止停机时外部异物进入空调机组。送风、回风口带有G2 ~ G4的板式空气过滤器。

（3）表冷（加热）盘管

表冷器采用某品牌专利的圆柱型产品，如图4.155所示。表冷器的进出水管由建筑下层的设备层引入，空调机组可根据需求配置合理的总管长度。表冷器的迎面风速可通过柱体的高度调节，灵活便利。 盘管由优质亲水铝箔和紫铜管组成。翅片采用亲水片，翅片厚度为0.11 ~ 0.14mm，铜管可采用内径15.88mm、12.7mm、9.52mm三种规格，盘管的汇管采用无缝铜管。盘管采用意大利AMS公司设计制造的扩散式胀头的拉胀工艺，有力地保证了二次翻边的铝翅片和铜管的紧密结合，减小了表冷器的传热热阻，专用的扩散式胀头由液压驱动，能根据额定的胀管力自动调节扩散半径，从而避免了因胀头磨损、紫铜管内部表面质量等因素而产生的胀管过盈量不一、厚薄不匀等现象。

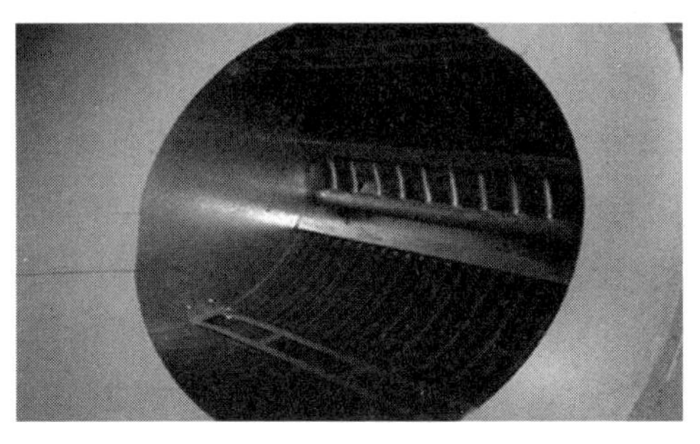

图4.155　表冷器采用某品牌专利的圆柱型产品

（4）风机

机组风机选用高效、低噪声的无蜗壳离心风机（图4.156）。叶轮内部的GG轮毂由带锁锥套旋入固定，叶片由不锈钢或者钢板制作，叶轮最大圆周速度为70m/s。机组叶轮根据ISO 1904/1标准做动静平衡，动平衡精度等级为G2.5级。同时，机组具有以下显著特点：

1）风机出风方向可任意调节；

2）圆形单进风结构，电机在轴心连接，无皮带产尘之危害，同时避免了皮带更换等的维修问题与皮带传动的能耗；

3）风机和电机为直联形式，更大的进气口直径可以降低气流通过速度、改善流场特性；电机与叶轮融为一体，结构简单，机组更紧凑，使安装需求空间最小化；

4）出风静压比高，出风气流均匀；

5）风机叶片大，易于清洗和维护；

6）风机电机直联并置于同一底座上，在底盘下设置不同种类的减振器，其减振效率均在95%以上，使振动减小至最低限度。风机的入风口用符合消防要求的挠性连接，阻止了电机和风机等产生的振动向箱体其他部分的传递。

图4.156　无蜗壳离心风机

（5）加湿器

结合机组的特点，加湿采用湿膜加湿器，加湿器选用的湿膜材料为防霉防菌型高分子材料。加湿器运转中的加湿模块为含水状态，易受到真菌（霉）类等的污染，作为卫生措施，在湿材选择上考虑防菌、防尘，选用亲水性高分子纤维，气孔率在70%以上，吸水率在250%以上。材料燃烧等级为B1级，介质材料可以用弱酸类清洗药剂进行清洗维护。加湿器采用不锈钢边框模块拼插式结构易于拆装；由主机模块、给水装置组成（包括：过滤器、减压阀、电磁阀、给水软铜管），材料连接方式为机械连接。湿膜清洁复合药剂除菌率高、抗有害菌种类多，对军团菌具有抑菌作用。药剂稳定温度：-60 ~ 390℃，溶出度（水、温水）：3ppm。加湿器使用风速小于3.75m/s。加湿器与表冷器共用凝水盘，水盘加大。供水系统装有进水过滤器和流量控制阀门，能接受自控系统开/关信号，系统单配电控箱。加湿饱和效率、加湿效率高，压力损失小：材料厚度为65mm时，饱和效率大于50%，压力损失小于17Pa，加湿效率大于40%；材料厚度为130mm时，饱和效率大于80%，压力损失小于42Pa，加湿效率大于40%。

（6）振动与噪声控制

考虑到机组直接置于室内旅客停留区，机组的振动和噪声控制是至关重要的。空气处理机组的振动、噪声源主要有：风机和电机运行所产生的振动噪声；机组内气流及其涡流噪声；空气流动引起机组内零部件振动所产生的再生噪声。空调机组的噪声控制主要从部件、机组的制造、安装和与建筑物配合等方面考虑。该产品可采用的噪声控制技术如下。

1）电机噪声声源的控制

在设计制造或选用电机时，要侧重考虑降低电机噪声，在使用电机时，则要侧重考虑控制电机噪声。针对电机噪声，在使用中应从以下几点出发：

①叶片声和笛声的控制。若叶片不平衡或叶片与导风圈的间隙太小，只需校正或调整即可，若叶片与风道沟共振产生笛声，须改变叶片数，叶片最好采用质数片。

②适当减小风扇直径，合理选择风扇尺寸参数，可降低风扇涡流噪声。

③电磁噪声在低频段与电机刚度有关，在高频段则与槽配合有关。若出现电网频率的低频电磁声，说明电机定子有偏心、气隙不均匀，应返修改进，若负载出现两倍滑差频率的噪声，说明转子有缺陷，应更新或返修。

④采用消声隔声措施。以消声为主的措施常用于小型电机，以隔声为主的措施常用于大型电机。同时，要注意电机的散热以及消声罩的隔振与减振。

2）风机噪声声源的控制

空调组合机组末端的通风系统是一个非常复杂的噪声源，风机噪声沿风机的各个方向向外传播。对于空调机组厂家，既要保证整个系统的低噪声，又要保证风机的高效率。风机噪声控制方式主要有：

①风机叶轮气体流道的改进。在风机叶轮的设计中，叶轮的进口速度和叶轮中的减速程度是特别值得关注的。降低叶轮中的进口速度和增大叶轮中的减速程度，不仅可使叶轮中的流速减小，减少流动损失，提高叶轮的流动效率，还可以有效地降低噪声。

②机组内部的阻力的控制。风机转速的高低会对空气处理机组的噪声产生直接的影

响，从理论方面来讲，噪声与转速是5次方关系，所以转速越低，噪声越低。而且低转速有利于轴承的长期运行，使机组运行的可靠性加强。

3）机组整体减振、降噪流程控制

机组在组装、加工各个过程中的不当操作都有可能造成或增加机组额外的振动、噪声，因此，在机组的生产、制造、安装过程中需制定详细的控制流程（图4.157）。

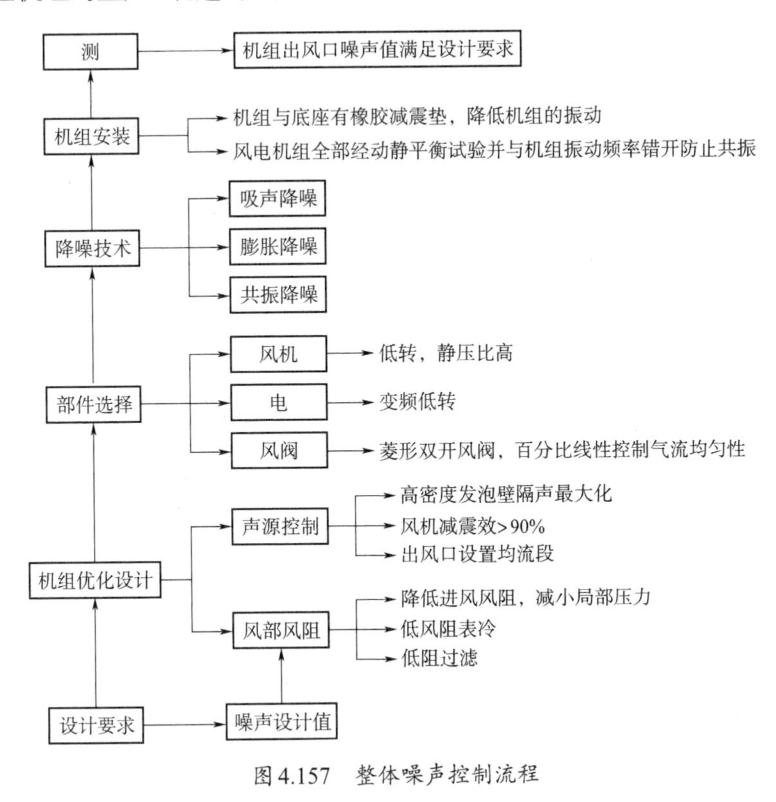

图4.157　整体噪声控制流程

4.4　航站楼供配电系统的谐波防治

机场航站楼中电力电子设备使用较多，会带来越来越多的谐波产生，除变压器、电力电容器外，各种电力电子装置、变频装置、电子镇流器、气体放电灯、空调等伏安特性为非线性的设备均会产生谐波。

谐波产生的危害主要有以下5个方面：

（1）谐波使公用电网中的元件产生附加的损耗，降低了发电、输电及用电设备的效率，大量三次谐波流过中线会使线路过热，甚至引起火灾。

（2）谐波会影响电气设备的正常工作，使电机产生机械振动和噪声等，使变压器局部严重过热，使电容器、电缆等设备过热，绝缘老化，寿命缩短，以致损坏。

（3）引起电网谐振，可能使谐波电流放大几倍甚至数十倍，会对系统，特别是对电容器和与之串联的电抗器形成很大的威胁，经常使电容器和电抗器烧毁。

（4）谐波会导致继电保护，特别是微机综合保护器与自动装置误动作，造成不必要的供电中断和生产损失；谐波还会使电气测量仪表计量不准确，产生计量误差，给用电管理部门或电力用户带来经济损失。

（5）临近的谐波源或较高次谐波会对通信及信息处理设备产生干扰，轻则产生噪声，降低通信质量，计算机无法正常工作，重则导致信息丢失，使工控系统崩溃。

为克服谐波对电网及设备带来的危害，通常采用以下这些措施来抑制谐波：

（1）对谐波进行测量，在主电网及可能产生较大谐波电流的回路接入谐波检测装置，以检测谐波产生情况。

（2）控制使用谐波源，尽量避免使用会产生较大谐波的设备。对具有谐波互补性的装置将集中设置，同时，适当限制谐波量大的设备来减小谐波。

（3）采用PWM控制的高功率因数整流器，抑制谐波产生。

（4）在电力电容器无功补偿回路中串接电抗器，以降低谐波次数。

（5）采用Dyn11结线组别的三相电力变压器，为三次谐波提供环流通路。

（6）对一些谐波源较大的回路就地设置有源滤波器。

（7）对大功率的UPS装置加装有源滤波器或隔离变压器，以减少谐波对电网及设备的影响。

（8）适当加大回路中配线的截面，以减小谐波电流对导线的影响。

（9）对电子设备采用专线放射式配电。

（10）对电源质量要求高的电子设备机房的荧光灯采用节能型电感镇流器，而避免使用电子镇流器。

（11）合理选择供配电系统，将非线性负荷与敏感负荷分开，并由不同母线供电；为UPS等电源装置建立隔离电源。

（12）采用TN-S制的接地系统，并采取总等电位和局部等电位联结等接地措施。

（13）选用符合电磁兼容性要求的电力、信号及数据电缆。

（14）有变频需要的用电设备，其变频装置尽量靠近被控设备安装，并抑制谐波。

对于谐波电流较大的非线性负荷，当谐波波频较宽（如大功率整流设备），谐波源的自然功率因数较高（如变频调速器）时，宜采用有源滤波器，其工作原理是：

指令电流运算电路的功能主要是从负荷电流中分离出需要补偿的谐波电流成分，然后发出补偿电流的指令信号。电流跟踪控制电路的功能是根据主回路发出的补偿电流指令信号，计算出主电路各开关器件的触发脉冲，此脉冲经驱动电路后作用于主电路，输出的补偿电流与负载电流中要补偿的谐波、无功电流成分抵消，从而达到谐波、无功电流补偿的目的。参见图4.158。

当非线性负荷容量占配电变压器容量的比例较大、设备的自然功率因数较高时，宜在变压器低压配电母线侧集中装设有源电力滤波器。参见图4.159。

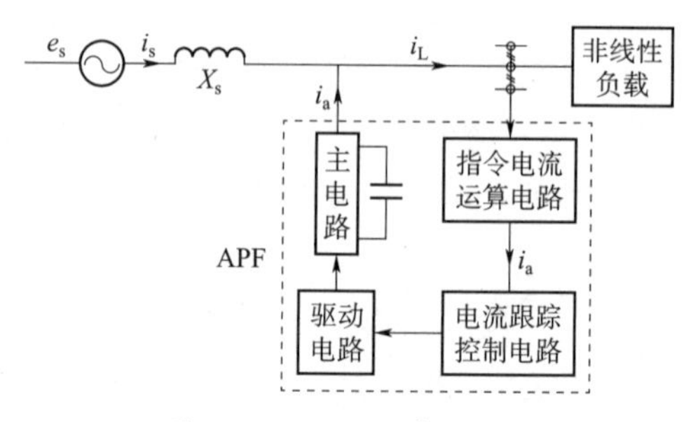

图4.158　APF工作原理图

当一个区域内有较分散、容量较小但功率不恒定的非线性负荷时，宜在分配电箱母线上装设有源滤波器。

当配电变压器供电对象仅有少量非线性重要设备时，宜在每台谐波源的成套电气设备上选用带有谐波抑制功能的装置或就地装设有源滤波器。参见图4.159。

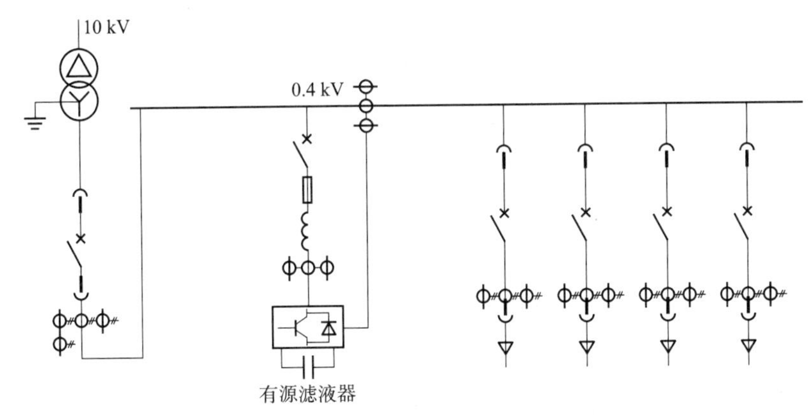

图4.159 APF在变压器低压配电母线侧集中补偿方案

4.5 照明灯具节能技术及智能照明控制

1. 照明灯具节能技术

航站楼照明方式包括一般照明、局部照明和混合照明。照明种类包括正常照明、应急及疏散诱导照明、广告和标识照明以及有特殊装修需要的特别场所照明等，主要有以下特点。

（1）通过以间接照明与直接照明相结合的方式，同时满足功能要求和舒适性要求。

按照建筑物内不同功能区域，选择合理的照明灯具，准确控制各照明指标，包括照度、亮度、眩光、显色性等参数，满足人的生理性和心理性需求。

充分应用各种照明手段表现建筑内部空间和外部形象，突出建筑物特点，合理配置照明器具，创造光影变化，并有效控制光污染，创造安全、舒适的空间。

（2）在选择灯具时，原则上在满足眩光限制和配光要求的条件下，选用高效率的灯具和附件。具体措施为：

1）在厨房等潮湿的场所，采用相应防护等级的防潮灯具；

2）在有洁净要求的场所，应采用不易积尘、易于擦拭的洁净灯具；

3）办公、办票、商店等处的照明以节能型荧光灯具为主；

4）行李分拣房一般采用金属卤化物灯，所有行李输送装置上的照明是随分拣设备一起带来；

5）走廊、电梯前室，楼梯间采用高效节能筒灯；

6）冷冻机房、空调机房等场所采用防尘型高效荧光灯具；

7）室外车道及入口等处设置路灯，室外绿化区设置庭院灯。

（3）直管形荧光灯原则上配用电子镇流器，只为对电源质量要求高的弱电机房等处的荧光灯具配装节能型电感镇流器，功率因数>0.9，高压钠灯、金属卤化物灯配用节能型电感镇流器，功率因数>0.9。

（4）在选择光源时，原则上依据不同的场所要求，采用节能高效的LED灯、直管荧光灯（T5灯管）、紧凑型荧光灯、金卤灯等。

根据使用要求，航站楼各场所的照明标准参见表4.41。

航站楼各场所的照明标准 表4.41

房间或场所	参考平面及其高度	照度标准值（lx）	UGR	*Ra*	照明功率密度（W/m^2）
换票、行李托运区	0.75m水平面	300	19	80	—
候机大厅	地面	200	22	80	8
海关、护照检查区	工作面	500	—	80	—
安全检查区	地面	300	—	80	—
行李分拣提取厅	地面	200	—	80	—
到达大厅	地面	200	22	80	8
办公室	0.75m水平面	500	19	80	13.5
商场	0.75m水平面	500	22	80	14.5
办公走廊	地面	100	25	80	3.5
设备机房	地面	100 ~ 150	—	80	3.5 ~ 5

（5）由于航站楼平面面积大，各种功能区域划分极其复杂，尤其是走廊、廊道、电梯前室、楼梯间、候机大厅、办票大厅、行李提取大厅以及旅客到达大厅等公共区域多而分散，其照明的控制和管理需要一整套程序化、智能型的设备来完成，因此，航站楼内公共区域照明的控制一般采取总线制、智能型灯光控制系统，以实现对上述公共区域分时、定时、分区域、按航班、根据外部采光条件以及按人流量等进行实时有效地照明控制，达到节省人力和节约电能的目的。其具体措施为：

1）采用日光补偿探测器感应室外日光照度，自动调节室内光照度，保持主楼、连廊、候机长廊规定的标准照度。

2）采用动静探测器检测被控区域，当无人时，照明系统自动处于节能运行状态。

3）采用不同的“预设置”控制方式，对不同时间、不同环境的光照度进行精确设置和合理管理，包括航班信息、非工作时间等，以减少电能消耗。

4）重要区域如VIP室等处的多功能智能面板，同时可对灯光、遮阳窗帘、空调或风机盘管等进行集成式的控制，以达到最佳节能效果的目的。当太阳光强烈时，可自动将遮阳卷帘放下；在有自然光的办公场所，当自然光线足够时，可自动将灯光关闭；夏天当日照使室内温度过高时，可自动将遮阳卷帘放下。

5）时间继电器可定时将非重要区域的全部或部分灯光关闭，保留基本照明所需要的灯光，达到节能效果。

2. 智能照明控制

航站楼的智能灯光控制，主要体现在高大空间照明、公共区域照明、屋顶顶棚照明、卫生间照明、登机口和值机柜台照明、走道及楼梯间照明、大面积机房照明、标识灯箱照明、广告灯箱照明、VIP/CIP房间照明、机坪高杆灯等，这些区域各自都有不同的控制策略和要求，要通过不同的设备、不同的场景设置等来实现与其相对应的照明控制。智能照明控制的总体要求是控制方式灵活、易于修改、易于操作、易于维护，同时可与智能楼宇管理系统、消防和安防系统联动控制，目标是将航站楼建设为节能、安全和智能化的公共建筑。

首先，典型航站楼智能照明控制策略内容如下：

（1）旅客大空间屋顶特色照明控制，包括向上照射屋顶顶棚、向下照射大空间区域、局部需要更高照度的重点区域增加聚光灯辅助照射。

（2）重要区域（如VIP区域、CIP区域等）通过调光方式、场景记忆功能控制，产生各种灯光效果，给人以舒适完美的视觉环境。

（3）航站楼内工作规律性较强的场所，一般定时上下班，考虑定时控制与现场面板控制相结合的方式进行控制同时，中央监控工作站可进行监视和控制。

（4）对于在使用方面规律性不强的场所，如楼梯、不常出入的设备房等，以人体感应控制为主、中央控制为辅的方式，做到控制方便、节能。

（5）高杆灯控制。

其次，照明控制智能化主要体现在：

（1）采用亮度感应器对屋顶的灯光环境进行亮度控制，从而避免在亮度满足要求时开启不必要的灯光。屋顶安装亮度探测器检测室外日光照射亮度，照明控制系统可根据检测值调整预设定的照明场景。

（2）中央监控可视化软件根据机场运营的具体时间要求和实际情况，实现对此部分照明的时钟控制。照明控制系统应基于天文时钟，按照地区的纬度和经度编写程序，将日出、日落、季节变化和绝对时间结合起来调整场景模式。时钟控制和上述的亮度控制一起作用，根据不同的时间和亮度值，可控制出适宜的照明效果。

（3）以天文时钟和室外亮度探测为基础，可自动控制上照和下照的场景效果。每个照明分区都可根据自然采光分别调节。

（4）根据航站楼内不同部门工作性质差异较大、不同场所工作时间差异较大的特点，考虑用不同的方式来控制灯光。通过人体移动探测器、场景控制、时间控制等策略，能够有效节能。

（5）通过客户化的接口软件，实现与各种智能楼宇管理系统的数据交换。

照明监控系统可以从智能楼宇管理系统得到如下的数据：

1）自动接收机场的时钟信号，自动为照明监控管理系统中的设备校时；

2）接收 AODB 的航班等信息，实现各个区域的照明控制，配合机场运营，同时实现节能控制；

3）接收消防与安防信息，切断非消防、接通灯光应急照明；

4）接收电力监控系统的信息，适当调整照明场景策略，优化照明系统的负荷调度。

照明监控系统传送给智能楼宇管理系统的数据：

1）照明监控系统运行数据－开关信息；

2）设备维修信息，如灯具故障、控制器故障、灯具工作的累计时间超时等信息；

3）系统超负荷信息；

4）历史数据。

航站楼的智能灯光控制通常采用以太网总线拓扑结构，由设于总控中心的系统主机通过以太网与干线或支线网关通信，实现网络化、智能化的管理模式。

案例：华东某机场

某机场是中国国内地理位置最重要、运输最繁忙的大型国际航空港之一，据估算整个机场旅客年吞吐量将达到6000万人次，年飞机起降量50万架次。

航站楼总建筑面积约为90万 m^2，其中A楼51万 m^2，B楼39万 m^2。

航站楼内照明监控管理系统是一个相对独立的子系统，A楼和B楼分设相对独立的照明监控管理子系统。系统不仅包括所有照明监控管理系统自身的硬件设备和底层系统，同时，还需要通过上层的监控管理工作站进行监控管理。

（1）系统构架

照明监控管理系统为分布式现场总线控制系统，采用模块化结构及国际标准化组织ISO的标准OSI模型通信协议，其使用的所有内部协议全部公开，并且可在互联网上进行下载，可与各种楼宇自控系统进行连接。

系统包括管理服务器工作站、网络集线器、驱动器模块（包括开关模块、调光模块等，其中开关模块中可以带有电流检测功能）、就地控制面板（遥控开关、液晶显示器等）及各类传感器设备。

整个系统只有一根 i-bus 总线，没有大量的电缆附设和繁杂的控制设计。

控制模块安装在强电照明箱内（图4.160），模块尺寸为标准模数化尺寸，可与微型断路器同装于照明箱中，无需专用控制箱。

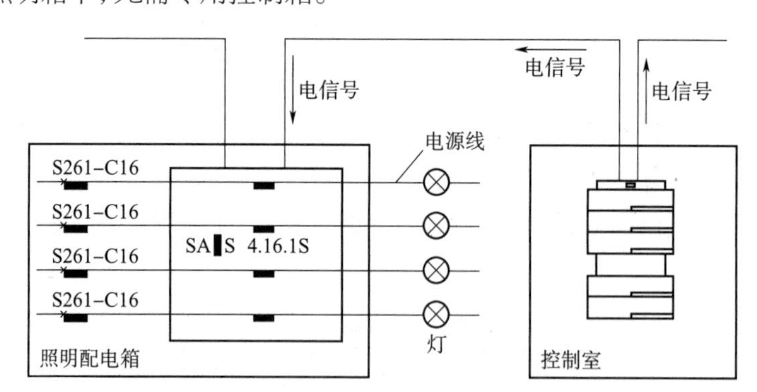

图4.160　控制模块安装在强电照明箱示意图

（2）系统功能特点

1）采用计算机集中控制、定时控制或光感控制，对大厅、共同通道及泛光照明等，通过调光的方式或智能开关遥控的方式将灯光控制到合适的照度，以节约能源和降低运行费用。

2）由于不同部门工作性质、工作时间差异较大，对于在使用时间上没有规律性的场所，不考虑定时控制方式，而采用现场智能面板进行灯光的控制。在要求连续24h工作的场所，不考虑定时控制和现场面板控制，而考虑采用中控电脑监视和控制。

3）通过定时控制及移动感应控制的结合，保证大厅、电梯厅、公共通道、大空间区域的灯光及空调在有人期间定时开启，无人期间定时关闭灯光，同时自动启动移动感应器，有人走动时开启灯光，人走开后自动关闭。

4）为了给候机人员提供一个舒适方便的环境，在某些重要区域（如VIP区域、CIP区域等），通过调光方式、场景记忆功能及温度控制，产生各种灯光效果及温度环境。

5）通过气象感测装置，如光线感应、雨水感应、风速感应等自动控制遮阳窗、通风口等。通过窗磁等传感器，可自动控制办公室的空调设备，即当窗户打开后，自动将空调关闭，达到节能的目的。

以航站楼的顶棚照明为例，划分下列四个特定场景模式，即晴天、阴天、黄昏、深夜，场景模式和照明支路之间的关系如表4.42所示。

场景模式与照明支路关系列表　　表4.42

照明支路	晴天	阴天	黄昏	深夜
屋顶下照灯	全关	开一半	全开	开一半
下照辅助聚光灯照明（2路）	全关	全开	全开	开一半
下照辅助聚光灯照明（1路）	全关	全开	全开	全开
顶棚主体照明	全关	全关	全开	全开
顶棚辅助照明	全关	全关	全关	全开

（3）系统后台监控软件

系统服务器工作站上安装专业可视化监控软件，该软件完全支持KNX的标准，并且能够通过图形化的方式对整个系统进行监控管理。图4.161为中央监控图文显示。

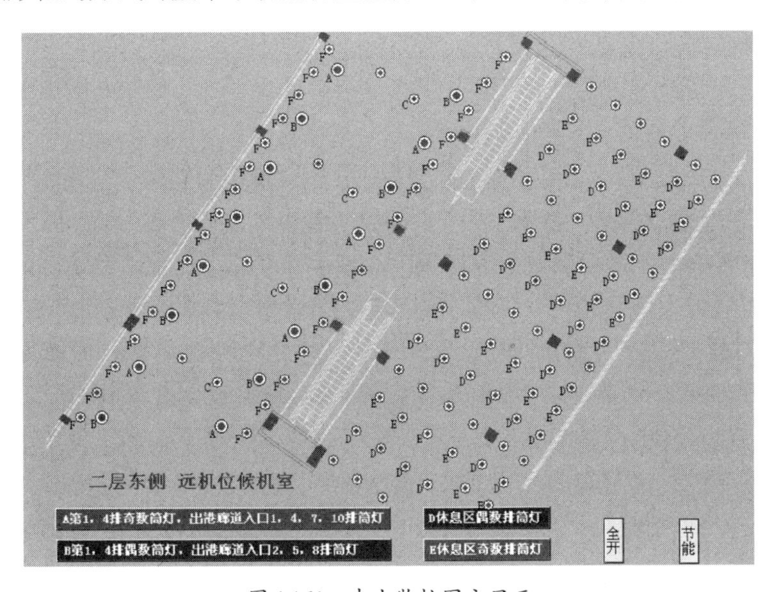

图4.161　中央监控图文显示

4.6 海绵城市理念的雨水回用水系统

海绵城市是指城市能够像海绵一样，在适应环境变化和应对自然灾害等方面具有良好的“弹性”，海绵城市的特点是“慢排缓释”和“源头分散式”，下雨时吸水、蓄水、渗水、净水，需要时将蓄存的水“释放”并加以利用。海绵城市利用建筑、绿化带、广场、道路、水系等多种基础设施，并以之为载体，充分考虑到城市基础设施运行安全和城市水安全，在此基础上，分析水文条件和规划指标的差异性以及项目操作的可行性，综合利用渗透、滞留、蓄存、净化、回用、外排等多种生态化技术，从而起到补充地下水、调节水循环的作用。

机场航站楼对海绵城市理念的应用，可以通过航站楼建筑雨水利用与中水回用实现——通过推广普及绿色屋顶、地面透水停车场、雨水收集利用设施，以及建筑中水回用来实施。除航站楼本身外，还可以扩展到航站楼周边甚至更大的范围内，结合机场区域位置特点、土壤条件、地形地势等条件，充分考虑低影响开发的因素，在建设中根据机场的规划，采取下凹式绿地、透水铺装、生物滞留设施、植草沟以及雨水调蓄池等技术措施，结合市政排水设计以及建设用地功能区划分，通过源头削减、过程控制和末端调蓄的排水体系，根据机场的货运区、航站区、工作区、飞行区的不同特点分别采用相应的措施，以达到有效的减少外排径流量、控制点源和面源污染的多种效果，实现削减峰值流量、控制面源污染、有效雨水综合回用的目标。

由于航站楼建筑占地面积较大，排水组织较好且相对集中，对于雨水收集十分有利。另外，由于航站楼的客流量、驻场单位运行相对较为稳定，用水量波动值也较小，进行水力平衡计算也相对容易。对于雨水回用用户的不同，应采用不同的处理方法和处理标准，必要时实行分质回用的研究。对回用于航站楼内冲厕的雨水，可进行适度的精处理；对回用于工作区绿化、道路的浇灌用水，可只进行简单处理。对航站楼收集的雨水，可考虑利用现有景观水池等进行调蓄，集中处理：道路、绿化用水，可考虑利用围场河进行调蓄，分点处理。

雨水资源的开发利用，不但使得地区性的水资源紧张的问题得以缓解，还能够有效控制雨水径流，下雨时吸水、蓄水，平时需要时将蓄存的水“释放”并加以利用。能有效提升城市生态系统功能并减少城市洪涝灾害的发生 。

雨水水质随着本地区城市化程度、屋面下垫面类型、区域交通量、区域人口密度、空气污染程度、降雨量及降雨历时等因素变化，通常来说，相对于其他道路等下垫面的雨水，屋面雨水水质相对好很多。机场航站楼类建筑的特点是高度不高、单层投影面积大、屋面排水组织较好且相对集中，对于雨水收集十分有利。雨水回用用途主要用于构造机场水景观、人工水面、灌溉绿地、补给地下水、冲洗公共厕所、改善生态环境等。

有关试验表明，雨水中的污染物大致可分为悬浮固体、好氧物质、氮磷等富营养化物质，降雨污染物主要集中在初期的几毫米雨量中。由于初期雨水污染程度高，在雨水利用时，对初期雨水的控制主要采用弃流处理和调蓄处理。将这部分雨水弃流，排入污水管网，可以很大程度减少后续雨水处理的难度，提高雨水回用水的水质，可提高工程的技术经济可行性。

雨水处理程度与雨水的水质、回用用途等密切相关，根据不同的回用要求，可采用人工湿地、稳定塘、MR系统（水洼－渗透渠组合系统）等生态处理技术。在建筑物使用面积或者场地受到限制时，一般采用成套水处理装置，通过沉淀、过滤、消毒等处理措施可达到杂用水水质要求，对于要求较高的水，需要根据实际情况考虑。

考虑到雨水降雨的不均匀性，需要设置雨水储存池用于调蓄。储存池根据建造位置的不同可分为地下封闭式、地上封闭式、地上敞开式等。储存池的大小根据雨水降雨量特征、储存池的形式及雨水回用的效益等综合确定，一般而言，储存池越大，可收集的雨水量越大，雨水的集蓄效率越高，但储存池投资大；相反，储存池小，储存池投资小，但可收集的雨水量也小，因此根据航站楼所处地区的不同，应当进行经济性的计算来确定雨水贮存池的有效容积。例如，根据上海市的降雨特性曲线，采用混凝土地下式贮存池作为调蓄池时，计算表明，储存池按降雨量10 ～ 20mm设计，此时的集蓄效率约为45% ～ 60%，雨水回用工程可以实现效益大于费用，具有较好的经济性。

案例一：华东某机场T2航站楼雨水收集系统介绍

（1）蓄水池容量的确定

该机场T2航站楼收集屋面雨水，汇水面积约60000m^2，径流系数取0.9，季节及弃流系数取0.85，根据《建筑与小区雨水利用工程技术规范》，雨水储存设施的有效出水容积不宜小于集水面重现期1 ～ 2a的日雨水设计径流总量扣除设计初期径流弃流量。南京属北亚热带湿润气候，四季分明，雨水充沛。常年平均降雨117d，平均年降雨量1106.5mm。计算时选用南京市的一年一遇日降雨量45.6mm，扣除弃流量7mm，求得一年一遇日雨水收集量为（45.6–7mm）× 60000m^2 × 0.9=2316m^3。考虑到实际场地因素，实际设置雨水收集池容积为1600 m^3，净水池水收集池容积为250 m^3。收集的雨水在蓄水池中的停留时间一般为1 ～ 3d。

（2）系统工艺流程的选择

本项目雨水收集利用系统流程如图4.162所示。

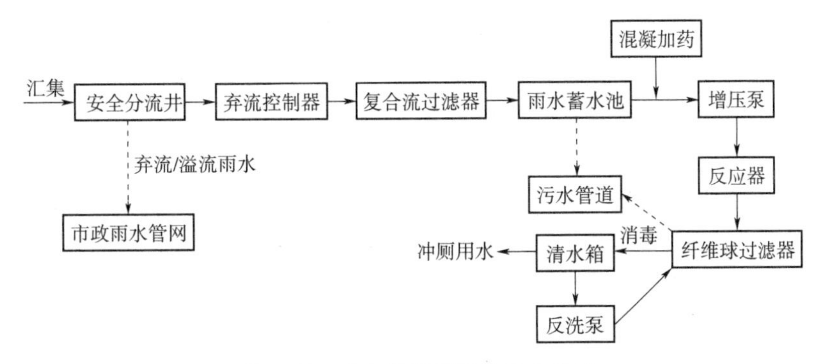

图4.162　雨水收集利用系统流程图

雨水当中的污染物以无机物为主，并含有泥砂。雨水的可生化性很差，一般不采用生物处理技术，以避免引起细菌总数的增加。根据《建筑与小区雨水利用工程技术规范》

GB 50400–2016的工艺流程设计要求，应采用物理、化学方法进行处理。雨水处理工艺采用混凝、过滤工艺。

（3）雨水弃流系统

降雨过程中，初期的雨水冲刷屋面，其中夹杂着粉尘，水质较差，应对其进行弃流处理，使其直接排入市政雨水管线，对于后期较为清澈的雨水进行收集储存后，经适当的处理回用，以达到减少处理工序和降低运行费用等目的。一般建议以初期2 ~ 3mm降雨径流为界，进行弃流和收集。

另外，当雨水蓄水池满水时，应对多余的雨水量进行弃流。雨水弃流系统必须满足上述两种功能，系统流程图如图4.163所示。

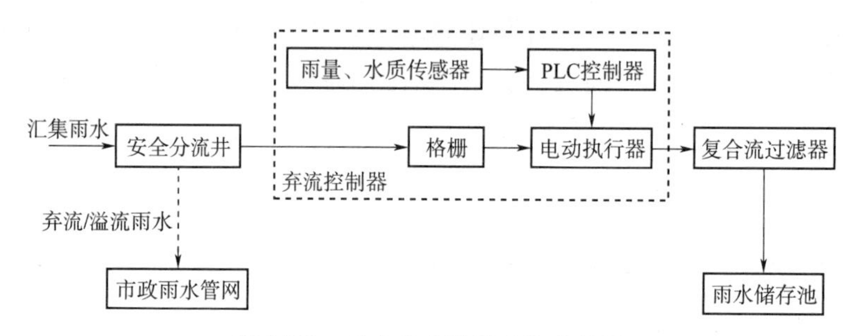

图4.163　雨水弃流过滤系统流程图

（4）水质

1）雨水水质

不同汇水面产生的雨水水质应以实测资料为准；无实测资料时，屋面雨水可采用《建筑与小区雨水利用工程技术规范》GB 50400- 2016中的经验值：屋面雨水初期径流弃流后的水质为COD_{Cr} 70 ~ 100mg/L、SS 20 ~ 40mg/L、色度10 ~ 40度。

2）回用水质

本项目计划将雨水回用于冲厕，根据《建筑与小区雨水利用工程技术规范》GB 50400–2016的规定，回用水的COD_{Cr}、SS指标应满足表4.43的水质标准，其余指标应分别符合表4.44中相应类别的水质标准，相同指标选取高值。

雨水处理后COD_{Cr}、SS指标　　表4.43

项目指标	循环冷却系统补水	观赏性景观用水	娱乐性景观用水	绿化用水	车辆冲洗用水	道路浇洒用水	冲厕用水
COD_{Cr}(mg/L)（最高限值）	30	30	20	—	30	—	30
SS(mg/L)(最高限值)	5	10	5	10	5	10	10

城市杂用水水质标准GB/T 18920–2002　　表4.44

序号	项目指标	冲厕	清扫道路消防	城市绿化	车辆清洗	建筑工地
1	pH	6.0 ~ 9.0				
2	色度≤	30				
3	嗅	无不快感				

续表

序号	项目指标	冲厕	清扫道路消防	城市绿化	车辆清洗	建筑工地
4	浊度（NTU）≤	5	10	10	5	20
5	溶解性总固体（mg/L）≤	1500	1500	1000	1000	—
6	五日生化需氧量（BOD5）（mg/L）≤	10	15	20	10	15
7	氨氮（mg/L）≤	10	10	20	10	20
8	阴离子表面活性剂（mg/L）≤	1.0	1.0	1.0	0.5	1.0
9	铁（mg/L）≤	0.3	—	—	0.3	—
10	锰（mg/L）≤	0.1	—	—	0.1	—
11	溶解氧（mg/L）≥	1.0				
12	总余氯（mg/L）≤	接触网30min后≥1.0，管末端≥0.2				
13	总大肠菌群（个/L）≤	3				

此外，对处理后的回用水要进行消毒，以保证回用水的细菌指标达到要求。

案例二：华东某机场雨水回用

该机场对雨水的利用扩展到整个机场场区。机场内的围场河是一个独立的大水系，收集了机场内的全部雨水排水，河道两岸和河底均经过整治，按照规划全部建成后，全长将达到约32km，围场河常水位2.35m，最高水位3.6m，预计最低水位1.5m。若水位按3.2m计算，容积约为380万m^3。围场河往东海的两个出口处建有闸泵站，可以通过闸泵站的排、引功能来控制围场河的水位（即可调节围场河的储水容积），这样既可以满足机场排水安全的要求，在非雨季又有储水的功能，具有非常良好的水量调蓄功能。

该机场的回用水用户对象主要为航站楼、办公楼冲厕，能源中心冷却塔补充用水，绿地浇洒，道路冲洗压尘，工程施工用水，宾馆洗车，景观水池补充用水等低水质用户。回用水处理的程度以满足生活杂用水标准为准，若对其他用水有较高要求，可以在进入该用户前进一步进行精过滤，而不必对全部回用水进行高标准处理。由于浦东国际机场范围较大，潜在回用水用户分布较广，雨水回用采用大系统方案，即集中处理，近期枝状管网分散到点供水，远期形成环网供水。集中处理是在围场河附近建设以围场河为水源的雨水处理站，站址选在围场河边，临近用水量较大的最终用户点。通过实地取样，进水水质BOD5/CODCr为0.16，不适宜采用生物处理系统，因此围场河回用水应采用物化处理。由于回用水用于冲厕、绿化浇洒等，因此采用如下处理工艺：原水→加药→混凝沉淀→过滤→消毒→最终用户。

4.7　节水技术应用

1. 新型管材的选用

常用于建筑给排水的有塑料、金属和混凝土等管材。我国以前建筑给水中常用的镀锌钢管在长期使用中会出现铁锈水垢、漏水，且容易对人体健康造成一定的影响。室外排水管中混凝土管材虽具有抗压性和耐腐性，但接口处密封效果不好，材料脆性高、怕碰撞，且对沟底的平整度要求比较高。目前，由于材料工程学不断发展，不少塑料管重量轻，表面光滑水力性能好，寿命一般都在50年以上，水质比较安全卫生，安装方便。在给排水方面主要用的塑料管材有PPR管、UPVC管、PE管、钢塑复合管等。但是塑料管也有其的缺点，即在紫外线长期照射下容易老化，输送介质为热水时性能急剧下降，此外，塑料排水管也有隔音性能差的缺点。金属管道中的铜管以及不锈钢管也属于优质管材，其缺点就是工程投资费用较高。在实际应用中，应根据应用的不同位置针对性的选择相应的合适管材，做到既能安全使用，也能节约造价。

2. *航站楼卫生洁具的选用*

航站楼卫生间作为人性化设计的重要体现，力求使旅客使用感到方便、舒适。航站楼安检前的公共卫生间和一般的公共卫生间一致由残疾人卫生间和公共男、女卫生间组成。航站楼候机区域的公共卫生间则因功能要求往往除以上两部分外还有婴儿室、饮水处。

在公共场所卫生间，感应式冲洗装置已在功能多样性和安全性方面得到证明。选用"免接触"的卫生器具，既可以防止病菌的交叉传染，又可以防止洁具因使用不当而产生损坏，给人安全、卫生的感觉。另外，选用挂墙式的卫生洁具，如坐便器、小便器、洗脸盆等，地面将不再有卫生死角。这些都体现了设计的人性化。航站楼公共卫生间在旅客人流高峰期间维护管理难度大，因少数人缺乏公共道德或使用不当，卫生设备常常被损坏。在欧洲广泛使用的隐藏式安装系统，能够有效防止卫生洁具被损坏。隐藏式的安装系统包括固定配件及用于墙前或墙内安装的隐藏式水箱等。因为它与使用者接触的只有开关按钮，轻触就能冲水，因而可有效防止因使用不当而损坏。感应式的冲洗装置也能有效防止器具被损坏或丢失。

航站楼建筑的生活用水主要是冲厕和盥洗用水，几乎占生活给水量的95%以上，绝大部分生活供水在公共卫生间使用，因此节水设计尤为重要。节水设计主要体现在易于管理和维护，减少损失和浪费。航站楼的公共卫生间具有使用人数集中和流动量大等特点，其公共卫生设施管理和维护困难，同时，旅客频繁交叉使用开关，还存在一定的公共卫生隐患，因此选择节水器具的同时，还应综合考虑卫生洁具的卫生、维护管理和使用寿命。据相关资料，用感应节水龙头比一般的手动水龙头每月可节水30%左右，而且其使用寿命高于一般的节水龙头。目前已有3/6L双按钮水箱、感应式冲洗阀和水龙头，这些产品出水量可调并可及时自动关闭。在机场类建筑的公共卫生间应大力推荐采用节水型卫生洁具，每年节省的水量将十分可观。机场建筑公共卫生间洁具的选择和布置设计应当跟上时代的节奏，更多地考虑人性化因素。通过采用新的技术和设备，如隐蔽式水箱、感应式冲洗装置、洁具悬挂式安装方式、同层排水技术等，使公共卫生间为旅客候机时提供方便、卫生、健康、安全、舒适的服务，充分体现以人为本的宗旨。

（1）大便器选择

蹲式大便器选择洁具本身带水封的产品，配备手动、感应两用冲洗阀。这类产品的水封线在光滑的陶瓷部位，易于清洁，并且避免了传统管式存水弯水封在下，上部便溺污物暴露，散发臭味，无法清理干净的缺陷。

座便器采用挂墙式，排水配件外露，地面将不再有卫生死角，便于清扫，配备手动、感应两用冲洗阀，冲洗能力强并能保证冲洗效果。

（2）小便器选择

小便器采用挂墙式，配备自动感应冲洗阀，应考虑设置儿童小便斗，方便儿童使用。在自动感应冲洗阀的选用上，当使用人数较多时冲洗一次，减少预冲，节约用水。当使用人数较少时增加自动冲洗，以保证清洁、无味。小便器设置区域是整个卫生间内最难清理和最不易保持卫生的地方，悬挂式小便器及其安装方式可以保证墙与地面均没有卫生死角，可以让清洁工非常方便及时地清洁地面，随时维持卫生、清洁的使用环境。

（3）洗脸盆的选择

洗脸盆采用台下式洗脸盆，台面清洁易洗，配备自动感应龙头，减少互相接触，避免污染，节约用水。

（4）污水池的选择

污水池应选用无柱脚产品，悬挂式安装于清洁间内。排水口处应配备除渣装置，便于清除残渣，减少管道堵塞。

（5）残疾人卫生洁具

残疾人卫生洁具应选用专业产品，符合残疾人使用要求，配备不锈钢活动、固定扶手，体现出人性化设计。

3. 节水设计和计量设置

从目前给水排水系统设计以及使用情况来看，其存在的水资源浪费问题主要有以下几种：

（1）给水排水系统管道、配件渗漏问题。在实际中，在建筑物给水排水系统出现的水渗漏问题主要是由于设计不合理、选用材料不当或者零配件衔接不合缝引起，这个原因导致的水资源浪费问题十分突出。通常来说，建筑给水排水系统从出现渗漏到维修处理需要一段等待时间，在这个过程中也会导致水资源浪费损失，同时也对建筑用水排水造成一定的影响。此外，给水排水系统中的阀门、管道连接处也是渗水多发区。室外给水系统通常采用埋地敷设方式，轻微渗透往往很难及时发现，因此容易造成水资源严重浪费。为避免管网漏损可采取以下措施：给水系统中使用的管材管件应符合国家产品行业标准的要求、选用优质阀门、选用高灵敏度计量水表、加强日常管网检漏工作。

（2）设计给水系统超压出流导致水资源浪费。超压出流是指由于建筑给水系统供水处压力大于流出压力，流量大于额定流量的现象。目前，我国建筑给水系统中超压出流现象十分普遍，在航站楼建筑内也往往不能避免。这会导致水资源严重浪费。现代建筑体系给水系统规模较大，用水点数量较多，每个用水点超压出流造成的浪费加起来十分惊人，必须给予高度重视。《建筑给水排水设计规范》3.3.5条规定，各分区最低卫生器具配水点处的静水压不宜大于0.45MPa，特殊情况下不宜大于0.55MPa。而卫生器具的最佳使用水压宜为0.2 ~ 0.3 MPa，大部分处于超压出流。根据有关数据研究，当配水点处静水压力大于0.15MPa时，水龙头流出水量明显上升。因此，在航站楼给水系统设计中，当最低卫生器具配水点处静水压大于0.15MPa时，应采取减压节流措施。主要措施包括：①合理分区设计用水器具配水点的水压；②合理设置减压装置，包括减压阀、减压孔板或节流塞等。③给水水嘴应使用陶瓷芯等密封性能好、能限制出流流率的节水型水嘴。产品应在水压0.1MPa和管径*DN*15下，最大流量不大于0.15L/s。节水型水嘴和普通水嘴相比较，节水效果更好。在水压相同的条件下，节水率为3% ~ 50%，大部分在20% ~ 30%。且在静压越高、普通水龙头出水量越大的地方，节水龙头的节水率也越大。因此，应在建筑中（尤其在水压超标的配水点）安装使用节水龙头，以减少浪费。④使用节水型大、小便器，坐便器水箱容积不大于6 L。设计人员在设计工作中应尽量建议用户选用大、小便分档冲洗的产品。两档冲洗水箱在冲洗小便时，冲水量为4 L（或更少）；冲洗大便时，冲水量为6 L（或更少）。在极度缺水地区，可试用无水真空抽吸座便器。

4. 真空节水技术应用探讨

为了保证卫生洁具及下水道的冲洗效果，可将真空技术运用于排水工程，用空气代替大部分水，依靠真空负压产生的高速气水混合物，快速将洁具内的污水、污物冲洗干净，达到节约用水、排走污浊空气的效果。一套完整的真空排水系统包括：带真空阀和特制吸水装置的洁具、密封管道、真空收集容器、真空泵、控制设备及管道等。真空泵在排水管道内产生40 ~ 50kPa的负压，将污水抽吸到收集容器内，再由污水泵将收集的污水排到市政下水道。在各类建筑中采用真空技术，平均节水超过40%。由于造价因素以及我国的实际情况，建议真空排水在航站楼的适用场合一般为排污困难的局部地下建筑卫生间、建筑中由于建筑形式使得重力排水管道无法敷设的场所。

第5章 航站楼环境、设备与能源的智能化设计及控制管理

随着机场航站楼建设的蓬勃发展，机电设备对机场的运营保障的作用与日俱增。无论是航站楼室内旅客的环境舒适度控制，还是通信机房的温湿度管理，机电设备的自动化、实时化智能管理的重要性是机场运营单位不可忽视的重要环节。

随着楼宇和网络技术的不断发展，越来越多的前沿技术被运用于机场航站楼建筑的机电系统智能化控制管理。对于新技术的适用场合、应用难度、经济性分析，越来越成为机场建设单位及运营保障单位的难题。

本章会针对机场航站楼机电系统及能源管理系统智能化建设过程中遇到的挑战，从环境舒适度需求、机场运营安全稳定保障以及可持续物业管理方面着手，详尽分析机电系统智能化及平台化的必要性、可行性和经济性。同时，本章还会分析详叙目前运用于机场航站楼机电系统及能源管理系统的新技术、新方法，同时酌情介绍航站楼空中交通指挥中心的环境控制和智能化联网。介绍以实际案例为主，强调实用性和可行性。客观分析新技术的优缺点，以及梳理在设计和部署中需注意的要点，供大家参考。

考虑本书的前瞻性，根据当前国内外大型机场建筑的潮流，适当引用介绍国际机场航站楼建设运营的趋势，分析机场机电系统控制与能源管理的关联，从而从整个机场运营平台的高度来看待机电系统智能化的先进性及必要性。

在本章中，涉及的新技术和应用有：

能源数据的IOT平台；机房群控系统中的大数据分析应用；星型拓联多站点能源管理互联；候机口热力环境与客流控制；空调负荷的近期、中期负荷预测；候机楼蓝牙室内定位；航行情报与机电设备联动；大型机电管网的结构安全监测与防灾。

5.1 机场航站楼传统的楼宇控制及能源管理系统BAS

1. 楼宇自控系统（BAS）的特点及在机场中的应用

自20世纪90年代起，楼宇自控系统（building automation system，BAS）在机场航站楼建设中广泛应用。传统的航站楼机电控制是从建筑设备自动化系统开始的。航站楼建筑内部有大量的机电设备，如环境舒适所需要的空调设备、照明设备及给排水设备等。这些设备多而散，多，即数量多，被控制、监视、测量的对象多，多达上千点甚至上万点；散，即这些设备分散在各个层次及角落。如果采用分散管理，就地控制，监视和测量难度难以想象。为了合理利用设备，节省能源，节省人力，确保设备的安全运行，自然地提出

了如何加强设备管理的问题。

随着旅客对出行的舒适度期望值的日益提高，旅客对航站楼的环境品质的要求也越来越高，随之也带来了能源的高消耗等一系列问题，楼宇自动控制系统应运而生。而计算机技术和信息技术突飞猛进的发展，使对航站楼内的各种设备的状态监视和测量不再是随线式，而是采用扫描测量。系统控制的方式由过去的中央集中监控，升级为由高处理能力的现场控制器为主的集散型控制系统，中央处理机以提供报表和应变处理为主，现场控制器通过相关参数自动控制相关设备，达到智能管理的目的。

机场内各个楼宇中的各种机电设备也日趋复杂，技术含量日益提高，同时，机电设备又是航站楼的主要能耗单位，其节能性成为机场运转成本的主要指标，所有这些都决定了楼宇自控系统已成为机场建筑必不可少的一个组成部分。

2. 楼宇自控系统在机场航站楼中的重要作用

（1）强化机场设备管理

作为机场建筑，在机场航站楼建设和运营中，如何提升物业管理的水准是运营单位面临的重要问题。机场在投入使用后，在内部管理机制上的改革将通过楼宇自控系统的应用实现，以达到节约人力、强化内部管理等的目的，减少传统内部管理所带来的不必要的人为消耗。

（2）节约人力

由于主要设备由计算机监控，工程人员可以通过电脑很快获得各区域的温度、湿度信息，了解设备的运行状况，及时确定维修保养措施，并且直接对设备进行启停控制，如某机场航站楼，总建筑面积35000m^2，监控范围达到2000个控制点，楼宇自控系统中控室值班和维护人员仅3人，晚间无人值班，全部达到了计算机自动控制，很大程度提高了控制精度。

（3）减低机器磨损程度，延长设备使用寿命

由于电脑对各种设备运行时间及启停进行设定并控制，使操作者可以合理控制，避免某一台设备长期超负荷运作，延长设备的平均使用寿命。

（4）强化内部管理，提高工作效率

由于所有出现的故障及数据更改计算机均有不可删除的记录，因此对内部管理工作的监督、岗位检查、维护内容及费用控制具有传统管理不可及的功能，同时，由于BAS中央系统具有100+个操作分级，使用者根据不同的密码获取不同管理权限，对数据内容进行管理操作，使系统具有更强的保密性，而且设备在出现故障时可通过多种方式进行报警，除一般的声像报警外，在出现重大故障时，能通过电话、电子邮件及移动电话进行遥控报警，通知相关的管理人员。

（5）节约能源的作用

作为机场航站楼内的主要机电设备（如空调、冷热源、水泵、照明等），其能耗占全部能耗的大部分，这直接关系到整个大厦的运营成本，反过来，也正是由于BAS系统的应用，使得在节能降耗的方法及效果上，日趋完善和提高。图5.1为某航站楼内资源消

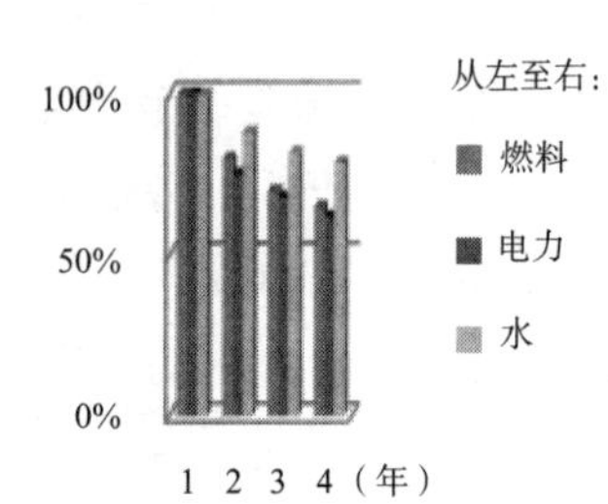

图5.1　某航站楼内资源消耗统计分布

耗统计分布。

随着BAS系统的硬件结构的不断优化和各种节能软件的开发利用，BAS系统逐步成为节能的主要措施和手段。

（6）机场航站楼室内环境控制作用

机场航站楼集中空调系统控制是保障室内环境品质的关键。温度、湿度作为空调系统调节室内舒适性的基本要素，能否达到设计要求和满足各种情况下的指标仅仅依靠人的感觉是做不到的，也无法进行自动控制，BAS系统依靠准确的仪表传感器和计算机的PID调节，对温度、湿度进行闭环自动控制，完成对所有空调设备的自动调节，使温、湿度的控制精度提高到 ±0.1度和5%，这是手动控制远远达不到的。

3. 航站楼楼宇自控系统的主要功能

（1）电力设备及紧急发电设备

变配电设备各高低压主开关动作状况监视及故障警报；主电源回路漏电报警；机电设备时间程序控制；供电品质功率因数监视；各户用电量计划及电费计算；公共用电计测及各户电费分析计算；发电机供电质量监视（油量，电池，电压，功率）；紧急发电机定期通知测试及开列保养工作单。

（2）照明设备

室外照明定时控制；各区域定时控制；楼梯灯定时控制；停车场照明定时控制；航空障碍灯点灯状态显示及故障警报。

（3）暖通设备

冷水主机最佳开/停时间控制；冷却塔，主机，水泵等运转监视，异常警报；主机周期运转控制；热力焓/熵自动计算；室内温/湿度测量；冷却水温度自动控制；出发到达区域环境控制；中央监控室空调机控制；中央监控室温湿度控制；各楼层公共区域空调机组开/停时间控制。

（4）给排水设备

给水及污水泵运转状态监视故障警报；给水及污水泵定时开列保养工作单；给水及污水池水位监视及异常警报；各种水池清洗开列工作单及提出预示；污水处理设备运转监视及控制等。

（5）公共饮水设备

过滤及杀菌设备控制监视；储水槽水位监视；饮用水泵控制监视。

（6）火警消防排烟设备

火警区域状态监视故障报警；自动撒水、泡沫灭火等设备各区域状态监视及故障警报；防排烟设备各区状态监视及故障报警；各种消防水泵状态监视及故障警报；各种消防水泵定期通知测试及开列保护工作单；进风排烟机状态监视及故障报警；进风排烟机定期通知测试及开列保护工作单；消防水系统水压测量。

（7）送排风设备

地下停车场送排风设备控制；空气新鲜度控制；卫生间排风定时控制；各层新鲜空气风机定时控制。

（8）电梯设备

停电及紧急状况处理；定期通知维护及开列保养工作单。

4. 航站楼楼宇控制系统硬件结构

采用的计算机集散型控制系统由二级组成（图5.2）。

（1）楼宇管理及协调层：支持以太网PEER TO PEER同层通信网络；

（2）区域控制层：多接口通信网络。

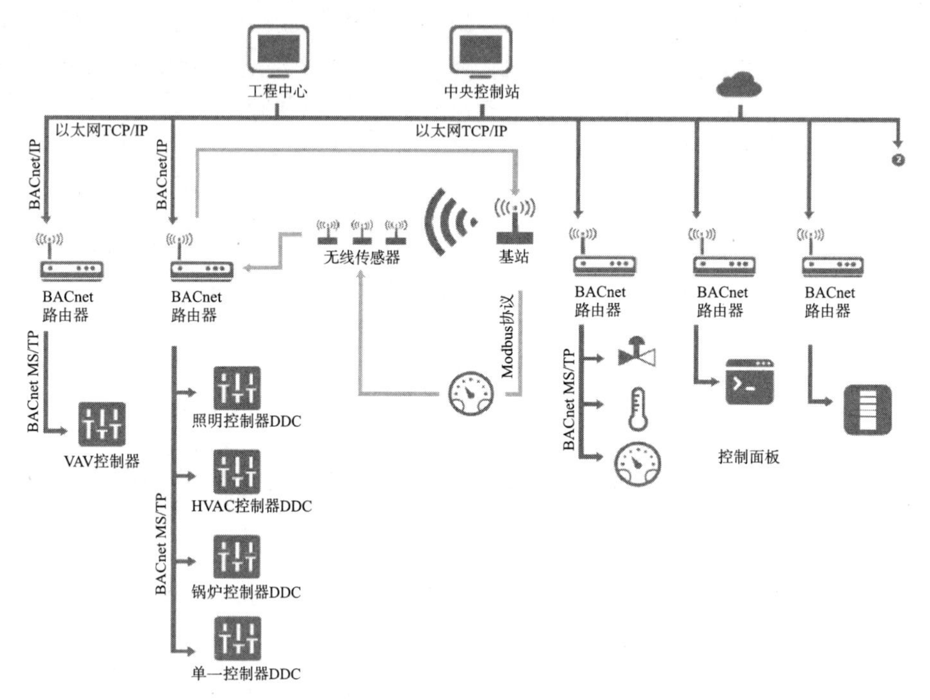

图5.2 集散式楼宇控制系统架构

5. 楼宇管理系统操作基本功能

（1）基本系统

楼宇自控系统操作单元包括主机、显示器、键盘、鼠标、打印机。操作员可通过彩色图像对整个系统进行监视和直接的运行控制，其基本系统包括彩色图像、报警处理、系统通道控制、时间表管理等。

（2）界面显示

楼控系统提供面向对象的彩色图像界面，在专用的操作环境中进行控制、监视和管理。彩色图像不仅能清楚地显示整个系统的布局，还能显示记录图像和三维物体。

用彩色图像还可以方便地进行系统的控制和监视。图像中的动态区域都分级地与其他图像连接，通过这些连接，可从整体图像扩展到建筑布局、楼层规划、空调器、变送器或其他连接对象。

可以通过图像的快速切换改变时间的设置参数值或状态值。报警状态及运行状态都直接显示在屏幕上。可以把图像与报警关联显示，不管是处于哪个系统，报警产生时，相关的图像都会及时显示。

在显示中跟踪瞬变过程的有力工具是数据管理，经整理的数据用动态曲线表示，不同的颜色代表不同的数据类型，这些信息通过颜色、符号、数值或条纹或切换来显示。

（3）迅速、可靠的报警功能

完美的报警处理功能使得操作简单，报警信号可自动驱动一台或多台打印机打印出报警信息并同时显示在屏幕上。报警信号还可传递至远程操作设备，例如一台自动寻呼设备、传真机或紧急服务中心，这保证了无论在白天还是夜晚，工作日还是节假日，也不论操作员是否在终端前工作，整个系统都在控制中。

操作员可运用彩色图像工具或指定功能键随时查看报警情况，包括报警的发生、处理和根据不同场景设置报警颜色，每种情况都有不同的颜色，并可以按时间顺序或优先顺序排列。报警可以缩小为一个像标，当有报警时便闪烁在屏幕上，像标可放置在屏幕的任何位置上，任何时候都能看到。清单也可打印出来，包括时间、优先级别、报警内容、类别或操作者等项目，并可根据时间和事件优先级别的不同，输送到一个或多个打印机上。

可以通过鼠标方便地确认报警，报警信号可与操作信息、状态信息等相连，如显示一个冷却单元的当前值和设定值及运行状态的同时，指出相应的处理步骤，在输出报警信息的同时，还可以显示相关的彩色图像。

优先级表示报警的紧急程度。

其他报警功能：在检修期间，停止报警是必要的，这部分报警会在另一区域中显示出来.每个报警信号都有自己的统计资料，包括产生的次数、最近一次的日期和具体时间等，这对安排设备维护很有用。为避免短时间内的重复报警，楼控系统还有锁定功能。

（4）登录控制

为防止非授权侵入，操作员须输入姓名、口令，系统检查正确后，按设定的级别、区域和优先权开放系统，口令是加密的。

专用环境能提高系统的安全性和操作员的满意度，使系统管理人员、操作人员和维护人员的工作既有良好的组织性，又非常简便自如。

操作人员既可从自己的终端也可从别的终端退出系统，当他忘记退出时可从最后一次击键或点击鼠标算起，经过一段时间后，系统将自动退出；后备显示功能将继续显示新的数值、报警等，但终端不能接受其他命令或数据。

三维入口是指用户文件的三方面：权限、类别和控制。每一位操作人员和系统中的每一对象都有指定的权限，只有当对象的级别等于或低于操作人员的权限时，他才可以操作。操作人员的类别决定了他可以监控的区域，通过将系统分成不同的用户区域，监视和控制任务将由指定的不同的操作人员来完成。操作人员和对象必须有相同的类别（空调、电力、保安等），控制级别则决定了系统中操作人员执行特别操作或命令的权利。

（5）系统备份保证了安全性

可以对整个系统或系统修改部分的软件、参数等进行备份。

（6）精确、同步、功能齐全的时间表

1）可将每星期预先编制的程序安排进电子日历中，由它控制系统中各种功能的执行，如风机、照明等。

2）调度还能规定有效性，即每件事情执行的有效时间是按每星期执行的还是自由选择的，另外，还能控制趋势记录和周期性打印输入的起止时间。

3）惯常的时间表服从于特定的时间表，从而可提前很长一段时间做出节假日安排。

4）自动切换夏时制和闰年。

5）用户可从终端读取或更改日期时间。

6）系统中的各种功能都和时间同步联系。

（7）网络通信

楼宇自控系统的网络功能用于产生一个开放、透明的网络系统，网络的任一操作人员均可自由访问网络中的资源（包括过程单元和对象等）。

（8）开放性

楼宇自控系统完全开放，可与其他标准的软件构成整体。系统有大量驱动器，确保与其他厂家的硬件的通信。系统还提供一些特殊通信模式，保证楼宇自控系统和网络系统自由通信，以满足市场对开放性的要求。

（9）趋势记录

包括在指定时间间隔内收集、存储测量值，为以后的分析和报表做准备，系统可用小间隔记录控制设定等短过程，或用大间隔记录能量消耗等长过程。

应用记录输出功能，趋势记录数值可以通过DDE转给别的程序或者以ASCII文件形式输出，可以通过RPU存储器或直接从终端收集测量值，测量值总数只受终端容量的限制。

趋势记录由时间事件、逻辑事件或操作控制。记录开始或终止的信息将在报警区产生并显示，还可以同时记录当前时间状态，以表示是正常运行还是变换时间表运行，这对于统计计算是有帮助的。

应用趋势记录的编辑功能，可以直接检查、编辑记录或计算的数值，可对错误数值加以调整或取消，维护记录统计值的有效性。

（10）历史记录

用于收集、存储系统发生的事件的信息，包括报警发生和操作人员处理的日期、时间、维护人员的操作记录。

（11）开放的控制协议

楼宇自控系统可以直接完成与BACnet、Modbus/Jbus、KNX/EIB等标准协议的相互转换工作，构成了系统集成的软、硬件基础，并可提供OPC Server以利于与上层BMS的系统集成。

6. 机场航站楼楼宇系统设计和部署及节能手段

（1）风冷热泵控制系统

本冷冻站由风冷热泵机组、循环水泵、补水泵、补水箱及分、集水器组成。控制系统的现场元件为冷水供回水温度传感器、供回水压力传感器、回水流量传感器、水流开关、补水箱液位开关、电动蝶阀和压差旁通阀等。图5.3为风冷热泵冷水机组群控原理图。

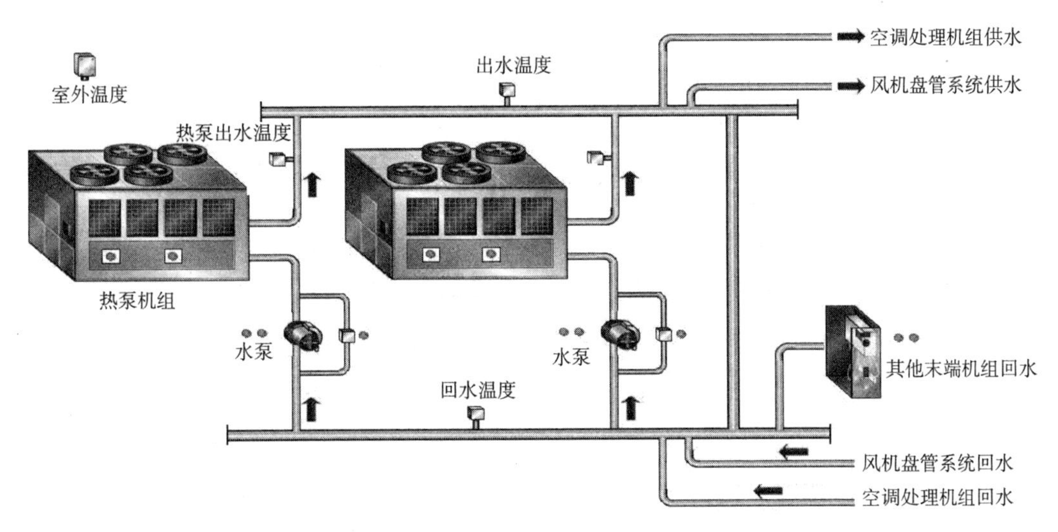

图5.3　风冷热泵冷水机组群控原理图

风冷热泵冷热源系统，通过现场控制器DDC对其进行群控，实现以下监视控制功能。

1）监测点位

①监测机组、水泵运行状态；

②监测水阀开关状态；

③监测总供回水温度；

④监测总供回水压力；

⑤监测总回水流量；

⑥监测机组、水泵手/自动开关状态。

2）报警点位

①水泵故障报警；

②供水超温报警；

③供回水超压报警。

3）运维及节能措施

①系统启动程序：首先，打开电动蝶阀和循环水泵，检测冷水/冷却水水流状态，当水流稳定后，启动机组；

②系统停机程序：停止机组，延时3min，停止相应的循环水泵，关闭相应的电动蝶阀；

③现场控制器通过检测冷水供水/回水温度、回水流量，计算出系统所需的冷负荷量，从而决定冷源系统的增开或减开；

④现场控制器会按日期/累计运行时间设定机组、循环水泵的起停程序，以保证各台机组、水泵的运行时间趋于一致，减少设备损耗；

⑤现场控制器记录机组的连续运行时间，当连续运行时间达到某一限度时，现场控制器将自动切换机组；

⑥机组的开关设有时间延迟，以防止系统频繁启动；

⑦现场控制器根据测量供回水压力差与设定值的偏差，以比例积分微分（proportion integral differential，PID）方式调节电动旁通阀的开启度，使系统压差保持在设定范围内。

（2）水冷冷水机组控制系统

本冷冻站由冷水机组、冷水泵、冷却水泵、补水泵、补水箱及分、集水器组成。控制系统的现场元件为冷水供回水温度传感器、供回水压力传感器、回水流量传感器、水流开关、补水箱液位开关、电动蝶阀和压差旁通阀等（图 5.4）。

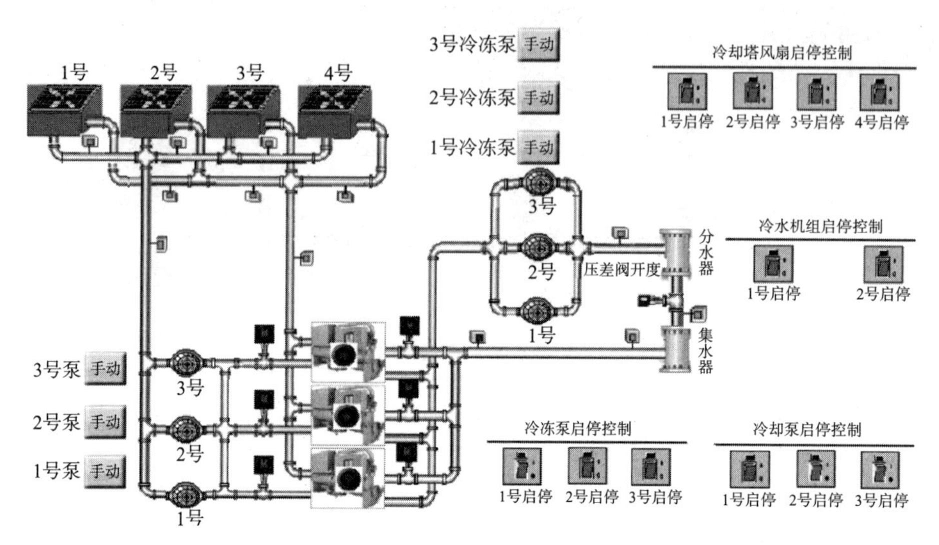

图 5.4　水冷冷水机组群控原理图

1）监测点位

①监测冷水机组、水泵、冷却塔运行状态；

②监测水阀开关状态；

③监测冷却水、冷水供回水温度；

④监测冷水供回水压力；

⑤监测冷水回水流量；

⑥监测冷水机组、水泵、冷却塔手/自动开关状态。

2）报警点位

①冷水机组、水泵、水塔风机故障报警；

②水阀开关不到位报警；

③供回水超温报警；

④供回水超压报警；

⑤膨胀水箱水位报警。

3）运维及节能措施

①系统启动程序：开启相应的电动蝶阀，开启相应的冷水泵、冷却水泵、冷却水塔，检测冷水/冷却水水流状态，当水流稳定后，启动冷水机组；

②系统停机程序：停止冷水机组，停止相应的冷水泵、冷却水泵、冷却水塔，关闭相应的电动蝶阀；

③现场控制器通过检测冷水供水/回水温度、回水流量，计算出系统所需的冷负荷量，从而决定冷源系统的增开或减开；

④现场控制器会按日期/累计运行时间设定冷水机组、冷水泵、冷却水泵、冷却水塔的起停程序，以保证各台冷水机组、冷水泵、冷却水泵、冷却水塔风机的运行时间趋于一致，减少设备损耗；

⑤现场控制器记录冷水机组的连续运行时间，当连续运行时间达到某一限度时，现场控制器将自动切换冷水机组；

⑥冷水机组的开关设有时间延迟，以防止系统频繁启动；

⑦现场控制器根据测量供回水压力差与设定值的偏差，以PID方式调节电动旁通阀的开启度，使系统压差保持在设定范围内；

⑧现场控制器根据测量冷却水供回水温度与设定值的偏差，自动开关冷却水塔风机，使冷却水供回水温度保持在设定范围内。

(3)热源控制系统

热源控制系统包括热水锅炉、热水循环泵、热交换器、热交换泵。现场控制器DDC对其进行群控。图5.5为锅炉群控原理图。

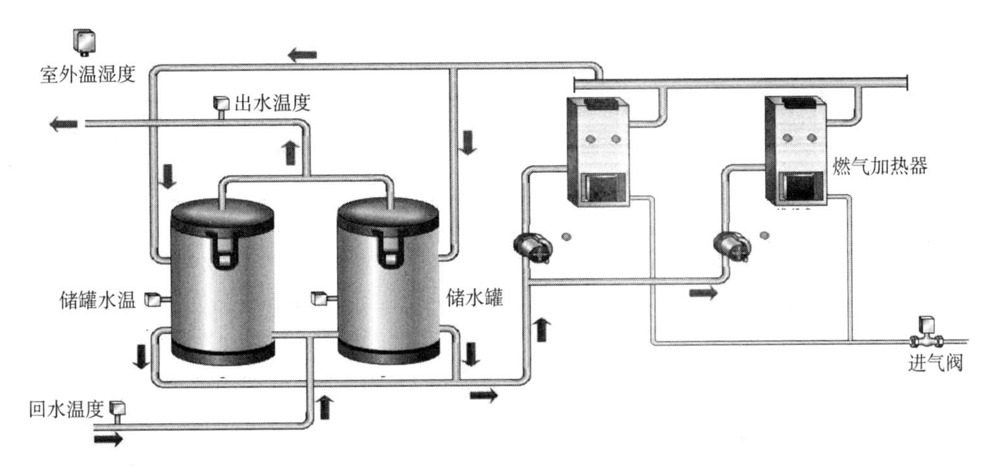

图5.5 锅炉群控原理图

1)监测点位

①监测机组、水泵运行状态；

②监测水阀开关状态；

③监测供水温度；

④监测供水压力；

⑤监测水泵手/自动开关状态。

2)报警点位

①水泵故障报警；

②供水超温报警；

③供水超压报警。

3)运维及节能措施

①热水锅炉：热水锅炉由厂家自行控制，BA系统对其集成，主要数据通过网关接入BA系统，并计算热源的实时输出；

②锅炉系统控制：根据热水供水管温度控制热水锅炉的启停（通过集成接口），当温度达不到要求时，开启阀门，收到阀门反馈信号后，开启热水循环泵，监测水流状态，延迟开启相应锅炉；

③热交换器：根据热交换器供水管的温度，启停热交换器水泵，保证末端供水的温度的要求。

（4）空调机组系统

本空调机组由新风阀、回风阀、初效过滤器、表冷器/加热盘管、加湿器、送风机组成。控制系统的现场元件为回风温湿度传感器、压差开关、风阀执行器、电动调节阀、送风主风管末端静压传感器等（图5.6）。

空调机组可以选择手动或自动控制模式。在楼宇自动控制模式下，楼宇自控系统将按时间表来操作空调机，执行相关的程序和联动；在手动模式下，楼宇系统控制功能失效，但监视功能仍然保持。

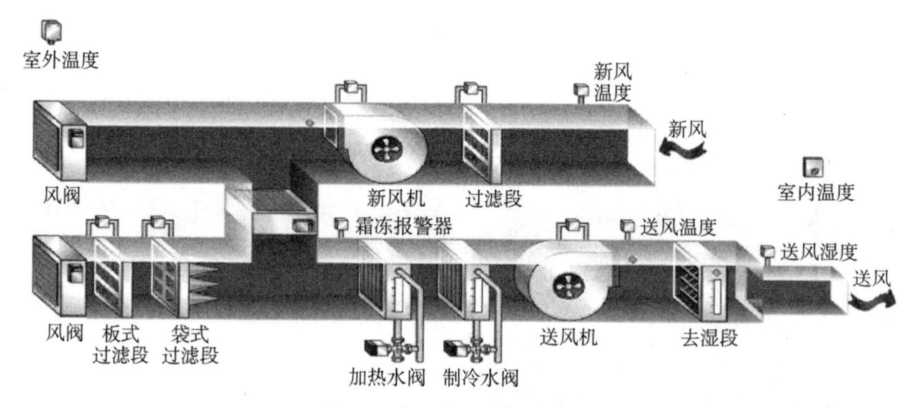

图5.6 空调机组控制原理图

1）监测点位

①监测回风温湿度；

②监测风机运行状态；

③监测风机手/自动状态；

④监测过滤器压差。

2）报警点位

①温湿度超限报警；

②风机故障报警；

③过滤器阻塞报警。

3）运维及节能措施

①机组控制：按时间程序和最佳控制程序自动启/停机组，楼宇自控系统记录空调机组的运行时间，进行运行时间累积，这些数据将按需要在中央工作站给操作人员显示；

②温度控制：根据回风温度测量值与设定值的偏差，对盘管水阀开度进行比例积分调节，使回风温度控制在设定范围内；

③湿度控制：根据回风湿度测量值与设定值的偏差，若采用水加湿，则对加湿器开关

控制；若采用干蒸汽加湿，则PID调节电动阀的开度，使回风湿度控制在设定范围内；

④风阀控制：调节动作为根据新风、回风的焓值比较，调节新风阀和回风阀开度（如取消温度传感器，则用温度进行比较），新风阀的控制应有最小开度限制，当阀位小于最小开度时，新风阀停止动作；

⑤连锁控制：电动风阀与送风机连锁，当送风机关闭时，电动风阀（新风、回风风阀）均关闭；

⑥变频控制：送风机为变频风机，根据送风末端的静压值调节变频风机的转速，改变送风量。

（5）新风机组（送风机变频）监控

本空调机组由新风阀、初效过滤器、表冷器/加热盘管、加湿器、变频送风机组成。控制系统的现场元件为送风温湿度传感器、压差开关、风阀执行器、电动调节阀等。

新风机组可以选择手动或自动控制模式。在楼宇自动控制模式下，楼宇自控系统将按时间表来操作空调机，执行相关的程序和联动；在手动模式下，楼宇系统控制功能失效，但监视功能仍然保持。图5.7为典型的新风机组控制原理图。

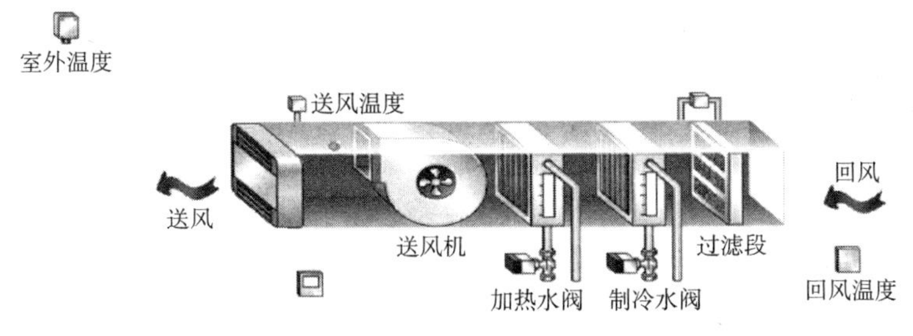

图5.7　新风机组控制原理图

1）监测点位

①监测送风温度；

②监测风机运行状态；

③监测送风机手/自动状态；

④监测变频器状态；

⑤监测变频器转速；

⑥监测过滤器压差。

2）报警点位

①温度超限报警；

②风机故障报警；

③监测变频器故障；

④过滤器阻塞报警。

3）运维及节能措施

①机组控制：按时间程序和最佳控制程序自动启/停机组，楼宇自控系统将存储空调机的整个运行时间，进行运行时间累积，这些数据将按需要在中央工作站给操作人员显示；

②温度控制：根据送风温度测量值与设定值的偏差，对盘管水阀开度进行比例积分

调节，使送风温度控制在设定范围内；

③湿度控制：根据送风湿度测量值与设定值的偏差，若采用水加湿，则对加湿器开关控制；若采用干蒸汽加湿，则PID调节电动阀的开度，使室内湿度控制在设定范围内；

④风阀控制：电动风阀与送风机联锁，当送风机启动时，电动风阀开启，送风机关闭时，电动风阀关闭；

⑤变频控制：可根据实际需求对风机进行变频，改变送风量。

（6）送排风系统监控

送风机、排风机等实时监控。在楼宇自动控制模式下，楼宇自控系统将按时间表来操作风机，执行相关的程序和联动；在手动模式下，楼宇系统控制功能失效，但监视功能仍然保持（图5.8）。

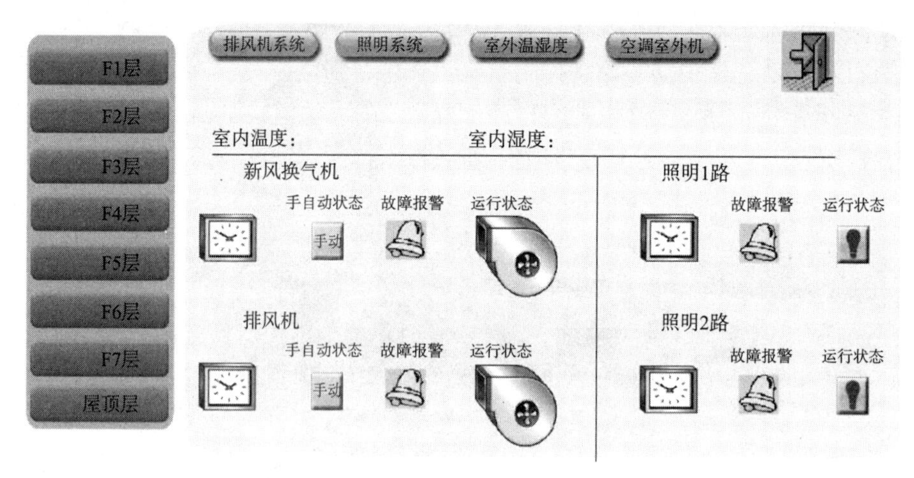

图5.8　送排风系统监控界面图

1）监测点位

①监测风机开关运行状态；

②监测风机开关手/自动状态。

2）报警点位

风机故障报警。

3）运维及节能措施

①根据时间程序控制送排风启停；

②根据通风风量大小，调整风机频率。

（7）高位水箱给水控制系统

本系统由高位水箱、生活/消防水池和生活水泵组成，控制系统的现场元件为液位开关。

1）监测点位

①生活水泵的运行状态；

②生活水泵的手/自动状态；

③水箱及水池的液位。

2）报警点位

①生活水泵的故障报警；

②水箱及水池液位超高/超低报警。

3)运维及节能措施

液位控制：根据高位水箱内设置的液位开关，控制生活水泵的启停。

(8)变频泵给水控制系统

本系统由变频器、生活水池和生活水泵组成，控制系统的现场元件为液位开关和压力传感器。

1)控制点位

①液位控制：根据高位水箱内设置的液位开关，控制生活水泵的启停；

②供水压力控制：根据供水管上的压力传感器，变频控制生活水泵的转速，以恒定供水压力，保证末端用户用水要求。

2)监测点位

①生活水泵的运行状态；

②生活水泵的变频反馈；

③生活水泵的手/自动状态；

④水箱及水池的液位。

3)报警点位

①生活水泵的故障报警；

②变频故障报警；

③水箱及水池液位超高/超低报警；

④供水压力报警。

4)运维及节能措施

①根据供水水压，调节水泵频率，从而按需供给水量；

②不同供水水泵之间，轮换运转；

③水泵定期程序自检，及时发现潜在问题，延长机组使用寿命。

(9)生活热水给水控制系统

本系统由生活热水泵、补水泵、补水箱和换热器组成，控制系统的现场元件为液位开关、热水供水温度传感器、热水供水压力传感器、蒸汽调节阀、蒸汽供回水温度传感器、蒸汽压力传感器等。

1)监测点位

①监测蒸汽温度；

②监测蒸汽压力；

③监测供水压力；

④监测补水箱液位；

⑤监测补水泵的运行状态；

⑥监测补水泵的手/自动状态。

2)报警点位

①补水泵的故障报警；

②蒸汽温度超高报警；

③蒸汽压力超高报警；

④供水压力报警；

⑤液位超高/超低报警。

3）运维及节能措施

①供水温度控制：监测生活热水供水温度，以生活热水供水温度作为调节蒸汽阀的依据，根据该温度和设定值的偏差调节电动阀门的开度；

②液位控制：根据补水箱的液位开关，控制补水泵的启停，以保持补水箱液位满足使用要求。

（10）潜水泵控制系统

本系统由集水坑、潜水泵组成，控制系统的现场元件为液位开关。图 5.9 为潜水泵监控界面图。

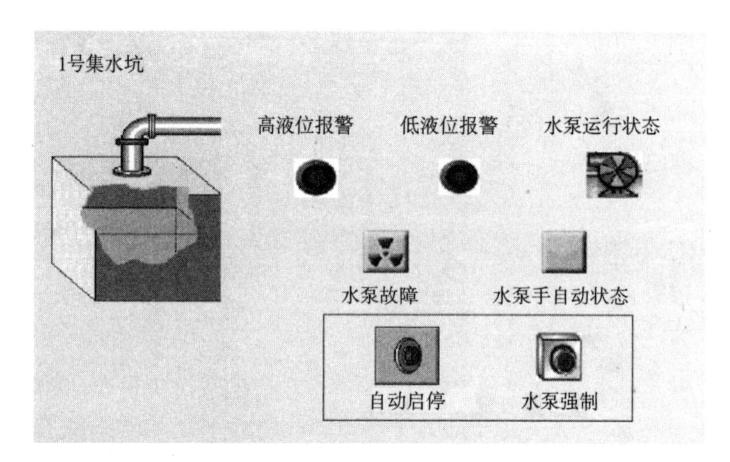

图 5.9　潜水泵监控界面图

1）监测点位

①潜水泵的运行状态；

②潜水泵的手/自动状态；

③集水坑的液位。

2）报警点位

①潜水泵的故障报警；

②液位超高/超低报警。

3）运维及节能措施

液位控制：根据高位水箱内设置的液位开关，控制潜水泵的启停。

（11）变配电系统监控

变配电系统采用通信接口对系统进行集成，监测相关数据参数。

（12）电梯系统监控

楼宇自控系统对电梯系统只监不控。

监测点位

①监测电梯运行状态；

②监测电梯故障报警。

（13）照明系统监控

本系统由公共照明回路、泛光照明、航空障碍标志照明等组成。

1）监测点位

①监测照明回路控制箱运行状态；

②监测照明回路的手/自动状态。

2）运维及节能措施

按时间程序和最佳控制程序开关照明回路，进行运行时间累积。

5.2　传统楼宇控制系统应用中的挑战与机场智能化建设的趋势

1. 传统楼宇控制系统应用中的挑战

机场航站楼机电设备系统和能源管理的智能化的好处不言而喻，其已经成为现代化机场建设必不可少的关注重点。随着几十年机场建设的不断积累，相关经验和案例日益丰富，智能化的应用渐渐成熟，但面临的挑战也与日俱增，主要体现在以下几点：

（1）机场航站楼机电设备种类多，智能化程度不断增强

随着机场环境、安全、舒适度及运营效率保障要求越来越高，机场机电设备的品种及数量不断增多。除了传统的机电设备，如冷水机组、水泵、电梯，新型的机电设备也不断投入运营，如登机桥空调、飞机地面供冷供热空调机组、分布式能源管理系统（三联供）、空调多联机组，这些新型设备大都自带智能化控制系统。如何把各个设备和各个控制系统集成于统一的平台之上，并实现数据共享、设备互联以及整体管理，已成为日益重要的课题。

（2）机场航站楼设备分布广，控制区域覆盖范围大

大型机场的建设规模有不断增大的趋势，几十万平方米的航站楼不断出现。机电末端设备，如风机、空调机组、照明控制箱，分布在航站楼的各个角落。单独区域的控制相对简单，容易实现，但若需要集成控制或平台控制，需要通信统一的系统平台，管线网络连接各节点，做到不重复布点、布线、布网络，同时整体覆盖无遗漏，实施难度很大。其需要在设计阶段的大局考量、部署阶段的细节落实和建成后的持续维护。因此，如何建设可扩展的星型拓联的机电系统及能源管理平台方案是机场建设中经常遇到的难题。

（3）机电设备控制系统多，系统间联动要求高

随着机场航站楼机电系统智能化的深入，机电系统控制不再是每个点的单独闭环控制，而是点和点、区域和区域、系统和系统之间的连锁互动。定位系统中的客流信息与安防系统中的客流量，可作为楼宇控制空调控制依据以及智能灯控系统的信息输入。同样，能源管理平台分析出的环境和建筑绿色指标可推送至机场信息发布系统，作为重要的实时信息，让旅客体验分享。这些信息的互联，需要系统间硬件接口的配对、软件模块对接以及网络协议兼容，更重要的是跨系统控制逻辑的制定和部署。因此，系统架构不

仅仅是硬件模块的组合与网络平台的搭建，更是将来控制内容的设计与规划。

（4）能耗种类全，计量点位分布广

能源管理和能效管理离不开基本能耗数据的采集、存储和分析。传统的基本能耗数据是电力数据，如设备的电压、电流、功率因数等。如今，能耗数据的种类越来越繁多了，智能水表、智能气表、智能热表等名称不断出现在机场能源系统规划中。各种智能表具广泛运用于能源管理系统中，协议也多种多样（Modbus、BACnet、M-bus等）。适用于暖通水系统的热表也日益普及（主要部署于空调末端处理机组及空调水系统的干管之上，计量空调实时负荷，为冷机群控及末端温度调节提供依据）。系统设计遇到的挑战主要会有：

1）能耗采集点数量多，超过上千点；

2）表具通信协议标准不同，Modbus, BACnet, M-bus,厂家自有协议；

3）能耗数据分布在不同平台之上，如楼宇管理系统、电力监控系统、机房群控系统、能耗计量收费系统；

4）能耗初始数据需要加工分析后，才有更大益处。和设备运营结合后，分析能效结果。和账单系统结合，形成水费电费账单。因此跨平台工作量大。

2. 机场航站楼设备运营管理数字化、智能化的趋势

（1）互联

随着机场建设标准不断提高，机场智能化运营管理的要求也日益提高。从机场安防的平台化、行李管理系统的智能化、信息发布系统的网络化，到客户满意度维护的系统化，机场管理的数字化系统已经不是简单的各个独立的系统，而是一个有机的整体，并渐渐地拓展成为一个统一的机场层面的运营管理平台。各个子系统之间的数据互联、互传、互动，实现数据集中分析，优化了网络和系统分析资源。例如，航班信息和登机口到达口的空调机组进行联动控制。在非繁忙时段，如深夜或早晨，航班信息系统会把客人到达信息提前告知于BMS（楼宇管理系统），BMS会指示相对应的空调机组提早供冷供热，从而满足到港客人的舒适度要求，也可节省空调机组的能耗，做到使空调系统按需供冷供热。

"互联"技术在机场运营中的应用也体现在客户的手持终端的更多使用上。客户的手持终端，如手机、平板电脑，如今和机场设备也紧密的联系着。根据调查，65%的旅客有兴趣参与自助服务，如自助托运行李、自助值机以及通过手持终端使用航站楼中的室内定位系统，从而寻找最短登机路径及快捷寻找餐饮和商家。

"互联"概念的实施离不开IoT平台的建设和部署，IoT平台会成为机场运营管理的综合平台。通过IoT平台，客人可以更好地享受机场的现代化、人性化的服务，同时，运营管理人员之间可以得到更好的交流，流程管理得以数字化、标准化。IoT平台已不再是停留在口头上的概念，而是很多机场设计者、建设者力推的机场运营的集成管理平台。根据相关调查，对于国际大型机场，86%的机场管理者觉得3年后IoT有用，67%的机场觉得今天IoT有用，37%的机场觉为目前IoT系统建设留下预算。

（2）准确的预测

机场航站楼的运营挑战与日俱增，保障要求不断提高。大型机场几乎24h不间断的

有航班进出港以及旅客出港进港。整个机场的运营安全依靠于高效稳定的运营标准及流程，而越来越多的标准和流程依赖于智能化、网络化的软件及信息平台来实现。平台的数字化优化了流程，整合了不同平台之间的数据及信息，提高了系统自动化处理能力，降低了人力成本，同时也减少了差错的发生。

传统的机场运营平台及机电管理系统能够按预设流程进行自动的运转与工作，然而，机场日益复杂的运行要求以及不断增长的旅客流量，使得运营维护单位面临很多突发事件的处理。例如，台风天气导致的巨量航班延误、航路管理引起的旅客滞留、极端炎热天气造成的航站楼环境温度偏高。因此，如何预测运营中的问题，及时有针对性地进行防范，成为大型机场运营的一个非常重要的课题。

对于将来运营状况的预测与预判，有助于对于人员、设备、资源合理分配，同时，有利于优化设备投资和系统建设的计划，对大型机电系统的更新建设，如电梯、冷水机组、水泵、提供详实的、确实的、量化的决策依据。决策依据不仅仅是投资的规模和预算的多少，更重要的是有利于计划更新建设的时机、工程的工期以及评估对现有系统运营的状况，对于机场旅客量保障的影响。

准确的预测技术还有利于帮助机场的运营者应对和处理突发事件，当突发事件发生时，数字化的安全保障和防灾系统能及时的做出反应，包括：对于各种可能发生情况和事件的预测和解决预案；针对实际情况，推荐应对措施；实时信息情报；实时策略决定；应对策略的改进；减少突发事件的影响。

同时，数据预测技术的研发和应用也有助于机电设备的优化运行和物业管理的持续改进。通过IoT技术平台，系统可以通过直接末端接入和简介软接口集成的方式，采集大量的设备、管网数据，如冷水机组进口水温、离心压缩机级数、变频器输入输出参数、数字平衡阀的阀位开度以及能量输出值，并通过大数据分析的手段对这些数据的历史纪录进行筛选分析，探寻出数据之间的相关性，从而预判系统近期、中期以及远期的需求，调整设备和系统出力，力求达到按需出力、按时出力，大大提高了系统效率，节能了设备和系统的能耗。

机电系统通过数据预测技术增效节能的应用和案例有：对于冷热源机房的控制管理，系统可以采集大量的负荷侧数据，如出入机组的水温差、系统循环水流量、环境温度、客流量等，同时也采集大量的系统出力数据，如冷水机组耗电量、压缩机叶轮实时开度，通过对上述数据历史纪录的分析，制定系统在8h、72h以及一周内的负荷预测。同时，根据预测曲线，调整机组出力情况，优化系统运行。另外的案例是对登机口/到达口的空调机组根据实时客流量进行优化控制。有些机场的登机口/到达口在候机楼远端，客流量不大，但遇到极端天气或特殊情况时，有大量旅客突然集中到达，传统的环境传感系统告知空调处理机组加力时，冷量输送会有延迟。如果系统与航行情报系统对接，及时了解航行情报信息，预测客流增大时间，空调末端机组就可以提早输出冷量，满足实时环境要求。此外，热图环境监控系统也可以辅助登机口/到达口环境控制，通过精确的环境区域侦测，实时刷新所控区域的温度分布及客流密度，为机组的精确控制提供依据，并可以甄别温度需控区域和非控区域，使得能耗按需分配、按需供给。

（3）客户体验和满意度

客户在机场航站楼内舒适体验以及对机场运营服务的满意一直是各个机场建设方和运营者长期关注和追求的目标。其实现不仅仅依赖于机场接待人员面对面亲切的服务，更需要一个合理标准化的服务流程管理体系，以及人性化、客户化的客户界面。因此，越来越多的新技术的应用增强了客户体验效果，而且越来越多的客户愿意接受并使用这些高新技术，据统计，97%的客户愿意用自己的手持终端获取航班和机场信息；92%的客户愿意获取短信通知，以减少办票口、安检口和登机口的排队时间；70%的客户希望通过手机实时了解即时航班信息及登机口信息。

其中，目前较为流行的应用是室内定位技术（图5.10）。通过室内定位技术，客人的位置信息能够实时传至系统平台，这些信息为机电系统运营提供非常重要的参考：其一，系统了解了客流的多少、客流的分布，掌握了哪些区域的温度、湿度和空气品质是需要严格控制管理的。其二，系统也可以通过客户的实时分布，向客户推送其关心和喜欢的信息和资料，如实时环境品质、周围商家情况、登机口信息等。其三，随着技术的不断推进，将来可能实现客户通过自己的手持终端，如手机、平板电脑，对其周围的区域机电设备进行客户化控制，如调节温度、调整照度等，特别是对于那些重要的VIP客户，可以得到更好的私人化体验。

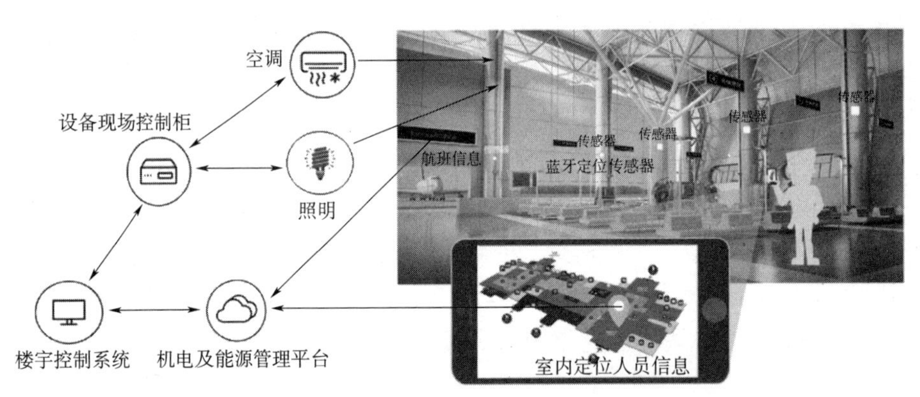

图5.10　航站楼室内定位系统、航班信息系统以及航站楼空调/照明系统的联动

5.3　星型拓联的现代化机场环境、设备及能源管理平台

为了应对现代化机场航站楼机电系统和能源管理系统建设的挑战，解决由于设备多、系统多、集成复杂带来的架构部署中存在的问题，同时，顺应当今机场智能化的趋势，即互联、预测能力和客户体验，越来越多的机场设计单位和机场运营部门选用基于机场内网的统一的机电系统和能源管理平台，平台采用标准的IT TCP/IP协议，规划相应的表具、设备、控制柜的IP地址区段，从而使得各个机电子系统控制及能耗能效管理规划在一个管理平台上，并从规划阶段开始，就制定了详细的系统规格，如中央主控中心、网络架构、设备接入格式、数据通信协议、数据分析、云平台对接方式以及系统报表和展示界面等。这样的部署解决了传统控制方案控制单元多、系统集成困难的问题，同时，也为今

后系统的拓展和升级提供了保证，为大数据的应用夯实了基础。

当今航站楼的智能化的需求不仅限于传统机器和机械的自动化控制，照顾客户的旅行体验、考虑并应对运营中的突发状况、规划系统之间与系统与客户之间的互联架构越来越成为现代化航站楼的建设趋势。同时，建设种类多、功能全、保障高的航站楼智能化系统的挑战和机遇并存。如何建设既满足运营功能需要，又顺应技术发展趋势，同时兼顾投资性价比和系统拓展性的航站楼机电系统及能源管理智能化平台呢？考虑机场建设规模、功能、投资的不同，本章介绍几类机场适用的机电和能源管理智能化技术和应用，并构架以大型航站楼或机场多建筑需求为考量的星型拓联能源管理平台架构，其示意参见图5.11，其中集成了机电系统控制、能耗数据采集及分析、数据机房的无人值守监控等系统功能。

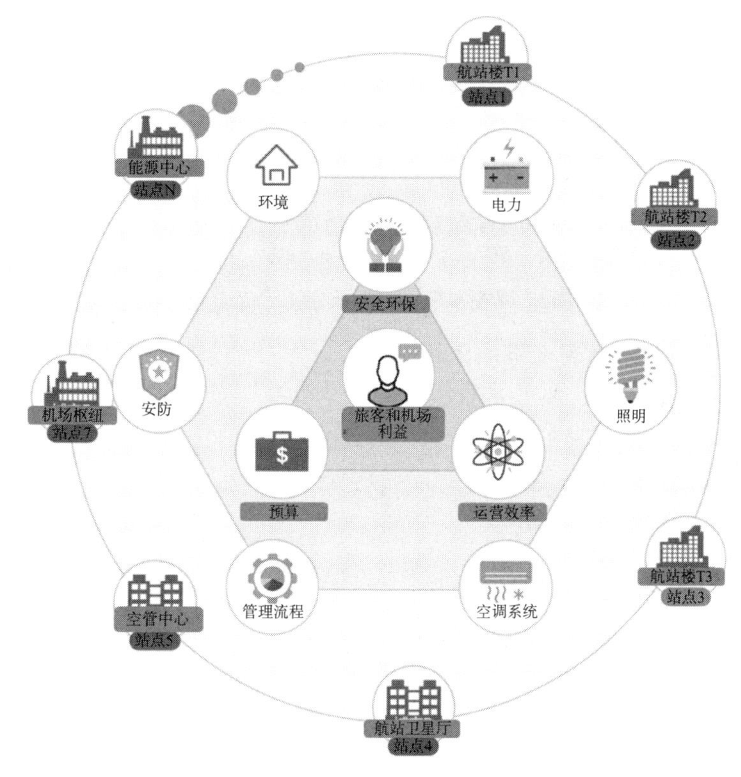

图5.11　机场星联拓控机电及能源管理平台规划

从机场建筑的功能考虑，机场的航站楼是整个机场建设和运营的核心，航站楼适用的智能化系统会作为重点详述。同时，机场空管和航管建筑及设施对整个机场运维的保障作用不可忽视，其发展速度和系统更新非常快，很多智能化保障系统应用普遍，因此，本章会酌情介绍适用于空管建筑，如塔台、雷达站、导航台、区域管制中心、民航通信信息管理中心的智能化机电管理、能源管理以及运维安全保障的新技术与新应用。

1. 星型拓联统一的环境、设备及能源一体的管理系统

建立基于航站楼内网统一的能源管理及设备智能控制平台，采用星型拓联架构，集成传统楼宇控制系统BMS、能源管理系统EMS及环境监测系统（图5.11）。拓联管理系统架设于航站楼局域网，采用通用的TCP/IP网络标准，便于子系统之间的通信与联

动。借助标准的IT平台，实现对机电设备数字化和智能化控制管理，如冷水机组、水泵、分体式空调机组等。在拓联能源管理平台上集中采集用电量、用水量等能耗数据，并对数据进行分析、统计以及报表输出。根据能耗分析，预测负荷趋势，实现自动节能控制（图5.12）。

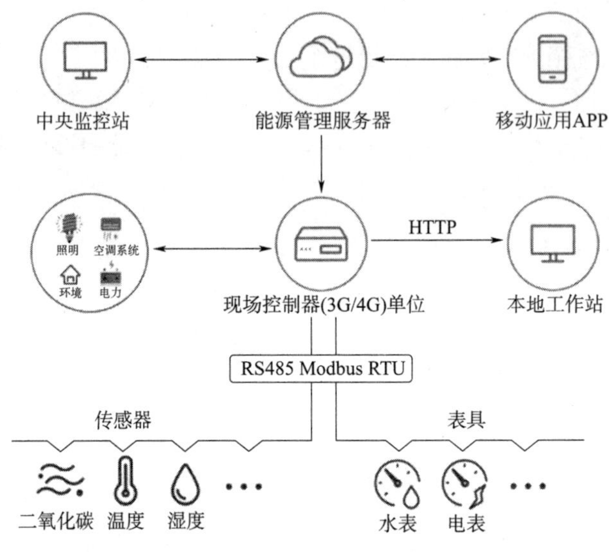

图5.12　星型拓联的机电及能源管理平台架构

2. 航站楼环境智能控制及节能措施

（1）航站楼冷站群控系统

冷站群控系统集成于基于TCP/IP机场内网的拓联能源设备管理平台（图5.13）。

冷水机组、循环水泵、冷源管路电动阀的联锁控制。

冷水机组数据的采集和上传。

根据系统冷热负荷预测、历史运行数据、气象数据等，对下一个运行时段或隔日运行策略进行逐时预测和优化，使得优化目标能效达到最优，发掘潜在节能量。

智能调节了冷水机组的台数/级数、循环水泵的台数/频率以及各冷水分路的流量及制冷/制热输出。

设置总管路热表，设置热泵机组及水泵机组电表，计算冷站能耗及效率。

管理平台可输入冷站能耗/能效目标，并与实际能耗和冷热负荷进行对比分析，定期生成报告。

图5.13为一航站楼冷冻机房群控系统界面图。

（2）出港区域空调控制系统

集成于基于TCP/IP机场内网的拓联能源设备管理平台。

出港区域布设矩联环境传感器系统，包括温度、湿度、二氧化碳等环境传感器，实时采集出港区域的环境数据。对于办票岛周围，适当增加传感器密度，实时精准监测旅客环境感知度及舒适度。

空调机组根据环境数据以及负荷预测，智能调节送风量、回风量以及新风量，并控制电动水阀的开启度。

设置末端系统的热表及电表，计算空调处理机组的能耗及效率，并按区域进行空调负荷预测，以优化空调制冷/制热输出。

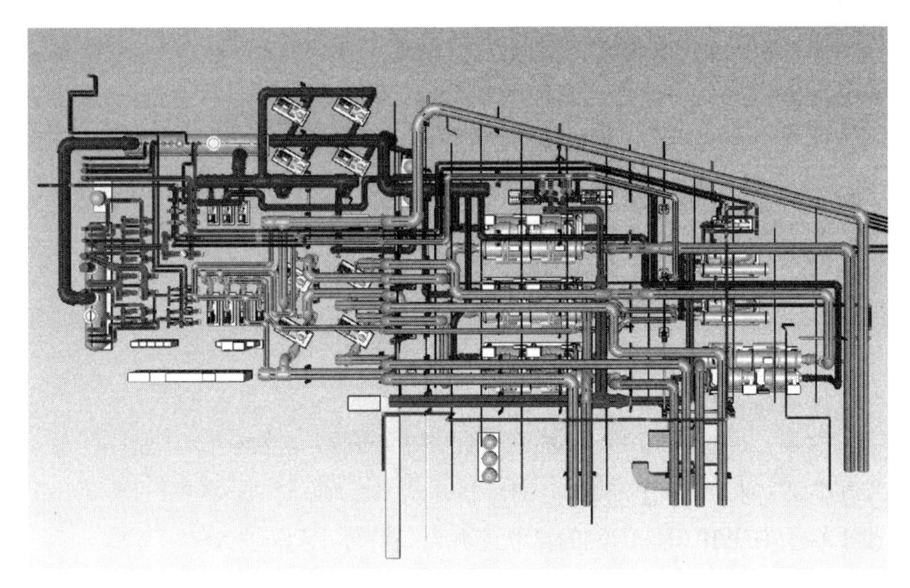

图 5.13　航站楼冷冻机房群控系统界面图

（3）到港区域空调控制系统

集成于基于 TCP/IP 机场内网的拓联能源设备管理平台。

到港区域中布设矩联环境传感器系统，包括温度、湿度、二氧化碳等环境传感器，实时采集出港区域的环境数据。

空调机组根据环境数据以及负荷预测，智能调节送风量、回风量以及新风量，并控制电动水阀的开启度。

设置末端系统的热表及电表，计算空调处理机组的能耗及效率，并按区域进行空调负荷预测，以优化空调制冷/制热输出。

（4）楼宇管理及通信控制中心（弱电机房）与弱电配线室的空调控制

集成于基于 TCP/IP 机场内网的拓联能源设备管理平台。

机房布设热力传感系统，采集空间温度数据，分析并实时监测机房的热力分布状况，探测机房区域温度极值区域，发布区域过热及过冷报警（图 5.14）。

机房专用空调机组通过协议接入 TCP/IP 机场内网的拓联能源设备管理平台，并根据实时热力场数据，优化调节机组冷力和热力输出。

机房专用空调机组设置电表，计算机组的能耗及效率，并按区域进行空调负荷预测，以优化空调制冷/制热输出。

机房框架地板下设置漏水报警开关，通过拓联能源设备管理平台实现报警。

机房设置人员占有传感器，实现无人职守与有人职守空调模式的自动切换。

管理平台可输入机房能耗/能效目标，并与实际能耗和冷热负荷进行对比分析，定期生成报告。

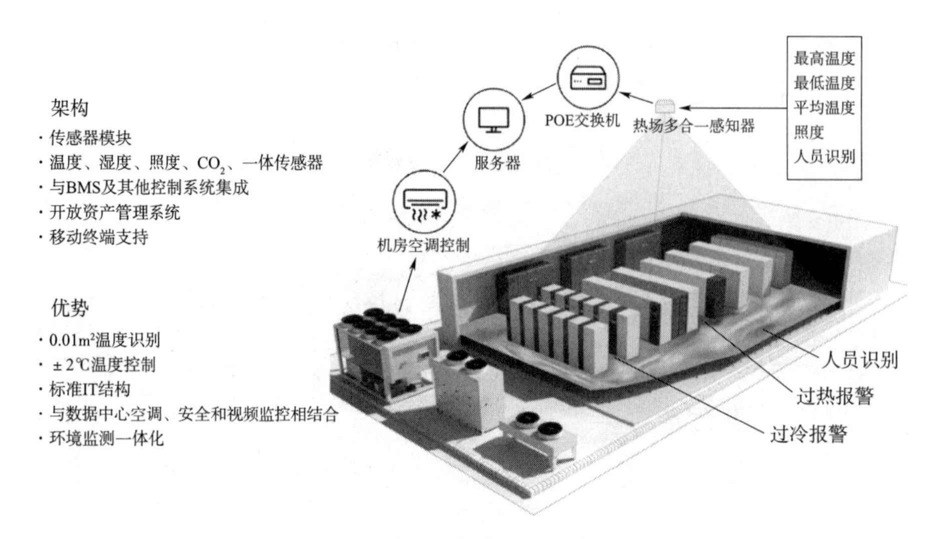

图5.14　航站楼通信机房热力环境监控系统

（5）办公区与贵宾候机区域的空调控制

集成于基于TCP/IP机场内网的拓联能源设备管理平台。

区域中均匀布设温度、湿度、二氧化碳等环境传感器，实时采集办公及贵宾候机区域的环境数据。

空调多联机组通过协议接入TCP/IP机场内网的拓联能源设备管理平台，并根据实时环境数据，优化调节机组冷力和热力输出。

空调多联机组设置电表，计算机组的能耗及效率，并按区域进行空调负荷预测，以优化空调制冷/制热输出。

（6）航站区其他建筑供冷系统的控制

集成于基于TCP/IP机场内网的拓联能源设备管理平台，实现集中节能管理。

各建筑公共区域均匀布设温度、湿度、二氧化碳等环境传感器，实时采集区域的环境数据。

空调多联机组及分体机组通过协议接入TCP/IP机场内网的拓联能源设备管理平台。

空调多联机组及分体机组设置电表，计算机组的能耗及效率。

（7）数字式平衡阀系统的集成

空调水力系统的平衡、状态监视和系统优化是本系统智能化的重点和亮点。空调水力系统中，每台空调处理机组（AHU和FHU）设置动态数字平衡阀，同时，水力系统水平干管也设置动态数字平衡阀。

水力系统实时数据通过数字平衡阀通信模块及控制柜，以标准协议BACnet或Modbus传回机电系统能源管理平台，进行水力能量计算，自动调节平衡阀开度。自适应的调节方式能优化水力系统平衡，节省冷冻机组能耗输出以及水泵出力。图5.15为某空调水力数字化平台界面图。

同时，通过能源管理的平台网关与楼宇控制BAS系统对接，将楼控系统的空调箱阀位开度信号传达至数字平衡阀，对机组水量进行自动化控制管理。

实现供回水系统的数字化。

优化流量及负荷分配。

实时监控水力状况。

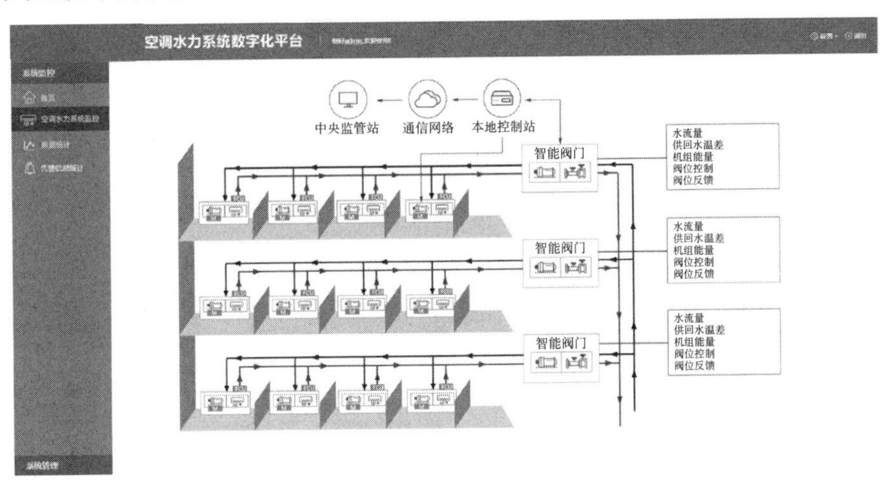

图5.15 空调水力数字化平台

(8)机坪飞机地面空调机组接口

预留硬件软件接口,集成于基于TCP/IP机场内网的拓联能源设备管理平台,实现集中管理。

(9)登机口及到达口温度场控制系统

较远的2个登机口及到达口实现精细化环境控制及节能管理。

登机口、到达口区域温度热力场可视化监测。参见图5.16。

客流实时监测,人员空调负荷实时分析。

末端机组根据实时温度及实际。

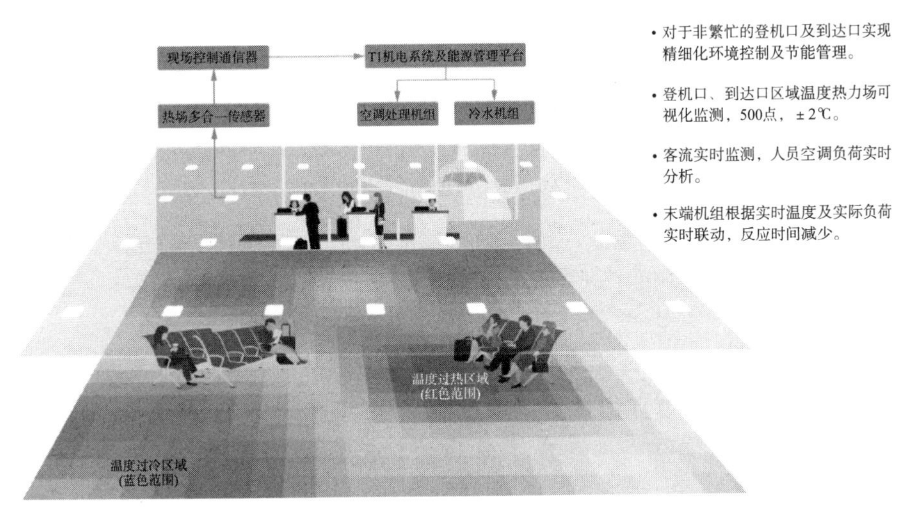

图5.16 候机口热力环境监控系统

(10)室内定位系统、航班信息系统和航站楼空调/照明系统的联动

航站楼统一的机电和能源管理平台可通过网关与室内定位系统和航班信息系统通信,从而将航班信息,以及精确的人员分布信息传送给机电控制系统,如空调控制柜和照

明控制柜，实时地甚至预先地加强或减弱登机口和到达口的空调和照明强度，力求实现“有人设备开，无人设备关”，从而即保证了旅客的舒适度，又节省了能耗，实现了绿色节能。见图5.17。

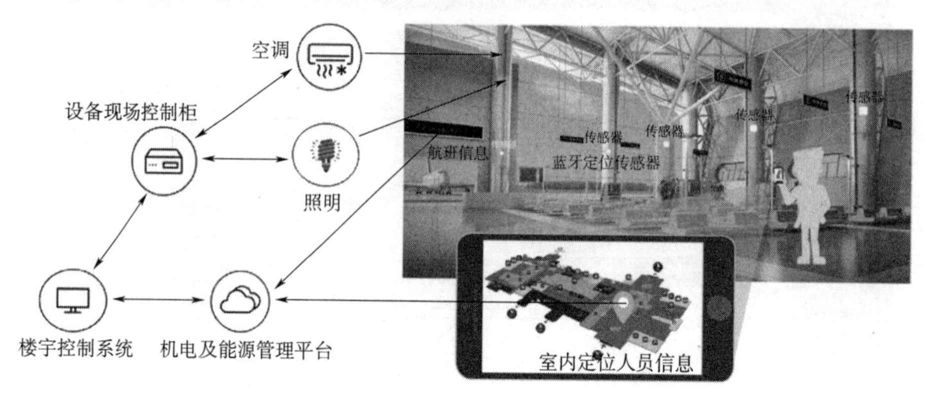

图5.17 室内定位系统、航班信息系统和航站楼空调/照明系统的联动

3. 拓联开放式结构的扩展应用

除航站楼及能源中心外，机场核心建筑还包括雷达站、导航台、VHF机房等辅助台站，其特点是面积小、站点多、分布广，但保障要求也同样重要。其内的雷达信号处理设备与导航设备也需要恒温恒湿的工作环境。如果靠人工巡检上述空管建筑，日常工作量非常大，而且部分导航台站在飞行控制区内，巡查很不方便。

这些建筑通常体量和面积较小，进行环境运营保障的机电设备的规模和数量也有限，所以，目前的设备控制和节能管理以就地控制为主。单个设备和单个机电系统都有独立控制单元。有些建筑单体（例如航管楼）有小型的楼宇控制系统，其他建筑没有机电系统平台。一些导航台和雷达站设有电力监控系统，但只涵盖部分建筑和计量部分设备电量，缺少整体能源管理平台。

本章提及的能源管理及智能控制系统为拓联开放式结构，可实现多楼宇（台站）管理，可与安防门禁系统对接，也可与企业财务、资产及物业管理系统数据直接互通和管理。建立起机场范围内统一的机电系统及能源管理平台，覆及机场航站楼、航管楼、停车场、公安、安检等各类建筑，以及机坪地面空调机组，实现如下的目标：

1）实现对所有空调、给排水、动力、照明灯系统的自动化控制；

2）对于能源的使用和优化进行数字化管理；

3）多站点、多楼宇分布式管理，避免每栋建筑中控系统重复投资；

4）对于航站楼、航管楼等连续运行的通信机房，可实现24h无人值守管理，并实时监控人员进出、数量以及重要环境参数，如温度、湿度、烟雾浓度；

5）优化运营管理，具体自动寻更，值班管理，资产管理等功能；

6）定制化操作管理界面，支持固定及移动终端控制操作。

机场或管制区域可建设统一的区域级的机电系统和能源管理平台，星联拓控的管理平台架设于空管光纤环网。统一规划网段及设备IP地址，根据各设备类型，划分机电设备网段。根据机电系统位置或所处建筑，合理分配设备在局域内网中的IP地址，从而合理使用有限的网内地址资源。图5.18为某机场雷达站，导航台，VHF机房环境监控系统架构。

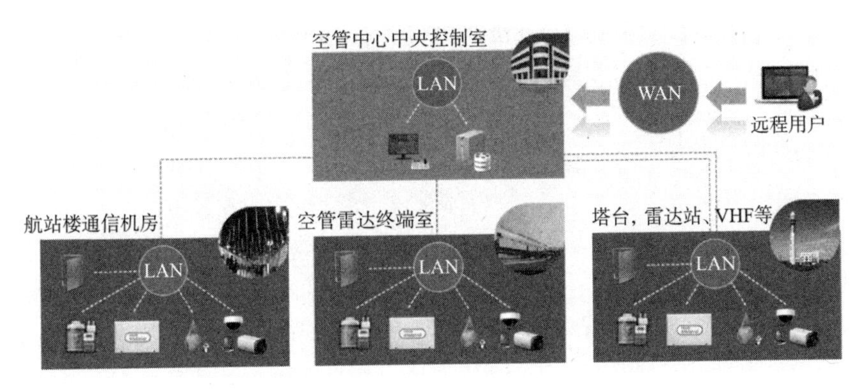

图5.18　机场雷达站、导航台、VHF机房环境监控系统架构

整体网络架设于局域内网，采用通用TCP/IP协议，各子系统和设备通过内网相连，设有1个或2个控制中心，内有主中央服务器及备用服务器，保障系统不间断地稳定运行。根据保障单位需要，在各个保障单位控制中心，如动力室、导航控制室、雷达终端室、行政楼管理中心等，设置不同的工作站，授予不同的权限，查看管理其管辖范围内的设备与系统。

机电系统的控制和能源管理平台合二为一，机电设备本地控制通信单元，内有存贮单元下载逻辑控制程序，并贮存一周左右的重要数据，并含有处理芯片，处理和传达相应的控制指令，具有离线独立控制功能，当网络出现紧急状况时，在短时间内机电设备不受影响，依靠就地控制通信单元，按预设程序自主控制管理。同时，本地控制通信单元通过网口接入空管内部光纤环网，重要数据传至中央服务器，进行集中分析处理后，中控指令通过内网回传至本地控制通信单元，对机电系统进行优化控制管理。本地控制通信单元的硬件根据需要，可有多种选择，楼宇管理的DDC（数字直接控制器）、可编程的PLC以及带输入输出模块的中控机，皆可以作为本地控制通信单元的主控制器。

机电系统及能源管理平台集成传统的三表抄送系统和先进的能效分析系统。通过硬件采集器，通过表具协议（Modbus, Mbus等）下连智能电表，智能水表，智能气表，上传至管理平台。并通过能效分析软件计算统计机电设备的能效（设备实际出力/实际能耗），而不是传统的电量的统计。大大提高了平台的实用性，并真正起到了提高运营水平、节省能源开支的目的。由于采用统一平台，因此机电系统控制与能源管理系统直接相连，使得能效分析和管理方便易行。

5.4　航站楼智能化机电系统及能源管理平台案例

1. 案例一：传统航站楼楼宇管理系统项目案例

（1）机场航站楼项目概况

本案例是位于长三角地区的一个国际机场，一期航站楼建筑面积28万m^2，由主楼和候机楼长廊两大部分组成，均为三层结构。设计容量为处理年旅客吞吐量2000万人次，出港设计高峰小时旅客吞吐量7120人次。

扩建工程为第二航站楼工程，第二航站楼位于第一航站楼东侧，建设一座面积为48

万m^2的旅客航站楼，由长414m、宽138m的主楼和长1404m、宽42 ~ 65m的前列式指廊两大部分组成，并由7万m^2的连廊相连接。指廊有42座近机位登机桥、25个可转换机位；站坪78万m^2、交通中心17万m^2，以及地铁车站、道路系统和公用配套设施。

（2）机场航站楼BA系统总体技术要求

1）总体要求

此机场航站楼工程将立足于建成世界航空网络的重要节点，为实现这个目标，机场航站楼工程对智能化楼宇管理系统提出了较高的要求，即利用高科技手段和现代计算机技术及网络技术，将机场航站楼内的各种信息交互共享，并提供高效、科学、便捷的服务，达到系统先进、适用、可靠、性价比最优的目标。

同时，努力使系统的设计与配置达到综合平衡，除满足业主已明确的要求外，还要充分考虑到建设时的一次投资，并使得运行成本最小化，系统功能最大化，达到性价比最优的目标。

2）总体目标

在满足系统总体要求的前提下，此机场航站楼工程楼宇自控系统的总体目标可概括为

①保证运营环境和工作环境的舒适性、适应性及人性化。楼宇自控系统可通过对机场航站楼内各种机电设备，如冷热源、空调系统的最佳控制，实现温湿度的自动调节以及供排水、照明及特殊设备的合理监控，从而保证机场航站楼内环境达到设计要求，使旅客和工作人员享受到舒适的环境及人性化服务。

②提供最佳的能源解决方案。针对机场航站楼内暖通空调及冷热源，以及照明等能耗大的设备进行整体规划与设计，通过对相关设备进行各种节能性控制，实现合理的能源管理，确保节约能源，降低系统运行费用。

③实现物业管理现代化、人性化。楼宇自控系统的主要任务之一是实现机场航站楼内机电设备管理的现代化、高效性及人性化的管理。操作人员可以通过人机操作界面方便地实现各种管理功能，如显示功能、设备操作功能、实时控制功能、统计分析功能及故障诊断功能，从而达到物业管理的现代化及人性化，确保设备安全、高效的运行，同时降低人工成本。

（3）机场航站楼楼宇自控系统设计原则

机场航站楼宇自控系统设计时充分考虑了建筑的使用功能和系统需求，力求满足系统的先进性、稳定性、成熟性、开放性、经济实用性、安全性、可靠性、可扩展性及可升级性、集散式控制及人性化设计等方面的设计要求，在进行各子系统的系统设计和功能配置时，也完全参照以上设计要求进行功能设计，遵循以上设计原则。

1）先进性

机场扩建工程进行楼宇自控系统设计时，充分考虑了采用当前国际最先进的技术来实现系统功能，以适应目前机场技术应用及将来系统扩展的需求，所选择的楼宇自控系统，采用了国际领先的现代信息网络科技，包括互联网络技术、综合信息集成技术、自动化控制技术、计算机技术、网络通信技术和数据库技术，并以技术上的适度超前又符合今后主流技术的发展趋势为指导原则，在可靠性和实用性的前提下，采用最先进的技术和系统，利用先进、适用、优化组合的成套技术体系和设备体系，建立一个安全、舒适、通信

便捷、环境优雅的数字化、网络化和智能化的集成系统，同时与机场运营、维护以及管理相辅相成，提供了一流的先进技术性配置。

2）稳定性

在系统设计上，合理地分析整个系统的结构体系，谨慎地选择具备良好开放性和可靠性的相应子系统，细致严谨地设计和搭建所有子系统的网络结构，是保证系统能够真正完成设计目标的前提。服务器采用双机热备方式，极大地提高了系统的容错能力，另外，集散式的系统结构实现了系统风险共担的目的。

3）开放性

机场楼宇自控系统在设计上必须遵循开放性原则，支持国际标准通信协议，产品满足标准化、模块化的要求，能够提供符合国际标准的软硬件、通信、网络、操作系统和数据库管理的接口与协议，保证系统在互联或扩展时的无障碍和高效率，使系统具备良好的灵活性、兼容性、扩展性和可移植性。因此，本系统设计中不同厂家的产品必须具备标准的开放接口和协议，便于实现系统的集成、维护和扩展更新。系统可提供各种接口，包括TCP/IP协议、ODBC数据库接口、BACnet协议、OPC、Web Server、Lonworks、Modbus功能，并可根据实际情况灵活选择接口方式。通过这些标准的数据接口，可方便地将机场内的一些独立系统或带通信接口装置的设备集成到BA系统中，如监视机场信息集成系统发布的航班信息、飞机用水加氯装置、VRV空调机组、智能照明系统等。

4）安全性

国际机场是非常重要的航空港，担负着繁重的货物和旅客运输的任务，楼宇自控系统为以上工作提供环境及管理方面的服务，因此也非常重要。必须保证楼宇自控系统信息传递和信息管理方面的安全，本次设计的楼宇自控系统通过硬件、软件、系统登录控制和级别管理等方式，可有效防止未经授权人员的非法入侵，并能有效审计用户操作，达到保护系统数据信息安全的目的。

系统配置了防火墙及防病毒软件，可有效防止来自内部或外部的非法入侵。

网络内部可以安排至少128个不同级别的操作员权限，这些不同的权限可以根据使用的级别来区分，能够给任一对象设置任一权限。

5）可靠性

国际机场扩建工程的楼宇自控系统采取了在系统、网络、软件等方面进行冗余及容错设计等技术来确保系统运行的可靠性，使其长期处于正常、稳定的工作状态。

6）可扩展性及可升级性

此国际机场楼宇自控系统需要着眼于机场航站楼的长远发展，在系统的设计和软硬件配置方面，均考虑了系统的可扩展性。所有系统均预留有以后扩展时所需的开放性接口和一致性协议。所采用的楼宇自控系统自身即具备极高的兼容能力，可向下兼容历代产品，同时，系统具有Flash Memory闪存，可存储固化信息及程序，因此，当系统需要升级时，只需下载升级程序，刷新闪存信息即可，完全不必另外购买芯片，可保证系统长期的先进性。

7）集散式设计

此国际机场楼宇自控系统设计上充分采用了集散式控制方式，即由楼宇自控工作站进行集中管理，由分布在现场的DDC控制器等控制设备完成具体监控功能，保证在建筑设备监控管理系统和照明监控管理系统内任意一个节点出现故障的情况下，都不会影响系统的数据传送及系统的正常运行。

（4）机场航站楼楼宇自控系统介绍

1）机场航站楼

设置BAS分控工作站1台，在总控中心授权下对所属区域的设备进行管理和控制，分控工作站共享总控中心BAS系统服务器的数据库。

总控中心、分控中心及下级DDC 网络交换机之间，采用传输层以太网进行数据传输及通信。

2）机场单体BA系统

设置一套楼宇自控BA系统。设置4个分控工作站和一个总控中心。

4个分控中心分别控制停车场、公安楼、综合业务楼及食品楼。分控中心授权下对所属区域的设备进行管理和控制。

3）机场航站楼楼宇自控系统布线及网络组成

总控中心、分控工作站/照明工作站、数据库服务器、DDC 控制器、照明服务器及总控中心之间，通过弱电综合布线网络或内部网络进行互相通信。系统布线及网络设备配置如下：

①所有DDC可直接与交换机相连接，无需协议转换器；

②管理传输层均采用星形连接方式，TCP/IP 通信协议；

③DDC设备信息上传至管理层进行信息交换。

（5）机场航站楼楼宇控制系统概述（图5.19）

1）三层网络架构

①第一层网络

该层网络是指DDC至现场设备层，DDC控制器具有Lonworks通信接口，支持LonBus。具有Lonmarks标记的设备可方便接入DDC控制器，采用以太网方式通信标准，传输速率为100M/s。

控制器带有4个通信接口，可接入支持不同通信协议的系统，完全可支持Lonworks通信标准（Lon-BUS）。

所有具有Lonmark标记的设备可直接接入DDC控制器。DDC控制器具有1个专用I/O扩展模块接口，可连接扩展模块，DDC与扩展I/O模块之间采用FTT-10A模式的Lonworks通信标准，传输速率为78K/s，也可配置为RS485通信协议。

②第二层网络

该层网络是指DDC与DDC之间的通信层，DDC之间采用以太网通信方式，TCP/IP协议。传输速率为100M/s。

DDC与DDC之间采用以太网通信方式（TCP/IP），通信速率为100M/s。

DDC支持以太网接口，对所管理点的数量没有限制，根据现场设备的位置、数量等条件合理选择适当点数的DDC及扩展模块，并预留足够的冗余量，便于扩展。

③第三层网络

该层网络是指管理主机通信层，采用1000M以太网方式进行信息交换处理。所有BA/照明工作站、数据库服务器、OPC Server均在该层网络上进行数据交换。

管理传输层主干网采用以太网LAN/WAN结构，支持TCP/IP和BACnet/IP。所有DDC控制器、操作员工作站、数据库服务器、OPC Server及Web Server都直接连接到这层网络上，不需要任何网关设备。

管理传输层设备采用星型连接方式，使用专业交换机设备并采用光纤通信，保证数据交换的高速、可靠。

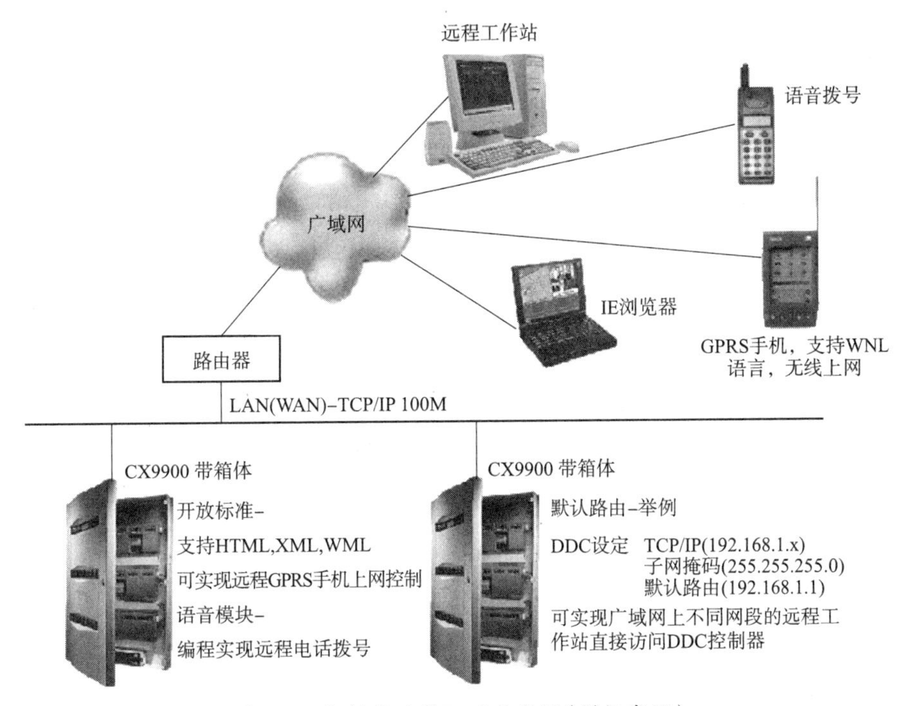

图5.19　机场航站楼BAS系统图（模拟案例）

2）网络通信软件

专业的网络通信软件可保证服务器、工作站及DDC之间的时间及信息、数据同步。

系统具有标准化的TCP/IP协议的以太网，操作员工作站与数据库服务器之间完全基于Client/Server HMI软件，具有C/S架构软件的所有功能，可方便地对远程节点的所有数据点进行监控和管理。可以在线增加、删除、修改远程节点中的数据点，真正实现了远程组态。系统设计上即为基于分布式数据处理的架构，真正实现集散式控制，数据传输采用按需传送的分布式架构，数据储存在数据库服务器上，客户机在网络上登录后，通过密码验证与数据库建立联系，通过密码验证的客户机可随时从集中数据库中提取和写入相关信息。当网络中任何一个客户机的操作员对系统做了修改后，数据服务器自动将所有其他用户的资料更新，以保证信息的实时性和系统的全面可靠。还通过多个初级和备份工作站保证系统的冗余性系统网络设计可以通过以太网或拨号网与远端节点相连，支持局域网操作和广域网操作。网络上任何单台计算机故障只影响本机的工作而不会导致整个系统故障。其中任意节点都可以离线工作，而不会引起整个网络崩溃。

数据库服务器、工作站、DDC控制器可直接连接到以太网（TCP/IP）上，DDC控制器可设置默认网管，可以在真正意义上实现远程控制。现场所有监控信息和数据可畅通地通过管理层网络传送至分控工作站和总控工作站和数据服务器，分控工作站和总控中心的操作人员也能方便地将程序和控制的指令同步发送至被控设备。

3）软件开发包

系统所提供的软件包内包含了供调试人员和用户进行二次开发的软件开发包，供在系统调试过程中针对不同的特定的项目和被控设备进行软件定制工作，其独特的组态方式和灵活的编程策略可满足调试人员和机场业主方的软件需求。

对于所有设备，即操作工作站、DDC控制器、I/O模块和照明控制器，系统使用相同的编程语言简明英语Plain English。同时，简明英语编程语言能用于所有的系统功能，如环境控制、通道控制、闯入监测和安保、照明控制、第三家系统软件接口。如turn on pump、turn pump on、start pump、pump =on 都能置名字为pump的控制输出点为ON状态。易于操作员掌握的编程语言使系统的控制更能贴切实际工况，并为操作员独立的对系统的程序、控制策略进行修改提供最大的方便。更进一步的在用户对系统进行修改和扩充后，操作员可以不依赖系统工程师而独立对系统进行重新组态和编写控制程序、控制策略。这种编程方式为用户降低系统的软件维护费用提供了可能。

4）空调空气处理系统

对于每台空调机组或新风机组，我们按照区域进行设备数量及类型划分，在各个划分的区域，配置适合的DDC+I/O扩展模块模式，实现设备的检测及控制。不存在同一套设备监测和控制点跨接DDC现象，便于实现同一设备在不同场景需求下的联动控制。

二管制空调机组结构原理如图5.20所示。

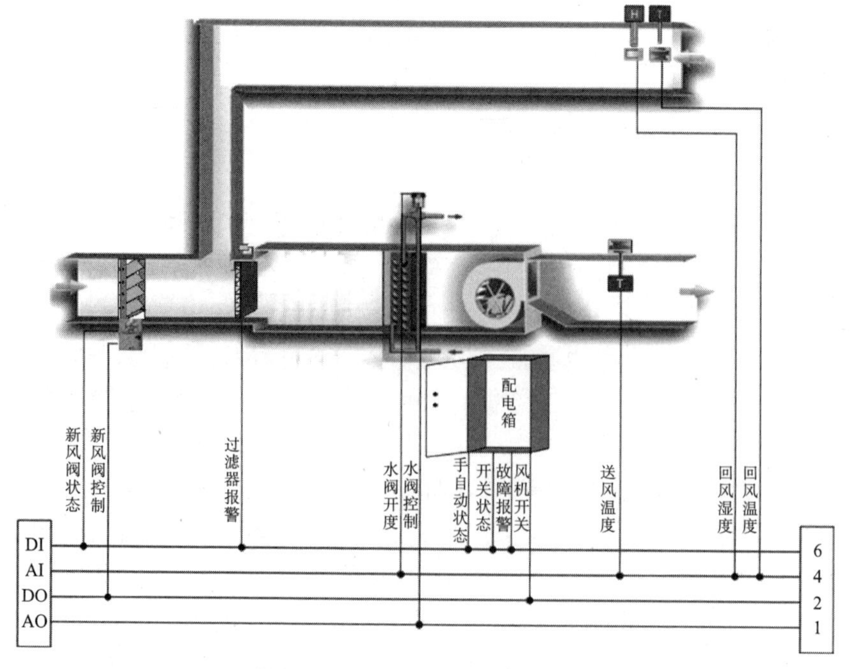

图5.20　二管制空调机组结构原理

监控点统计

检测点：

空调机组手/自动状态；

空调机组送风风机运行状态；

空调机组送风风机两端空气压差状态；

空调机组送风风机故障状态；

空调机组滤网压差状态；

空调机组新风阀开关状态检测；

空调机组调节水阀开度检测；

空调机组回风温度；

空调机组回风湿度；

空调机组送风温度。

控制点：

空调机组送风风机启停控制；

空调机组新风风阀开关控制；

空调机组调节水阀开度控制。

报警点：

空调机组回风温度的高限和低限报警；

空调机组回风湿度的高限和低限报警；

空调机组回风CO_2浓度高限报警；

空调机组风机过热跳闸故障报警；

空调机组风过滤网状态报警；

空调机组风机运行超时极限报警。

所有点数经过数据汇总后归纳为BAS点表，案例参见表5.1。

通过每一个操作界面，用户能够监测和改变下列设置点，且单元控制器具有产生并自动向图形工作站传送下列报警条件的能力。用户可以启用和关闭每个独立的报警选择。

空调机组温度设定值；

空调机组温度报警限值设定；

空调机组湿度报警限值设定。

控制方案

①调节水阀开度控制

根据回风温度与设定温度值比较，应用PID控制方式调节水阀开度。监测水调节阀阀位信号，监测回风湿度信号。

②新风风阀控制

安装开关型风门执行器，与风机联动开闭，当风机停机时关闭风阀，风机开机前通过程序控制使风阀全开至100%，只有当系统检测到新风风阀完全打开时，风机方可启动。

③风机开关控制

根据预先设置好的时间程序进行启停。风机停运时，联动关闭水调节阀及风阀；风机启动时，先开启新风风阀，当系统检测到新风风阀完全打开时，风机方可启动。

④优化控制策略

a. 监测送风温度，参与系统PID计算，根据送风温度与设定送风温度值，控制水阀开度。

b. 调节阀、风门执行器为非弹簧复位，断电时应保持原位（不关闭），保证在BA系统不工作或检修状态时，不会影响机组本身运行状态。

中央站显示和操作功能

通过动态效果显示空调机组相关参数，进行所有控制策略的设置。使操作员能清楚整个空调机组运行情况，并可做出参数历史趋势分析，记录及打印报警信息。

2. 案例二：新型机场星型拓联机电系统及能源管理平台案例

（1）机场航站楼案例概述

本案例是长三角地区某国际机场T1航站楼改扩建工程航站区项目。T1航站楼建筑面积近期总计约18万m^2，远期新增面积约12万m^2，共计约31万m^2。本工程采用夏季空调供冷、冬季空调供暖模式。空调系统分为空调制冷系统、板式换热系统。夏季空调系统总冷负荷为46623kW，冬季空调系统总热负荷为28279kW。项目目标建设基于机场内网统一的机电系统能源管理平台。表5.1为机场航站楼BAS点表。

（2）系统架构

工程范围：基于机场内网统一的机电系统能源管理平台，采用星型拓联架构。

此管理平台设中央工作站和系统管理平台，下设5个子系统控制管理单元，分别是：冷热源机房决策控制管理系统；空调水力系统数字化系统（平衡阀）管理单元；多联空调机组控制单元；机电设备能效分析单元以及分布式能源管理系统（预留接口）。

各系统管理单元有独立的数据采集和通信模块及处理单元或管理主机，并通过TCP/IP总线和中央能源管理平台对接，传输相关数据，储存于中央工作站中，并通过中央处理器进行计算分析。实时数据显示于定制化的客户界面上。实时控制命令通过网路总线传输回子系统管理控制单元，实现自动化控制。实时命令也可通过协议传达给BA系统，进行机电设备的控制和节能优化，以及通过网关和电力监控平台对接，实现能耗数据共享。

机场航站楼机电及能源管理系统清单参见表5.2。

1）冷热源机房决策控制管理系统

通过冷热源站能源管理系统的实施，实现中央空调水系统的离心和螺杆冷水机组、空调冷水一次泵、空调冷水二次泵、板换机组热水泵和冷却水泵、密闭式冷却塔（包含塔风机和散水泵）的自动化、智能化控制、变频配电、能量计量、节能优化，并实现综合能源的集中监控；实现控制系统的各项功能并提供相应的技术和售后服务、技术培训等。

冷水机组群控系统主要控制设备：10台冷水机组（9台离心机和1台螺杆机）；12台一次冷冻泵；10台二次冷冻泵；8台冷却泵；8台冷却塔；8台板式换热水泵及其他配套管路；阀门等辅助设备。

2）多联空调机组控制单元

登机桥区域设有40套多联空调机组，对于登机桥区域进行环境舒适度控制，多联空调机组带有通信网关。机电及能源管理平台设置采集通信网关（BACnet或Modbus），

机场航站楼BAS点表（模拟案例） **表5.1**

系统	设备名称	数量	数字量	模拟量输出点				数字量输入点																	
			启/停控制	水阀开度调节	加湿阀控制	风阀开度调节	变频器调整	自动/手动	状态	故障/跳脱	防冻报警	风机压差	初效滤网压差	中效滤网压差	变频器报警输出	风管温度	风管湿度	风管流量	二氧化碳传感器	变频器输出量	数字输出	模拟输出	数字输入	模拟输入
空调系统			19	19	17	34	17	19	19	19	17	19	17	17	17	36	34	17	17	17	19	87	144	121
	组合式空调机组	17	17	17	17	34	17	17	17	17	17	17	17	17	17	34	34	17	17	17	17	85	136	119
	吊顶空调机组	2	2	2				2	2	2		2				2					2	2	8	2
																					0	0	0	0
通排风			57	0	0	0	0	57	70	70	0	3	0	0	0	0	0	0	0	0	57	0	200	0
	排烟风机	10							10	10											0	0	20	0
	排烟兼排风	3	3					3	3	3		3									3	0	12	0
	新风换热机组	20	20					20	20	20											20	0	60	0
	排风机	34	34					34	34	34											34	0	102	0
	加压风机	3							3	3											0	0	6	0
风幕			30	0	0	0	0	30	30	30	0	0	0	0	0	0	0	0	0	0	30	0	90	0
	风幕机	30	30					30	30	30											30	0	90	0
																					0	0	0	0
网关			0	0	0	0	0	0	0	0	0	0	0	0	0	0	0	0	0	0	0	0	0	0
	冷热源系统通信接口	2																			0	0	0	0
	变配电系统通信接口	2																			0	0	0	0
	能量管理系统网络接口	2																			0	0	0	0
	VRV空调系统通信接口	1																			0	0	0	0
	电梯系统通信接口	1																						

机场航站楼机电及能源管理系统清单（模拟案例）　　**表5.2**

设备名	数量	单位
中央网络主机及平台软件	1	套
系统服务器及交换机	1	套
能源分析及机电系统管理平台	1	套
3D实景地图能源及设备信息可视化平台	1	套
系统负荷动态预测。供冷供热规划模块	1	套
机组运行维护计划模块	1	套
弱电/变电站/柴油发电机房环境及控制模块	1	套
客流及登机口区域热力场管理模块	1	套
子系统设备及通信接入口	1	套
冷水机组群控系统	1	套
末端空调机组通信口接入	1	套
弱电/柴油发电机房环境及控制系统	1	套
登机口区域及到达口区域客流量热力场检测及空调控制系统	1	套
多联空调机组通信口接入	1	套
通风机组等其他暖通设备控制或通信口接入	1	套
给水泵及水箱液位通信口接入	1	套
电梯通信口接入	1	套
柴油发电机组通信口接入	1	套
锅炉及热水泵通信口接入	1	套
T2机电系统及能源管理平台通信口接入	1	套

与多联机组网关对接，采集机组运行数据，通过多联空调机组控制单元对数据进行分析管理，计算机组能耗、能效、系统能效、现时空调负荷以及短期、长期空调负荷预测。

同时，在建筑外围，登机桥外侧设置室外温湿度模块，并以标准协议（BACnet, Modbus, TCP/IP）传送室内环境数据给机电系统能源管理平台。

所控登机桥多联空调机组：40套；

多联空调机组通信模块及控制柜：10套；

室外温湿度模块及控制柜：6套。

3）空调水力系统数字化系统（平衡阀）管理单元

项目中使用的数字平衡阀集合3个功能，分属不同建设方管理：①管路水管能量信息采集——能源管理平台；②空调机组水量调节阀——BAS；③水路的平衡阀——机电安装。

根据分工，能源管理平台主要负责总能效监管以及将来的设备物业维护；BAS负责现场设备控制。

从硬件和通信上，数字平衡阀会接入到能源管理平台（物理上只能接一个平台，所有的信息先传输到能源管理平台，所有的指令由能源管理平台发给数字平衡阀）。

空调水力系统中，每台空调处理机组（AHU和FHU）设置动态数字平衡阀，同时，水力系统水平干管也设置动态数字平衡阀。数字平衡阀由数据采集通信柜通过标准IT协议接入机电及能源管理平台。

水力实时数据通过数字平衡阀通信模块及控制柜，以标准协议BACnet或Modbus传回机电系统能源管理平台，进行水力计算。

水平管的平衡阀由能源管理平台根据实际水力状况进行优化调节。

空调处理机组数字平衡阀由BA系统根据回风温度、室内温度，计算水阀开度，自动调节平衡阀开度。开度信号通过网关传至能源管理平台，进行空调机组数字平衡阀阀位控制。

所控数字平衡阀数量：200台；

数字平衡阀通信模块及控制柜：20台。

4）机电设备能效分析单元

机电系统和能源管理平台对主要机电系统和设备进行状态监测、电耗计量以及能效分析。主要系统能效包括：空调冷热源系统能效；空调水力系统能量监控；给水泵组能效；照明系统能耗。主要设备能效包括：冷水机组能效；冷水泵能效；冷却水泵能效；冷却塔能效；给排水泵组能效；空调处理机组能效；通排风机组能效；主要照明回路能耗以及电梯机组能耗。

机电系统和能源管理平台与电力监控平台通过网关相联，主要设备电力数据，如功率、电压、电流和统计电量由电力监控平台采集，并通过网关传至机电设备能效分析单元，然后进行分析、管理和统计。

考虑到机电设备分布广，拓展可能性大，机电系统和能源管理平台预设50台智能电表及采集通信单元，用来计量冷冻机组及相应水泵机组能耗。

系统设置智能水表数据接入单元，智能水表数据通过网关，从电力监控平台分享。

系统设置智能气表数据接入单元，智能气表数据通过网关，从电力监控平台分享。

5）候机口区域热力环境控制管理单元

集成于基于TCP/IP机场内网的拓联能源设备管理平台。

登机口大厅布设矩联热力环境传感器系统，以及温度、湿度、二氧化碳等环境传感器，实时采集大厅的环境数据。对于人流密集区域周围，适当增加传感器密度，实时精准监测旅客环境感知度及舒适度。

空调机组根据环境数据以及负荷预测，智能调节送风量、回风量以及新风量，并控制电动水阀的开启度，给经过长时间飞行的旅客提供一个空气清新的环境。

设置末端系统的热表、电表，计算空调处理机组的能耗及效率，并按区域进行空调负荷预测，以优化空调制冷/制热输出。

6）分布式能源管理系统

系统平台预留分布式能源管理系统对接网关，以及能源数据处理的容量和能力。

根据上述的本次招标涉及的接入系统（冷机群控系统、多联空调机组、平衡阀、能源计量仪表），得出项目点位总数量约为8000个。

（3）总体要求

①开放性

控制系统应严格遵守国家有关标准或国际标准，实现系统设计的标准化，以保障系统的兼容性、可维护性与可扩展性。开放性体现在系统平台还可以后期方便的接入电梯系统、柴油发电系统、锅炉系统等其他机电系统。在远期还可以开放接入后续建设起来的系统平台。图5.21展示了一个可开放接入机场航站楼星型拓联机电及能源管理平台架构（模拟案例）。

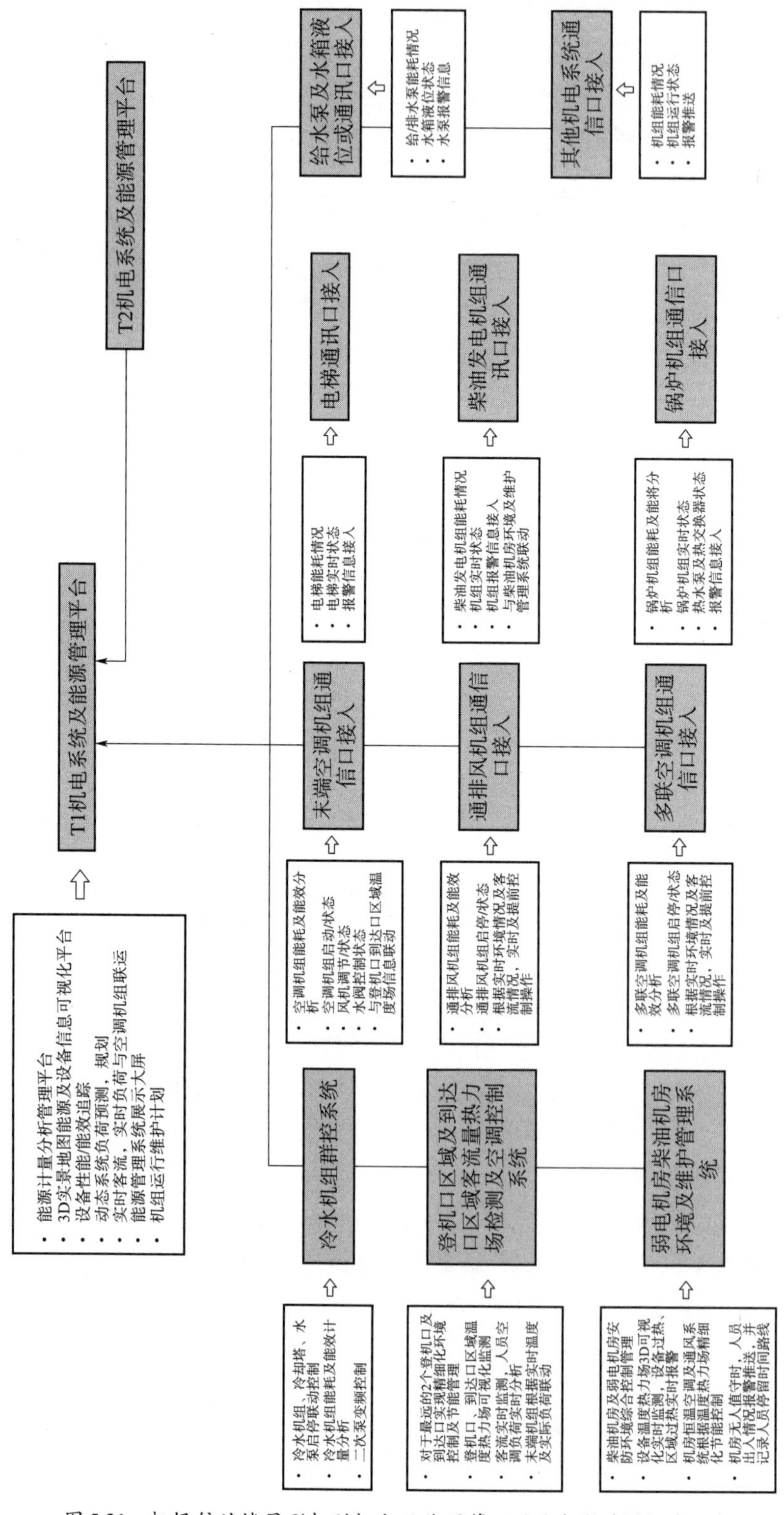

图 5.21　机场航站楼星形拓联机电及能源管理平台架构（模拟案例）

②可靠性

控制系统应是一个高可靠性的系统，必须采用通过省、部级权威机构鉴定的成熟技术，以及通过国际及国家相关认证的器件和设备，能适应现场环境条件和外界干扰，确保系统稳定可靠地运行，并有防止非法用户访问和病毒侵犯等措施。

③经济性

优化设计，精心实施，力求使本项目的初次投资和整个运行生命周期获得最佳性价比，以适应近期需求和远期发展。

④实用性

根据工艺的需求，充分考虑今后项目运营及管理模式，使所提供的控制系统可行，其中包括合理的硬件设施、完整的操作软件、有效的功能模块、友好的图文显示界面等。

⑤高效率性

控制系统的高效率性非常重要，要求控制实时响应、控制能力强。

本篇参考文献

[1] 贺德馨．风工程与工业空气动力学 [M]．北京：国防工业出版社，2006.

[2] 柯葵，朱立明．流体力学与流体机械 [M]．上海：同济大学出版社，2009.

[3] 陆燕．虹桥交通枢纽 T2 航站楼空调冷水系统研究 [J]．暖通空调，2011（11）：6-10.

[4] 沈列丞．虹桥交通枢纽 T2 航站楼空调冷水直供系统技术经济性分析 [J]．暖通空调，2011(11)：2-5.

[5] 邹月琴，王师白，彭荣，等．高大厂房分层空调负荷计算问题 [J]．制冷学报，1983（4）：49-56.

[6] 周敏．西安咸阳国际机场 T3A 航站楼温湿度独立控制的应用 [J]．暖通空调，2011（11）：27-30.

附：

注 1. 对于下列各个公司或单位在相关的章节中提供的技术支持或工程案例分析材料，不分先后，予以特别感谢：

同济大学

华东建筑设计研究总院

上海民航新时代机场设计研究有限公司

奥雅纳工程咨询（上海）有限公司

大金（中国）投资有限公司上海分公司

麦克维尔中央空调有限公司

江苏风神空调集团股份有限公司

上海铱拓能源科技有限公司

注 2. 本章节提供的各类计算公式仅供参考。实际工程设计运用中，宜根据项目的实际情况，另外通过查询专业设计规范、手册以及教科书获得。

第3篇

航站楼机电设备节能运行与维护

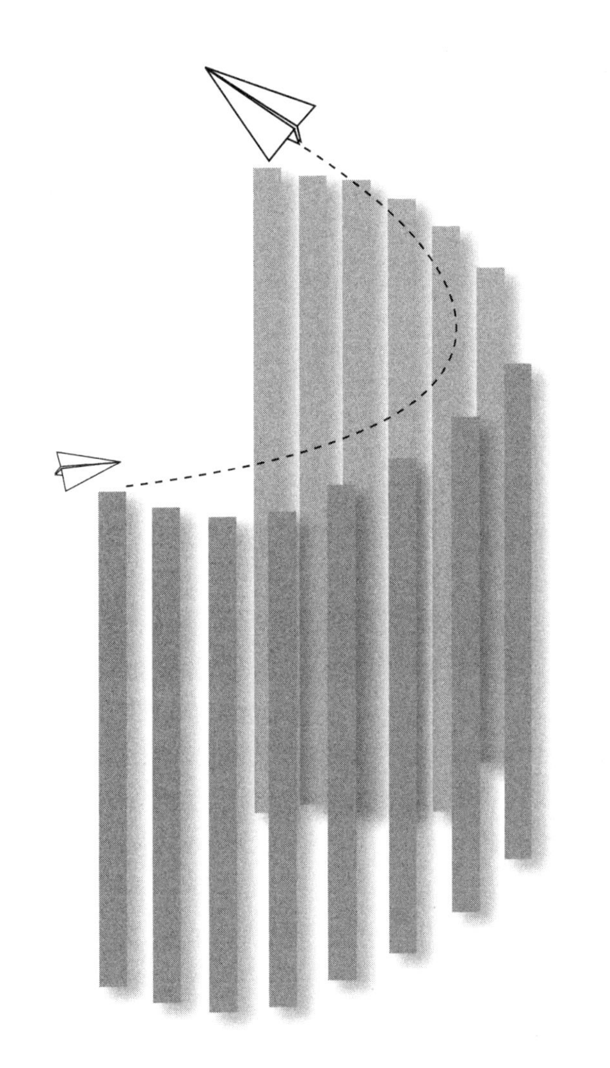

第6章　航站楼设备设施及运行情况简介

6.1　航站楼设备设施的特点

机场航站楼机电设备系统一般体量较大，属于典型的区域化大型设备集中运行管理模式，具有设备大型化、管理集约化、服务范围广、控制系统智能化等特点。以机场航站楼的空调系统为例，机场在规划中多采用区域供冷供热（distrist heating and cooling，DHC）的形式，一般在总体上设置能源中心，为范围内的航站楼和综合区供能。冷热量由能源中心送至航站楼及综合区内单体的热力交换站，然后分配至末端空调机组。往往整个系统内配置几个甚至十几个热力交换站，数十台热交换器及供冷供热水泵，分布于航站楼及综合区单体内的末端空调机组设备更是多达几百甚至上千台。这样大规模的区域供冷供热系统是大型机场航站楼典型的供能方式，所有设备均采取智能化控制系统，如此大规模的设备系统，其能耗量也相当大。

6.2　航站楼设备设施节能运行的重要性

像机场航站楼内这种大规模的设备系统，对日常节能运行和维护的管理人员要求较高，运行管理人员必须具备一定专业水平和运行经验才能使系统运行高效、设备运行接近设计参数、节能运行效果良好。机场航站楼的机电设备系统，不仅需要合理的设计和施工，更需要正确的运行管理和设备维护，“设计”和“运行管理”是不可分割、相辅相成的。运行管理的理念应当贯穿于整个建筑的全寿命周期：设计阶段的全面统筹；施工阶段的严格监理；施工完成的系统调试验收和竣工文件验收；运行阶段的监测调控和运行记录、系统保养和维护、故障诊断和消除、系统改进。这些过程都不能脱节，没有合理的设计，系统先天不足，没有合格的运行管理，设计再好的系统也无法实现或很快失去设计功能。所以，只有设计、施工、运行三方面结合起来，系统才能合理、顺畅、高效的运行。

节能减排目前是全球都在关注和研究的课题，很多时候往往错误地把节能降耗和服务质量看作是对立的矛盾，比如夏季空调温度适当调低，灯光照度适当调高时就感觉很舒服，此时能耗也较大，相反温度高、照度设低，虽然降低能耗了，但房间就会闷热、昏暗。其实，目前大型航站楼建筑的现状绝不是节能降耗了就限制提高服务质量了，只有把这两项工作目前存在的缺陷研究清楚了，“对症下药”，二者才能不仅不是对立的，更多的是统一的、相互促进的。比如设备该开的地方就开、该关的地方就应该关，尽可能智能化运行，对于大型公共建筑就可以降低很多能耗；对根据实际环境参数设备运行参数进行一些优化设置就可以节能；引进一些新技术、开拓一些新思路就可以使这对矛盾更多的统一。所以，结合这些大型公共建筑的实际情况，寻找和研究合适的技术方法，在考虑成本回收周期的基础上，制定科学的方案和指标，逐步改进和降耗是节能运行工作的主要方向。

6.3　国内外机场运行节能概况

1. 国外机场节能概况[1]

能源和环境问题已经成为当今世界经济发展中的焦点问题。纵观国内外大型机场，都把节能放在重要位置，通过以下介绍的部分国外机场的节能概况可知一二。

（1）美国特拉基塔霍（Truckee Tahoe）机场

美国特拉基塔霍机场在进行了大量成本对比分析之后，将太阳能发光二极管（light－emitting diode，LED）灯用于机场滑道边缘的永久照明，使机场在8年时间内比使用传统有线系统节省了272000美元，而节省的机会成本约975000美元，这些经费可用于机场其他基础设施的更新换代。该机场被美国联邦航空管理局作为美国民用机场通用航空照明指南的一个研究案例。

（2）新加坡樟宜国际机场

新加坡樟宜国际机场是亚洲主要的航运枢纽，其三号航站楼被称为节能设计的典范。三号航站楼的屋面和侧墙均采用“透明设计”，以自然照明为主，人工照明为辅，充分利用自然采光达到节能的目的。三号航站楼的屋顶有近千个抗热玻璃“天窗”，每个“天窗”上层设置两扇电脑控制的叶片，能随阳光和天气的变化适度调整，使室内的光线柔和均匀。60000m^2的旅客大厅中装有智能照明结构，通过智能建筑控制系统控制遮光和反光板配合动态照明来模拟出自然光照的效果，为旅客提供更为舒适的环境。

（3）意大利马尔本萨国际机场

意大利第二大机场马尔本萨国际机场，拥有两座候机楼，占地面积329000m^2，2002年旅客流量约为17442250人次。该机场考虑未来能源消费变化趋势，采用了热电联供方案。该项目得益于意大利热电联供项目的特殊财政政策，即天然气发电可享受优惠，除此之外，机场还享受远低于民用天然气价格的工业用天然气的价格。1998年10月，马尔本萨国际机场热电联供机组开始生产，满足了机场所有的电、热需求，只有在峰值负荷期间以及紧急情况下才从电网购入部分电量。2002年，机组发电量131457GWh，供热121395GWh，制冷72266GWh，总热量达224735GWh。全年20%的制冷用于空气除湿。机组的电效率为30.3%，热效率达78%。经过几年运行，机场的能源费用减少20%。

（4）希腊雅典国际机场

希腊雅典国际机场位于斯巴达镇附近，距离雅典35km。机场于1996年建成，单位面积能耗255kWh/a。

另据希腊国内29个机场的统计结果（表6.1，希腊机场的主要节能措施包括外墙隔热、屋顶隔热、采用双层玻璃、屋顶排风、遮阳系统、采用蓄冷空调以及照明节能等）。节能效果可以归纳为：

1）外墙隔热。通过在航站楼建筑外墙敷设不透明材料，可以减少2% ~ 16%的供热损失，制冷时可以节省3% ~ 16%的冷量。投资回收年限在0.7 ~ 2.1年。

2）屋顶隔热。屋顶隔热可以减少23.4%的供热损失以及31.5%的供冷损失。投资回收年限在3.2年左右。

3）双层玻璃。通过将单层玻璃换成双层玻璃，供热时可减少热损失8% ~ 30%，制冷时可节省0.3% ~ 1%的冷量，投资回收年限在6.5 ~ 15.3年，同时可以降低室外噪声。

4）屋顶排风。采用屋顶排风方式的混合通风（安装在安检处、候机区）能减少年制冷负荷。自然通风建筑中采用屋顶排风能够避免空间的温度分层，在相同的设定温度下能够节省空调系统6% ~ 8%的能耗。投资回收年限在0.1 ~ 0.3年。

5）遮阳系统。采取合适的遮阳方式能够阻挡大部分太阳辐射，增加室内视觉舒适度，减少冷负荷。现有建筑中采用的外窗以及半透明膜可以分别减少冷量损失14% ~ 59%及9% ~ 39%。投资回收年限在1.1 ~ 3年和0.9 ~ 2.3年。

6）蓄冷系统。机场中采用的蓄冷系统包括水蓄冷及冰蓄冷，其运行策略各不相同，但都是通过将电力消耗从白天高峰时段移至夜间电力低谷时段的方式来节约运行费用，系统规模越大，在不同的费率下经济效益越高。此外，在夜间室外温度较低的情况下，制冷机运行效率较高。在现有制冷系统需要增容的情况下，使用蓄冷系统同样可以获益。例如，需要增加冷量时可以通过蓄冷系统来实现而不需要额外增加制冷机。同样，在白天供冷高峰时不需要开启的制冷机晚上蓄冷的时候可以开启。冰蓄冷系统规模一般为水蓄冷系统规模的15% ~ 20%，运行费用也低。但是由于制冰蒸发温度低，制取相同的冷量时，冰蓄冷系统需要消耗更多的电能。通过计算不同的运行模式，包括全蓄冷模式和部分蓄冷模式，全年蓄冷量为1400MWh，水蓄冷白天部分蓄冷量为160 MWh，冰蓄冷为16 MWh。

7）照明。使用节能灯能够节省照明电量70% ~ 75%，投资回收年限在0.2 ~ 1.8年。

希腊29个机场总体节能效果　　**表6.1**

节能方式	节能效果	回收年限（年）
外墙隔热	供热2%~16% 供冷3%~16%	0.7~2.1
屋顶隔热	供热23.4% 供冷31.5%	3.2
双层玻璃	供热8%~30% 供冷0.3%~1%	6.5~15.3
屋顶排风	6%~8%	0.1~0.3
遮阳系统	外窗遮阳14%~59% 半透明膜9%~39%	1.1~3 0.9~2.3
照明	70%~75%	0.2~1.8

2. 国内机场节能概况

改革开放以来，中国经济快速增长，而中国在能源利用效率上与国际先进水平之间存在着巨大差距，解决好我国的能源问题，是实现我国社会经济可持续发展的重要环节。坚持“节约资源和保护环境”的原则，作为用能大户的机场，把节约能源的工作作为重点工作之一。

（1）北京首都国际机场

北京首都国际机场在三号航站楼的楼体及其各个系统的设计上充分考虑了节能要求，应用了许多新技术与新方法。楼体设计采用全玻璃幕墙、屋顶带天窗的设计方案，得到良好采光效果的同时，节省了照明用电。先进的智能照明系统可以通过设定时间表、感应外界不同方向的亮度、获取航班信息等，实现相应区域照明及人体感应照明等多种运行模式的自动控制。空调机组中加装转轮式全热回收装置，夏季可以利用排风的冷量对新风作降温除湿预处理，冬季则可以对新风进行预热和加湿，对航站楼空调系统中的能源进行充分利用以达到节能效果。电力监控系统可实时反映出楼内各个变电站的供电用电情况，减少无功功率的损耗。

（2）广州新白云国际机场

广州新白云国际机场是我国规模最大的枢纽航空港之一，占地14.4km^2，以高要求、高标准、高规划为设计宗旨，已成为广州乃至广东航空交通的标志性建筑和华南地区航空交通网络的重要枢纽。该机场在建筑布局上注重建筑物的朝向，充分利用自然采光和通风，减少空调、通风、照明的能耗。航站楼高大空间的空调送冷区域设在层间3m以下，利用冷空气下沉和高大空间上部空气间隔实现空调节能。屋面采用张拉膜结构，面积达60000m^2。由张拉膜拱顶、老虎窗以及玻璃天窗引入大量的自然光，使航站楼内充满生机。同时张拉膜还具有吸音、遮阳和装饰的作用。照明设计采用自然光与照明、直接光与间接光的结合，大量透明材料的运用保证候机大厅在白天不需要任何人工照明。玻璃幕墙是目前世界上最高、最大面积的幕墙之一，全部采用节能隔热的中空低辐射玻璃。机场内还建造了日处理28000t防水的污水处理厂，包括污水处理和中水回用两部分，根据应用水、生活用水、景观用水和绿化用水对水质的不同要求，提供不同水质的用水。灯光照明系统以反射光为主，间接照明的设计使室内灯光都不会产生眩光，灯光更加柔和均匀，给人一种舒适恬静的感觉。各种高光效、节能型的荧光灯及高显色性金卤灯的使用，使之成为新型环保的新空港不夜城。楼宇机电设备管理系统将航站楼内的空调、通风、照明、动力、排污等系统或设备，通过分布式计算机监控系统，实现集中监视、控制和管理，并与电力自动监控系统、不间断电源、计算机管理系统、机场信息集成系统有效集成，构成综合管理系统。

（3）上海浦东国际机场

上海浦东国际机场一期工程冷热源采用"大集中、小分散"的能源供给方式，在机场的动力设施区建设了一座集中供冷供热主站——一期能源中心，占地面积10808m^2，主要负责向一号航站楼（改造后总建筑面积347800m^2）、综合办公区、航空食品配餐区、货运区、飞行保障区和商务设施区供冷供热。由于采用了热电联供系统，能源综合利用率高。

上海浦东国际机场二期工程冷热源采用了大型水蓄冷技术，建设了一座集中供冷供热主站——二期能源中心，负责向二号航站楼（总建筑面积485000m^2）供冷供热。此外，还采用了水泵变频、自然通风、航班联动等节能技术。由于二期大型水蓄冷技术的成功应用，上海浦东国际机场三期扩建工程——卫星厅冷热源也采用了大型水蓄冷技术，新建三期能源中心向卫星厅（总建筑面积622000m^2）提供空调冷热水，同样采用了三次泵冷水直供等节能技术。

第7章　航站楼设备节能运行策略与系统优化

7.1　航站楼空调系统节能运行

1. 航站楼空调系统的运行特点与常见问题

航站楼是机场的标志性建筑，其占地、建筑规模及体量通常较大，功能和流线复杂，内部人流量大。由于航站楼的建筑功能的特点，航站楼空调系统存在以下特点和问题。

（1）旅客的频繁流动，冷风渗透

由于机场航站楼旅客的频繁流动特性，使得机场航站楼冬季实际渗透风导致的热量散失几乎与空调系统供热量相当[1]。渗透风多由门窗开口及缝隙处渗入（图7.1），存在路径不易明确、风量波动且不易确定等多种不规律性特征。如何简便有效地测定渗透风量、明确渗透风在航站楼高大空间内的流动路径，如何更合理地分析渗透风对室内环境的影响规律、室内环境指标能否满足要求等，对航站楼空调系统的冬季实际运行具有重要影响。

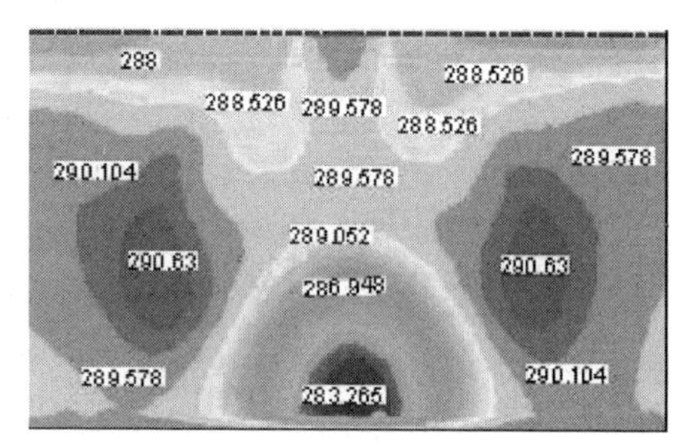

图7.1　某航站楼冬季入口大厅切面温度分布情况（K氏温度）

（2）机场航站楼多为高大空间，室内温度控制效果不佳

机场航站楼多为高大空间，建筑层高10 ~ 20m甚至更高，而人员通常仅在近地面处活动（图7.2）。此类建筑目前多采用喷口射流送风方式进行室内热湿环境调控，由于航站楼层高较高，温度分层严重，室内热湿环境的调控效果有时并不理想，且供暖空调系统的实际运行能耗显著高于普通公共建筑[1]。

（a）

（b）

图7.2　典型航站楼高大空间环境
（a）航站楼高大空间；（b）航站楼高大空间人员活动区

（3）平面面积大，存在大量的内区

航站楼由于平面面积大，存在大量的内区，设计师在设计大空间建筑空调系统时，往

往又对内区房间的负荷估算不够准确，经常造成内区房间在过渡季和冬季过度闷热的现象，主要原因是对房间内热源散热量估计不足，在使用负荷计算软件时，办公室人员密度一般估算0.2 ~ 0.4人/m^2，每个办公室设备估算1 ~ 3台。实际运行中发现，某些办公区的人员和设备数量远远超出设计范围，如某机场候机楼内某航空公司办公室，20m^{2}内有办公人员12人、12台电脑、2台打印机、2台复印机，这都远远超过了设计时的计算指标。

2. 航站楼空调运行常见问题的解决方法

建筑规模大、功能复杂、各使用方的意见众多，使得航站楼空调系统从设计到建设，最后到运营阶段，部分功能的实现会出现偏差，造成空调系统最终运行的效果不好，达不到设计预期。故实际运行中需要根据空调系统的特点和常见问题进行空调系统的节能优化或运行策略的优化。

（1）针对旅客频繁流动而造成的冷风渗透问题的解决方法

针对航站楼旅客流动导致冷风渗透造成冬季空调效果不佳的情况，首先在建筑布局的设计上应避免开门面对冬季主风向，另外在开门的动线上避免冬季穿堂风形成。其次，进行航站楼整体风量平衡计算，保证新风量大于排风量，保持楼内正压，减少冷风渗透。另外运行中可以通过设置双层门斗（首层门和第二层门垂直设置），加设风幕机等减少冬季冷风渗透。

（2）针对高大空间温度效果控制不佳问题的解决方法

机场航站楼拥有较多大空间公共区域，层高比较高，且各楼层之间相通，不论冬季还是夏季，室内温度梯度都非常明显，图7.3为华东某航站楼主楼冬季大厅的空间温度情况。从图中可以看出，冬季垂直温差较大，冬季空调全部开启时，垂直高度方向上温差可达6.5℃，可见大空间的温度分层现象比较严重。同样，夏季空调开启时，0m层到达大厅要比12m层出发大厅低3℃左右。在过渡季节，候机楼负荷很小，小负荷下开启全部机组就造成了不必要的浪费，运行时可以分层和分系统开启设备，例如，供冷（供热相反）次序依次为贵宾室、12m层、0m层（图7.4），并且是分系统开启，先开启二次水泵，利用二次管网内冷水的蓄冷能力消除较小的负荷，不能满足冷量要求后再开启一次水泵，利用一次管网的蓄冷能力消除负荷，最后才开启冷水机组。这样既缓解了候机楼内温度分层现象，又有效的利用了冷（热）量，在过渡季节时效果尤为明显，不仅满足了候机楼的空调舒适度，而且节省能量。

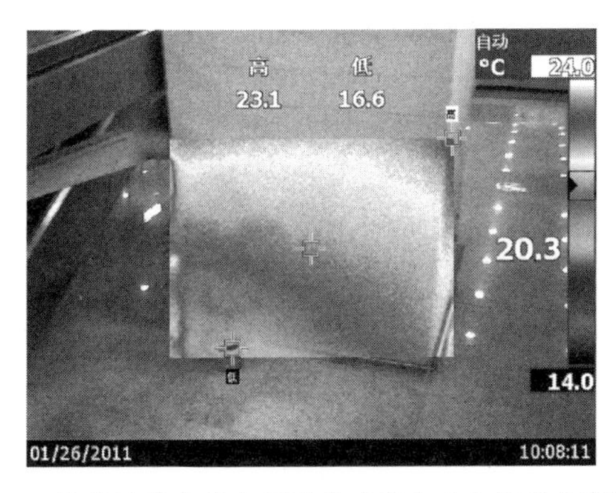

图7.3　某航站楼冬季大厅的垂直高度方向温度分布情况

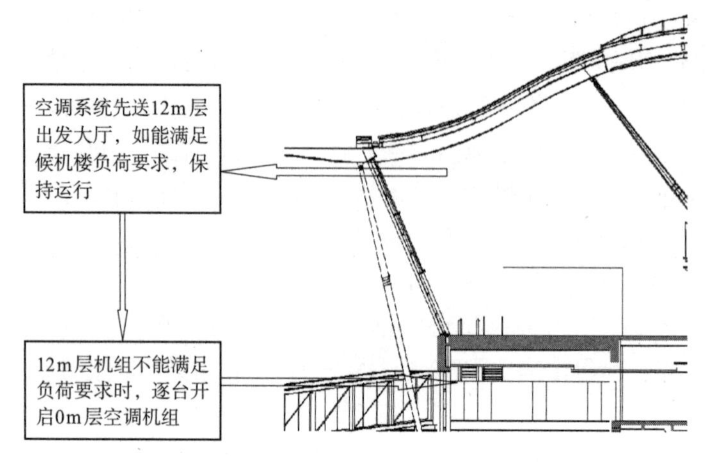

图 7.4　分层输送冷、热量

在采用分层和分系统开启设备的手段后，对该航站楼主楼进行了分层供暖测试，当某日室外环境温度为6℃时，将航站楼主楼0m、6m层空调机组全部开启，12m层空调机组全部关闭，12m层的温度分布如图7.5所示。可以看出，室内温度基本超过18℃，图中室内温度为15 ~ 19℃的时间段，是在自动门长时间开启的情况下测试的，实际上自动门是瞬间闭合的。所以，当环境温度高于6℃时（航站楼供热标准为环境温度低于10℃），12m层的空调机组完全关闭，主楼同样可以满足室内舒适性标准。根据测算，12m层的空调机组约46台，机组总功率为1380kW，采用BIN方法测算，根据表7.1该市每年温度在6 ~ 10℃的小时数，最终计算出该航站楼通过分层供暖每年约可节省电量120万kWh。可见，分层供能节能潜力巨大。

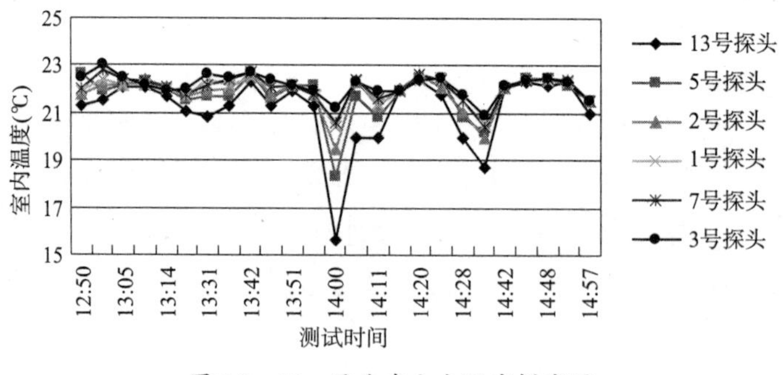

图 7.5　12m层垂直方向温度梯度图

该市温度年频率统计表　　**表 7.1**

干球温度范围（℃）	6 ~ 6.99	7 ~ 7.99	8 ~ 8.99	9 ~ 9.99
温度年频率（h）	299	295	287	278

（3）针对航站楼冬季内区供冷问题的解决方法

航站楼由于平面面积大，存在大量的内区，故设计师在设计时往往采用四管制的空调水系统，但由于机场设计中常采用能源中心供能，但是在过渡季或冬季如果开启能源中心的制冷机组，犹如“大马拉小车”。故在实际运行中，航站楼空调水系统四管制均没有进行实质性的启用，除运行成本太高的原因外，电动阀的泄露也是主要因素之一。但内区情况仍然是存在的，在运行中可以通过以下方法解决内区供冷的问题。

1）直接引入室外新风消除室内负荷

针对前文中提及的某航站楼内区贵宾室和某航空公司的办公室空调系统进行改造，增加了机械通风系统，如图7.6所示，右侧为从0m层机房新增引入的新风管和新风机组，左侧为对应6m层贵宾室的空调机组，新风管接入空调机组后，过渡季节完全利用新风机机械通风。未进行改造前，由于贵宾室的负荷需求，能源中心在环境温度低于20℃时才能停止供冷，改造后环境温度在20 ~ 24℃时利用新风就可满足室内负荷要求，也就是环境温度在24℃以下时就可停止对贵宾室的供冷。同样利用BIN方法，据表7.2，改造后过渡季节利用机械通风节省的电量约为79万kWh。

该市温度年频率统计表　　**表7.2**

干球温度范围（℃）	20 ~ 22	22 ~ 24	24 ~ 26	26 ~ 28	28 ~ 30	30 ~ 32	32 ~ 34	大于34
温度年频率（h）	622	620	646	662	404	221	73	49

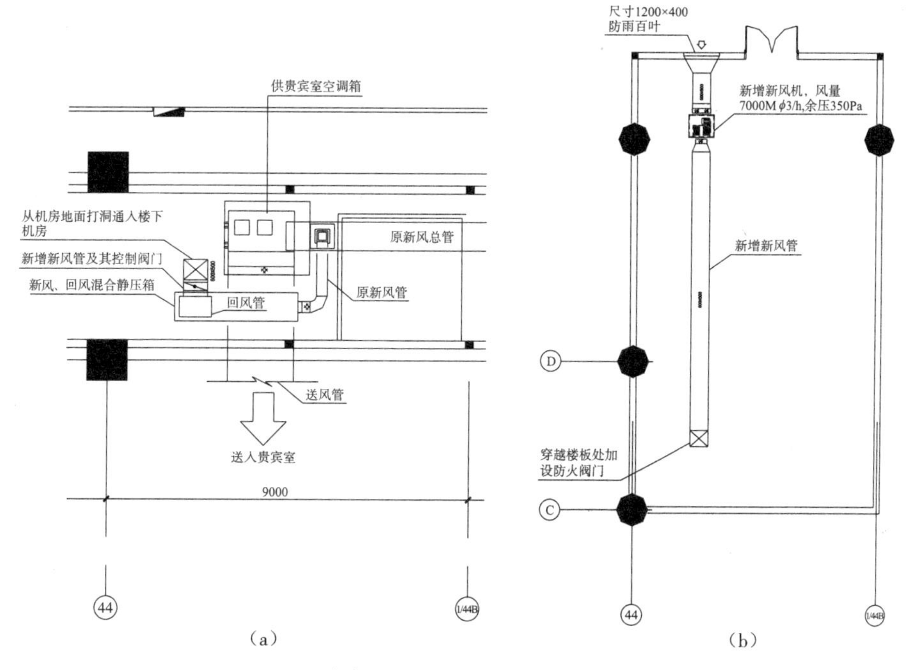

图7.6　某贵宾室增加机械通风系统平面图

（a）供贵宾室空调风管平面图；（b）通入楼下空调机房12风管平面图

2）利用冷空气冷却空调水解决内区冬季供冷

华东某机场航站楼根据原空调系统设计，冬季时（环境温度低于10℃），其航站楼长廊内区房间仍需供冷。供冷时，需开启1台冷水机组（1359kW）、2台一级冷水泵（75kW）和3台二级冷水泵（30kW），能耗较大。考虑到冬季环境温度已经很低，如果再对航站楼进行供冷，综合用能不合理。为利用冬季室外免费冷源进行内区供冷，对航站楼空调系统现状进行综合研究，制定了冬季内区“免费”供冷方案，原理见图7.7（图中水温仅为示意温度高低关系）。该项目空调水系统采用四管制，冬季工况，冷水板式换热器一次侧水系统关闭，冷水机组停机，仅二次侧水泵运行。同一冷水系统中双风机机组（全新风模式相当于新风空调箱)冷盘管的水被室外新风冷却,而流经内区风机盘管的水被加热,如此循环运行,满足内区供冷的需求,实现了“免费”冷却。经统计,该地区每年室外气温低于10℃的时间为2748h[4],计算出每年可节电约264万kWh。

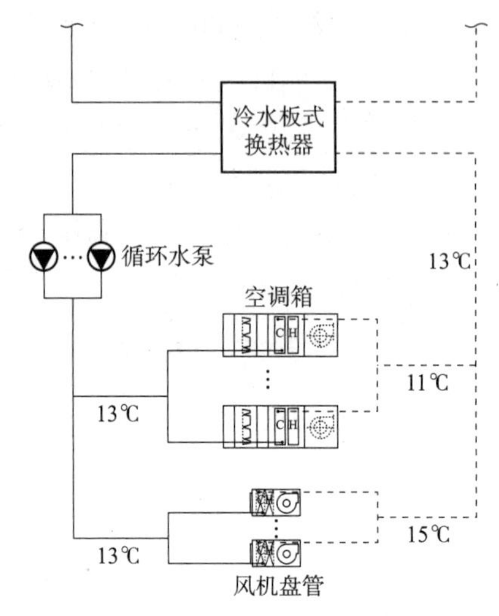

图7.7 空调系统“免费”冷却原理

3)冷却塔“免费”供冷方式

冷却塔“免费”供冷技术能够减少制冷机组开启时间,节省机组运行费用,适用于需全年供冷或有常年供冷内区的航站楼建筑。对于部分本身设有冷水板式换热器的航站楼空调系统,当过渡季节和冬季室外空气湿球温度低于某一温度值时,关闭制冷机组,利用冷却水通过板式换热器间接地向航站楼内区空调系统提供冷量,可以充分利用自然冷源,达到降低空调能耗的目的。

3. 航站楼空调系统运行中的其他优化措施

除了上述针对航站楼运行常见问题的优化措施外,运行中需要根据空调系统实际使用情况,借助不同的技术手段不断优化空调系统,以满足实际的使用需求,降低空调系统的能耗。

(1)借助CFD模拟软件手段,制定空调系统优化措施

航站楼空调系统运行时,当某区域空调效果不佳,尚不能确定改造手段一定有效时,可借助例如计算流体力学,例如Fluent软件模拟改造后的效果,为改造方案提供技术支撑。

例如,某航站楼冬季按照标准当室外温度为0℃时,室内人员活动区域的设定温度应该为18℃,但是该航站楼主楼到达大厅长期以来一直不达标,即使机组满负荷运行(水阀全开)也仅能达到12.7℃,特别是空间的垂直温度差很大,高达10℃,见图7.8;主楼到达区域也因无法达到温度设定值,经常遭受旅客和工作人员的投诉。

通过现场测试和技术论证,认为造成这一问题的主要原因为层高太高(高达9.5m),风口出风风速太低,气流组织为对大空间供热最不利的上送上回方式,造成“气流短路”。初步确定改造方案为更换末端送风风口,提高送风风速。通过采用Fluent软件模拟提高风口风速后的室内温度分布情况见图7.9,可以看到,改进以后大厅的送风速度由3m/s提

高到5m/s时，室内温度可以上升4℃左右；当室外为0℃时，室内2m高区域温度从原来的12.7℃提高到18.0℃。

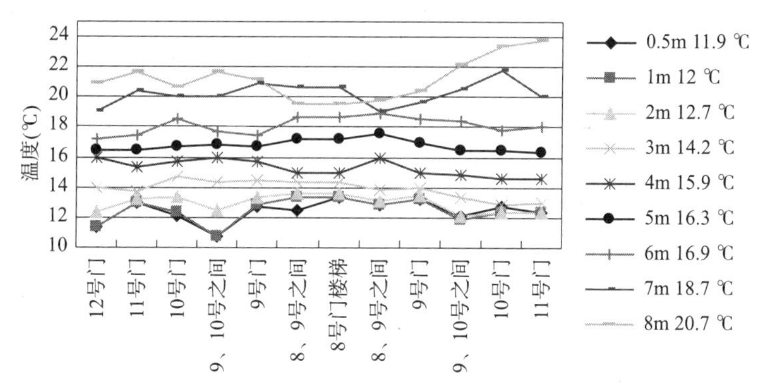

图 7.8　航站楼主楼 0m 到达大厅温度梯度

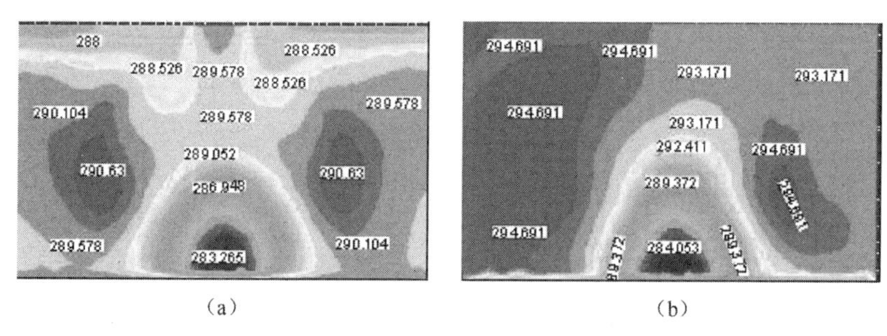

图 7.9　到达大厅送风风速变化前后的温度场（K氏温度）

（a）送风口风速 3m/s；（b）送风口风速 5m/s

在反复试验后，最终确定了采用投资少、见效快的改进方式，即高速球形喷口替代原四向出风口的方案（图 7.10）。方案实施后，空调效果得到明显改善。这样不仅改善了该区冬季空调效果，而且空调机组也可以达到设定温度，从而减少热水的使用量，降低了机组的能耗。

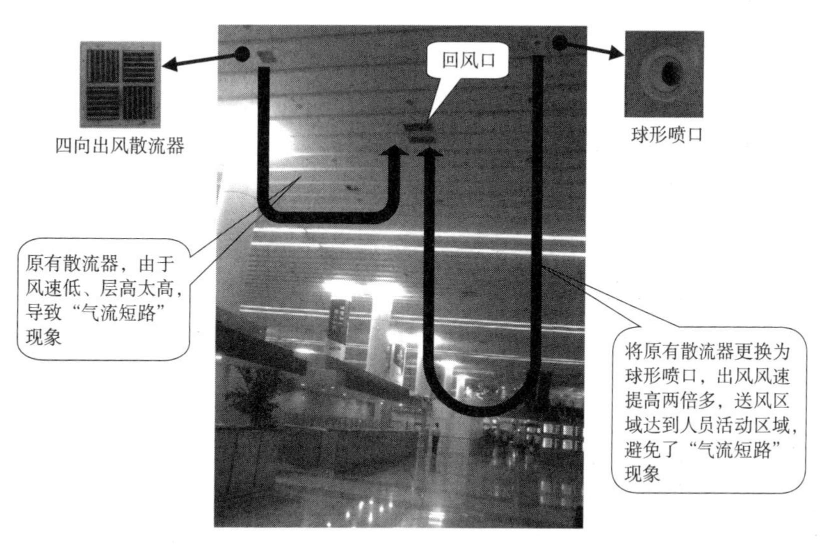

图 7.10　两种送风口形式

（2）变流量系统的控制策略

航站楼建筑中空调负荷很大，为空调服务的冷热源设备及输送水泵容量也很大。这种集中式的冷水系统能耗相当大，从节能和可行性两方面考虑，对占空调能耗比例较大的输送系统进行节能改进比较合理。根据实际情况，航站楼全年运行的空调系统最大负荷出现的时间一般不超过总运行时间的10%，空调设备的选择是按照设计工况确定的，而空调系统大部分时间在50% ~ 70%的负荷率下工作，这就使变流量冷水系统有很大的节能空间。在满足对负荷要求的前提下使水泵耗能尽可能降低，其主要实现方法就是根据负荷的变化而改变水流量，降低水泵转速，从而降低水泵功率消耗，根据传统的计算方法，水泵的功率与转速比成三次方的关系[5]，所以变频控制系统的节能潜力极大。

华东某机场航站楼空调水系统如图7.11所示，该航站楼设多个热力交换站，由能源中心统一输送冷、热量，再通过板式热交换器换热后送到各末端空调箱和风机盘管，每个热力交换站设三台冷水二级泵，两用一备，全部工频工作。该航站楼在建设初期没有设计变频控制系统，即没有图7.11中的VFD模块，后对热力交换站内冷水泵作了变频节能改造，增加了图7.11中的VFD模块。

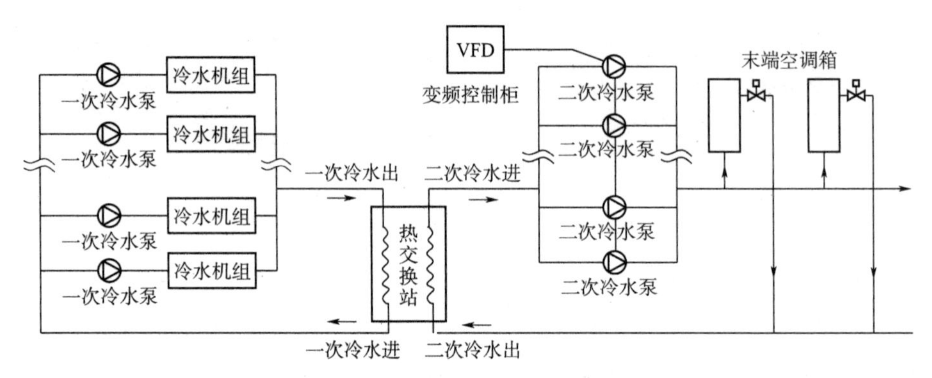

图7.11　某机场航站楼空调水系统图

改造后当年8月，对工况相同的6号和9号热力交换站进行了耗电量试验，将6号热交换站冷水泵全部根据负荷需求变频运行，将9号热交换站冷水泵保持原设计的工频运行，测试结果见表7.3，从表7.3中可以看出，6号热交换站冷水泵单月节电19080kWh，航站楼供冷季为5 ~ 10月，9个热交换站仅冷水泵每年共节电约1030320 kWh，由于节电量是根据8月份数据测算，此时航站楼冷负荷为高峰时期，也是变频节能量最少的工况，所以全年的节能量肯定高于以上测算数据。

航站楼6号、9号热交换站变频－工频测试表　　表7.3

日期	6号热交换站冷水泵			9号热交换站冷水泵		
	电表读数	水泵运行台数	抄表时间记录	电表读数	水泵运行台数	抄表时间记录
8月1日	3	2	14:00	65	2	14:00
9月1日	328.5	2	14:50	708.5	2	15:00
统计	325.5	互感器比值：300/5，功率比60		643.5	互感器比值：300/5，功率比60	
耗电合计	19530 kWh			38610 kWh		

实际运行中，我们采取的是并联水泵变速运转与运行台数变化结合控制的变流量系统。如图7.12所示，Ⅰ为单台水泵的特性曲线，Ⅱ为两台并联水泵的特性曲线，系统满负荷运行的额定工况为2点，Ⅱ′为两台并联水泵变频后的特性曲线，2′点为变频后的工作点。当流量下降到运行一台水泵就可满足要求时，工作点为1点，如果流量继续下降，单台水泵变频，特性曲线为Ⅰ′，工作点为1′点。此时的1′点就不能与2点进行比较，因为水泵台数发生了变化，相似定律也只有在相同水泵的条件下才成立。1′点的比较基准只能是单台水泵满负荷运行时的工作点1点，同样2′点的比较基准才为2点[8]。

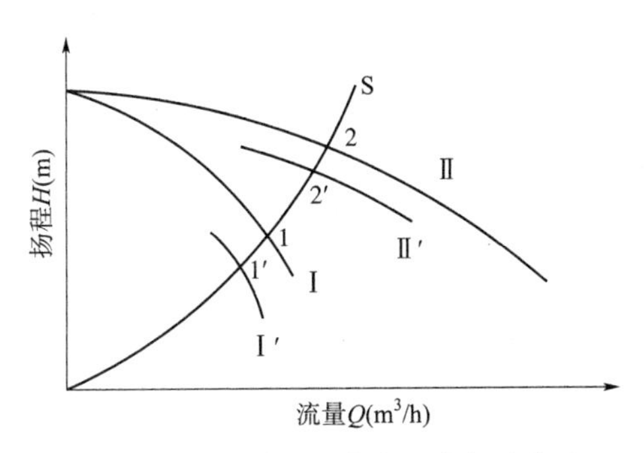

图7.12　变流量运行中水泵台数的变化

如果变流量系统并联水泵每一台都加变频器，当变频后的流量接近减少一台水泵后全速运行的流量时，就可以停开一台泵，依此类推。这样可以满足任意冷负荷下的流量要求，且水泵的运行效率不至于过低。在运行水泵的控制中，通过变频控制与台数控制相结合使系统的节能效果达到更佳。

7.2　航站楼楼宇自控控制策略[9, 10]

航站楼拥有规模庞大的空调系统、照明系统，以及众多功能各异且相对独立的子系统，如侧窗控制系统、UPS电源监控系统、风冷热泵控制、多联机空调联网控制、飞机加氯系统、生活水监控等，这些设备设施及其子系统全部集成在楼宇自控系统的管理平台上。因此，在运行中设置合理的楼宇控制策略是保障楼宇自控系统正常运行并发挥其作用的关键，有助于提高航站楼的整体管理水平。

以下主要对空调系统、侧窗系统、照明系统的运行控制策略以及航站楼特有的航班联动运行控制策略进行介绍。

1. 空调系统的控制

（1）空调机组的时间程序控制

空调机组的时间程序控制夏季室内温度低1℃或冬季室内温度高1℃，其空调能耗将增加8%左右，对于机场航站楼的大空间，这个比例会更高。所以，对空调机组进行时间程序控制及设定温度的设置将很大程度节约能耗。

1）时间程序控制

空调机组及相关的排风机、送风机由相关时间程序控制定时关闭及启动。各机组和风机、水泵可与设备的运行时间表相关联，设备运行的时间需求和实际的需求相关联，减少不必要的能源消耗。

2）与航班信息系统集成的联动控制。由于航班运行的特点，候机厅可能处于不同的运行工况：夜间空置状态；较长时间临时空置状态；客流平时正常状态；客流急增状态等。

（2）水系统控制

通过根据负荷的冷热水供水温度控制、板式热交换器的台数控制以及循环水泵的变频及台数控制策略。

（3）风系统控制

1）焓值控制

对每台空调机组的空气源进行全热值计算，并进行比较决策，自动选择空气源，使被冷却盘管消除的冷量或增加的热量最少，以达到所希望的冷却或加热温度。根据室外空气参数（室外温湿度计算焓值）与室内候机厅、出发达到厅、安检卫检等服务区的焓值（根据回风温湿度进行计算），全年空调通风可自动划分选择多种不同的工况进行控制。

2）新风控制

新风系统的节能表现在两方面：一是最小新风量控制，二是根据负荷的新风机组变频调速控制。

3）最小新风量控制

向室内引入新风是为了稀释各种有害气体，保证人体的健康。在满足卫生条件的前提下，减小新风量，有显著的节能效果[9]。航站楼机组应用区域的客流变化较大，对新风量的需求也会发生较大的变化，新风量的大小将很大程度影响机组的能耗。CO_2不是污染物，但CO_2浓度可以作为室内空气品质的一个指标，也是控制调节最小新风量的依据。因国内没有制定相关标准，参照美国ASHRAE62-2001标准，实际运行中使室内CO_2浓度控制在700ppm以内，满足人体的舒适性。

对有新风阀调节的机组均设回风的CO_2检测，回风CO_2浓度检测用于反应实时的客流量的变化，调节新风阀的开度，控制最小新风量，并相应地比例调节回风阀及排风阀。在满足回风二氧化碳浓度的设计要求的情况下，将新风量维持在最小。

4）新风机组变风量控制

一是主楼客流量大的区域，如行李提取厅、办票厅、迎客厅，采用一台变频的新风机带若干台空调机组的空调系统，空调机组带ECAV的新风定风量箱。

二是通过空调机组回风二氧化碳检测对ECAV的新风量进行调节控制，在满足空气质量的前提下维持最小新风量。根据系统末端新风量的改变调节新风机的运行频率，以将送风静压控制在设定值。根据末端负荷的新风机变频调速控制可以节约大量能源。

5）其他暖通设备的控制

风机盘管电源控制。根据应用区域进行分组的电源开关控制，可以根据实际使用时间编制相应的时间程序进行控制，很大程度减少不必要的能源浪费。

航站楼交通中心地下停车库通常有大量排风机，需消耗大量的电能，应在满足需求及空气质量的情况下减少运行时间，并对变频风机降低运行速度。排风机根据时间程序定时启停，并根据车库内的CO浓度进行启停或变频调速控制。

2. 侧窗系统的控制

自然通风及复合式空调用于长年需要空调的航站楼有较好的舒适性，并产生较大的经济效益。室外较冷空气自然或由机械引进室内，直接作冷却用，可省去机械空调必须利用的冷媒。由于仅需要极少的电力，变动极少的设备，再加上不多的控制装置，其廉宜可想而知。

（1）自然通风的窗体形式

屋顶天窗自然通风的效果优于侧窗，但由于目前的天窗质量及施工水平无法保证天窗的渗漏水问题，为保证航站楼的安全运行，实际运行中多采用侧窗进行自然通风的方案，如图7.13所示。

图 7.13　某机场航站楼侧窗设置

（2）自然通风模式的转化温度及节能效果

自然通风相对于其他节能举措效果更直接，满足负荷后可停开空调机组，自然通风策略制定的核心是确定自然通风模式和全面空调模式的转化温度即侧窗系统的控制温度。这需要以设计为基础，以实际运行时间为依据，制定合理的、适合运行的控制策略。

以华东某机场建筑为例，据设计方案，当环境温度低于19.5℃时，开启侧窗进行自然通风可消除室内热负荷。通过实际运行实践，当最高环境温度为16 ~ 24℃时，开启侧窗可消除大空间公共区域热负荷。当白天最高环境温度为22 ~ 26℃时，可进行夜间通风蓄冷，利用建筑的热惰性，消除公共区域第二天的热负荷。公共区域自然通风的同时，内区办公区域必须辅以供冷，否则不能满足航站楼整体负荷需求。

根据实测，该航站楼空调机组实际运行功率如表7.4所示，利用BIN法，查阅相关气象参数，该地区每年气温为16 ~ 26℃的小时数为3576h，如开启空调机组全新风模式机械通风，设此时间段仅有30%的时间需通风，即开启小时数为1072h，空调机组在该环境温度范围内年耗电量为603万kWh，也就是采用自然通风后，每年至少节电603万kWh（实际需要开启时间超过30%）。

空调机组实际运行功率　表7.4

参数＼位置	主楼	长廊	连廊	总计
额定电流（A）	6187.72	6567.45	1957.03	14712.2
实际电流（A）	4694.57	5234.39	1323.62	11252.58
实际功率（kW）	2347.285	2617.195	661.81	5626.29

综上所述，实现自然通风的基本条件是：具备开窗的条件；自然通风的实现难点是：开窗后对结构和功能的影响；自然通风的回报率：有一定初投资，该机场侧窗建设费用约400万，回报率相当高，当年即回收其侧窗建设成本费用。

（3）自然通风侧窗的运行模式

实际运行中，将长廊处侧窗和主楼的侧窗根据实际情况分别分为多组连接到楼宇自控系统进行控制。结合各个空调机组的焓值控制，当机组需运行在通风工况时，在打开新风阀时，同时打开相应区域的侧窗，直接进行室内外空气的快速交换，在夜间空气净化模式时，也是同样。这样既净化了室内的空气质量，又产生了很好的节能效果。在过渡季节可大量采用这种运行模式。

3. 照明系统的控制

照明系统控制的核心即为照明系统的启闭、照度、分区、分时按需智能控制。航站楼的照明回路中有近10%的照明是基本照明负荷设置，以防止突发事件造成公共场所由于无光源而发生混乱状况。另外30%的照明是利用光照度传感器控制，这部分照明回路可以自动根据自然光的强度控制照明启停。

以某机场航站楼为例，光照度传感器设置为550±80lx，这样，现场照明能自动分辨白天和夜晚，以及阴雨天，当光照度不足（低于550 lx）时，随时补充照明。为了更好的进行节能工作，对于剩下的60%的照明，在光照度控制的基础上增加航班联动控制。联动照明包括筒灯、灯带、杆灯、金卤灯、大空间投射灯等，所有设备都按层分区域进行划分。

航站楼由于航班运行的特点，候机厅可能处于不同的运行工况，若当某个区域没有航班因而没有旅客停留时，将该区域的空调机组和照明系统完全关闭（图7.14），可以减少末端空调机组耗电和冷水机组的能耗以及照明系统的能耗。根据这一特点，结合航站楼建筑结构、旅客出发、到达流程，实际运行中，可以根据航班信息动态联动楼宇自控节能系统。

图7.14　航班联动控制空调

（1）控制策略

航班联动控制过程通过三个阶段实现：第一阶段，分区域控制；第二阶段，分事件控制；第三阶段，分级别控制。

1）分区域控制

分区域控制为节能控制的第一部分，即根据旅客流程确定并划分相关功能区域。单个区域内系统设备按照相对应区域的航班事件分级别控制。

以某机场航站楼为例，根据其建筑特点与旅客流程，把长廊国内出发、到达混流层区域划分为10个段，长廊国际出发、到达层区域每层划分为8个段，连接廊按照区域功能划分为国际出发联检区、国际到达联检区、国内出发安检区，主楼按照区域功能划分为一层国内行李提取区、国际行李提取区、三层出发公共区、二层迎宾公共区、一层迎宾公共区。图7.15为该航站楼国际出发层的区域划分示意图。

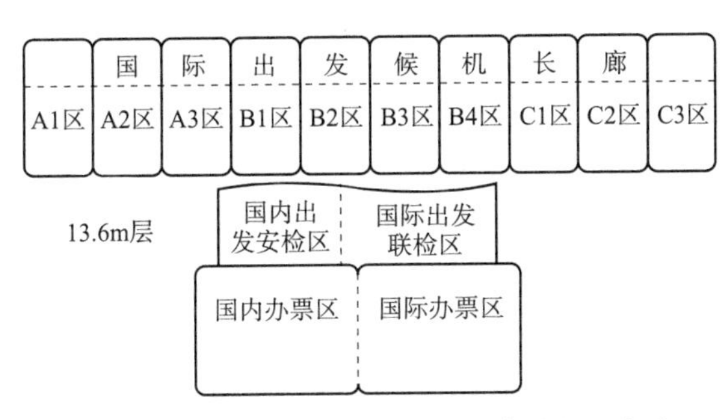

图7.15　某航站楼国际出发层区域划分示意图

2）分事件控制

在分区域的基础上，根据航班信息确定候机楼相关功能区域的旅客占用时间、非占用时间段，即分事件控制。分事件控制遵循如下基本原则：

①在飞机到达或起飞前，提前打开照明及空调设备；

②在飞机到达或起飞后，延时关闭照明及空调设备；

③操作人员可手动设置设备开启提前量与设备关闭延迟量；

④机位变动时，根据联动关系关闭原先机位所属段的设备，打开变动后机位所属段的设备；

⑤按照航班间隙启停设备。

以某机场航站楼为例，原先航班联动系统设计时，在飞机到达或起飞后，该区域内的空调设备设计为延时低负荷状态运行，而非直接关闭，由后续的实践证明，在分区合理的情况下，直接关闭空调设备并不会大幅度影响周围区域的温度场，故将在飞机到达前或起飞后的分时段控制策略改为关闭照明及空调设备。所以，虽然分事件控制策略基本原则如上，但运行单位可根据实际的情况不断优化控制策略。

3）分级别控制

在分区域、分事件基础上，计算出已划分区域的航班占用时间段，并在占用与非占用的不同情况下，实行分级别节能控制。以某航站楼分级别控制为例，其空调机组以季节模式为控制依据，以航班事件、时间表为启停依据组成2层控制级别；照明以光感、时间表、航班事件等为开关依据组成3层控制级别。具体说明如表7.5、表7.6所示。

空调机组分级别控制　　**表7.5**

级别	控制区域	启停依据	说明
一	大空间	分段航班事件	基本负荷
二	办票岛、行李转盘、登机口、贵宾室	特殊功能区域航班事件、时间表	补充负荷

照明分级别控制　　表 7.6

级别	控制区域	开关依据	说明
一	大空间	光感或常亮	最低安全照度
二	分段	分段航班事件、光感	基本运营照度
三	办票岛、行李转盘、登机口、贵宾室	特殊功能区域航班事件、时间表及光感	补充照度负荷

（2）节能效益及意义

传统的机场楼宇自控系统以首末航班为依据，手动设置时间表启停空调机组、开关照明设备。由于航班动态联动技术根据各个小分区内的航班间隙精确启停，相比大分区的首末航班控制增加了停机时间，可以产生显著的节能效益。图 7.16 为某航站楼国际到达层某段冬季某日的停机时间图，可见，设备在航班间隙多次停机，减少了资源浪费，统计得该段一天共停机 12h。

以某航站楼为例，航班联动控制后，当年即比前一年节约用电 12%，且除了航站楼内产生节电效益外，能源中心提供的冷水及热蒸汽使用量同时减少，减少了制冷机组及锅炉的用电量，节能效果显著。

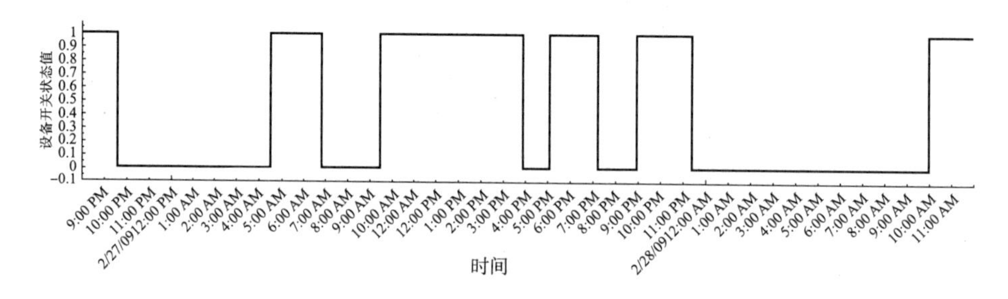

图 7.16　国际到达层 C 区空调机组停机趋势图

通过实施航班联动控制，使楼宇自控系统脱离了人工设置时间表的工作模式，真正实现了全自动控制，从根本上使操作人员脱离了人为定时设置时间表，使控制更加精准，从而减少了操作人员的工作失误，减轻了操作人员的工作强度，提高了系统管理效率和水平。

4. 小结

通过各项自动控制策略，航站楼空调和照明系统总能耗可降低 20% ~ 30%，这将很大程度降低航站楼的运营成本，提高经济效益，提升机场的综合管理水平。

7.3　能源中心节能运行与维护

机场航站楼面积通常有几十万平方米，单体占地面积大。另由于旅客视觉和心理的需要，航站楼建筑一般均由大跨度、大空间、玻璃幕墙和漂亮的曲线形屋面组成，使得航站楼内难以设置冷却塔和烟囱，同时带来单台锅炉容量受限的问题。由于航站楼的建筑体量以及对航站楼建筑美观的要求，故多采用在航站区总体上设置能源中心为航站楼空调系统提供冷热源。

1. 节能运行控制策略：冷机、冷却塔等

（1）变冷水温的运行研究[3]

冷水温的高低直接影响空调系统的供冷品质，降低水温有利于空调箱中表冷器的换热，但是冷水机组出水温度过低将导致机组效率降低，能耗指标增加，因此，在选择合理冷水温时不但要考虑冷水机组的性能，而且要兼顾空调末端设备的换热性能。采取变水温供冷的方案可以有效提高表冷器和冷水机组的工作效率，降低机组能耗。以过渡季节（室外温度最高约26℃）为例，通过测试，华东某机场航站楼变水温供冷的冷水机组冷水温度与*COP*的关系见图7.17。图7.18是候机楼在过渡季节某天需要的逐时供冷量。结合图7.17和图7.18两种情况，就可以制定一天的供水温度，如图7.19所示。

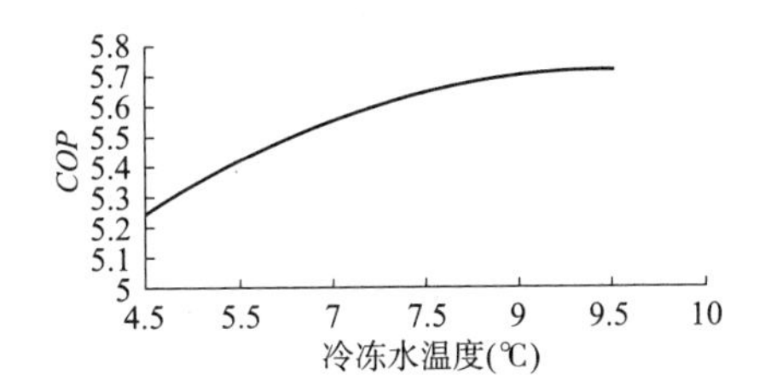

图7.17　冷水机组*COP*与出水温度的关系

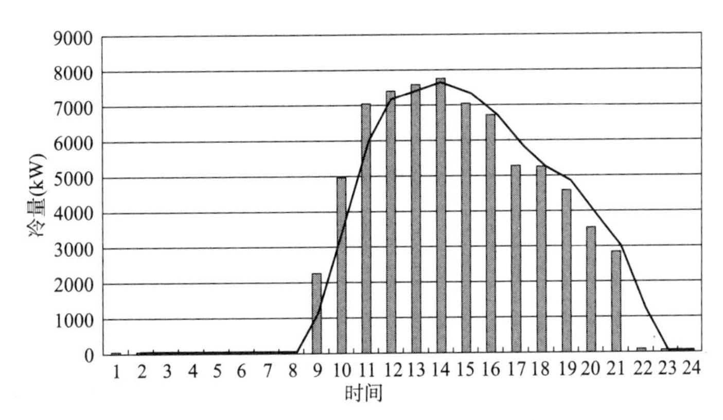

图7.18　候机楼过渡季逐时需要供冷量

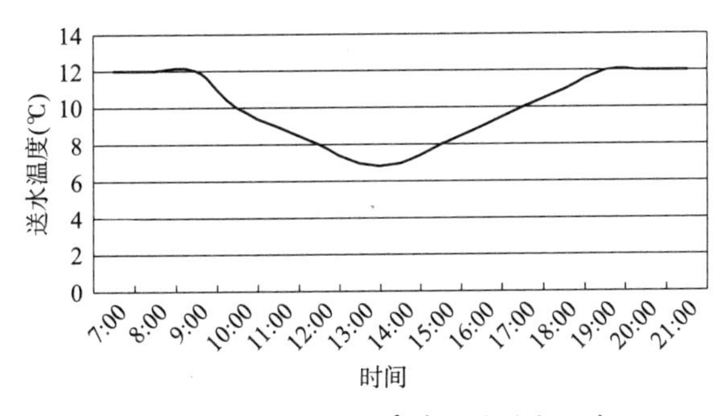

图7.19　候机楼过渡季节逐时送水温度

根据建筑物实际所需冷负荷确定冷水机组送水温度，既可以满足空调使用要求，又可以提高冷水机组的使用效率，从而有效降低空调的能耗。

（2）变冷却水温度的运行研究[11]

在空气-水系统中，冷却水就是给冷水机组提供的冷却循环水，以排除冷水机组吸收的热量。冷却水温度的变化不仅影响到冷却塔的耗电量，而且影响了冷水机组的能效。因此，为了达到提高系统能效的目的，必须研究冷却水温度变化对空调系统能效的影响。

1）常用的冷却水温度控制策略

若不计管道温升，主机冷凝器入口水温即为冷却塔出口水温，在实际应用中，冷却塔出水温度的控制一般有以下几种方式：

①只有单台无变频风机的冷却塔，在空调时间内持续运行；

②对于有多台无变频风机的冷却塔，通过冷却塔的台数调节和单台风扇开启数目调节水温，使其保持在人为确定的冷却水温度限值范围内；

③对于有变频风机的冷却塔，冷却水温度的控制就是依据冷却水温度设定值通过风机变频和台数控制等方式实现的。

大多数空调系统在运行管理中对冷却水的温度控制方式都是人工控制，且其温度的上下限值没有确切的值，通常是运行管理人员依据经验完成调节的。

2）变冷却水温对冷水机组制冷能力的影响

在一定的温度范围内，冷水机组的*COP*随着冷凝温度的升高而降低，冷凝温度又接近于冷却水温度，因此，冷水机组的 *COP* 随着冷却水温度的升高而降低。由图7.20可以看到，冷却水温度与主机*COP*呈近似线性关系，冷水机组*COP*随着冷却水温的上升而逐渐降低。

3）冷却塔出水温度的影响因素

冷却塔的出水温度与冷却塔的换热能力密切相关，它的理论极限值为室外空气的湿球温度，对于定流量冷却水系统中运行的冷却塔而言，若其进水温度一定，其出水温度的主要影响因素有：①空气进口湿球温度；②进塔空气量。

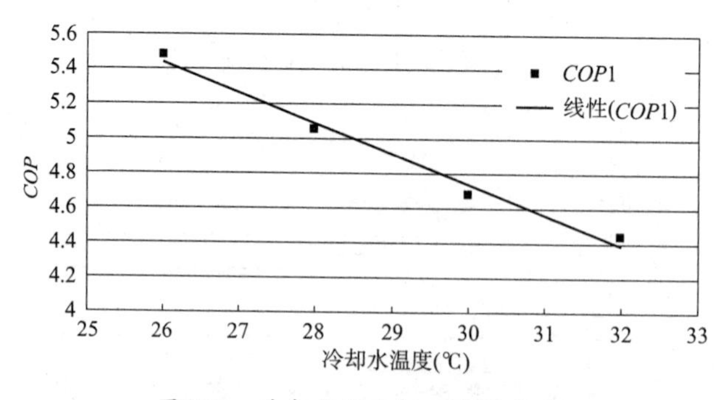

图7.20　冷却水温度与*COP*的关系

冷却水温度在一定范围内随着空气进口湿球温度的降低而降低，随着进塔空气量的增加而降低。因此，可以人为改变的影响因素只有进塔空气量。冷却塔进塔空气量是通过控制冷却塔的风机来实现的，随着风扇的转速和台数的增加，空气量呈上升趋势。另外，还有一些因素影响着冷却塔的出水温度，如冷却塔布水的均匀性、多台冷却塔的连接形式等。

4）优化的冷却水温度控制策略

基于以上的分析，冷却塔出水温度的控制需由运行管理人员结合具体的设备、场地、天气情况根据管理经验合理地制定冷却水温度限值，并尽可能保证冷水机组、冷却水泵、冷却塔组成的冷却水系统在高能效比下运行。

2. 水蓄冷技术的使用、控制策略[13]

机场航站楼的空调冷负荷随小时航班量的不同而不同，不考虑航班滞后的因素，上午6:00出港航班开始增加，人员开始增多，空调负荷开始增加。对具有国际航班的航站楼，7:00 ~ 23:00区段是航班高峰负荷区，对仅有国内功能的航站楼，8:00 ~ 17:00区段是航班高峰负荷段（但随着航班量的增加和经济型航班的增多，18:00 ~ 21:00仍然是负荷区），航站楼在0:00 ~ 7:00是航班低负荷区段，而这个时间段正是电价的低谷时段，由于航班负荷分段和电力时段相似，故蓄能技术手段，特别是水蓄冷方式在机场能源中心的冷热源中得到了越来越多的使用。

实际运营时，水蓄冷系统运行控制原则应遵循以下几个方面：

（1）始终基于实际的运行数据

由于设计的运行模式是基于理论模型，往往与实际情况有差距，故水蓄冷的运行模式需以实际的运行数据为基础。以某机场航站楼为例，原设计蓄冷容量为56000Rth，冷源蓄冷率为34%，经过一年运行后，实际蓄冷容量为50000 Rth，但由于末端负荷比理论计算值小，实际冷源蓄冷率可以达到50%。所以应以实际的运行数据为基础制定控制策略。

（2）最大限度地发挥水蓄冷制冷系统的经济性优势

以上海为例（表7.7），夏季峰谷电价比高达4.2，因此，在保证设备安全、稳定运行的前提下，应最大限度地发挥水蓄冷制冷系统的经济性优势。

上海夏季销售电价表（工商业及其他用电，35kV）[元/(kWh)][14]　　**表7.7**

电力时段	时间	电价（元/kWh）
高峰	8:00 ~ 11:00; 13:00 ~ 15:00; 18:00 ~ 21:00	1.102
平峰	6:00 ~ 8:00; 11:00 ~ 13:00; 15:00 ~ 18:00; 21:00 ~ 22:00	0.670
低谷	22:00 ~ 6:00	0.258

（3）分季节、分时段、基于回水温度及计算预测的运行模式的建立

过渡季节白天尽量减少机组的开启，用水蓄冷罐储存的冷量满足末端需求。若蓄冷罐冷水的回水温度过低，则可多次循环使用蓄冷罐内冷水对外供冷。若蓄冷罐内冷水温度较低，但又不能单独对外供冷，则与机组配合使用，机组制出的低温水与蓄冷罐冷水混合使用以满足末端需求。

夏季高峰时段，在用电高峰负荷前（例如8:00之前），用制冷机组运行供冷方式满足供冷要求，供冷时，根据高峰时段外界气温的变化，以控制供冷回水温度来调整制冷机组开启台数，并保证供冷泵供冷流量与制冷机组制冷流量的差值在一定范围内。

1）上午电力高峰负荷段内（例如8:00 ~ 11:00），停运制冷机组，由蓄冷罐释冷方式

满足供冷要求。

2）白天电力平峰负荷段内开启制冷机组，由机组满足供冷要求，供冷时，以控制供冷回水温度来调整制冷机组开启台数，并保证二次泵供冷流量与制冷机组制冷流量的差值在一定范围内。

3）傍晚电力高峰负荷段内（例如18：00 ~ 21：00），通过计算预测当前供冷量和水蓄冷罐内剩余冷量，控制停止制冷机组运行的台数。主要由蓄冷罐满足供冷要求，不足的冷量由制冷机组补充。

4）通过计算预测控制水蓄冷罐冷量在夜晚电力平峰负荷段内（例如21：00 ~ 22：00）基本用完，逐步增开制冷机组满足供冷要求，调整制冷机组开启台数，以控制供冷回水温度，并保证二次泵供冷流量与制冷机组制冷流量的差值在一定范围内。

5）电力低谷负荷段内，开启机组进行蓄冷。一段时间过后，通过计算预测机组蓄冷速率和蓄冷罐蓄冷量，调整制冷机组的运行台数，尽可能使投运机组能连续运行，避免制冷机组频繁启停。

3. 三联供系统的运行[15, 16]

冷热电三联供系统（combined cooling heating and power，CCHP）作为一种分布式供能技术，通过回收余热用于供热与制冷实现能源的梯级利用，可以同时提供冷、热、电三种能量，将能源利用效率从普通火力发电的40%左右提升至70% ~ 90%。该技术在多个国家得到了广泛应用，针对机场应用的项目也不在少数，如日本关西机场、马来西亚机场、英国曼彻斯特机场等。与发达国家相比，我国在三联供系统发展上仍停留在一个相对初级的阶段，针对机场的应用项目有：上海浦东国际机场、长沙黄花国际机场、北京新机场（尚在建设中），实际运行中的机场项目仅有上海浦东国际机场和长沙黄花国际机场两例。

针对现有的三联供系统实际运行的情况，要充分发挥三联供系统的优势，需要有以下几点前提：

（1）并网运行，用电负荷较大且稳定

燃气轮机发出电力若不能实现与市电并网，仅向能源中心高压制冷机组供电，则冬季发电机调节困难，负荷率较低。经济性能往往较差。

目前电力系统属于垄断性行业，用户在与电网公司的接触中往往处于被动地位。但由于机场的建设是当地政府的标杆项目，在并网运行方面通常能够得到政策的扶持。若能够并网运行，同时有较大且稳定的用电负荷，则能保证燃气轮机以70% ~ 80%额定功率运行。

（2）常年有供热需求

除建筑冬季的空调供热负荷外，机场内往往有航空食品配餐中心、宾馆等其他需要生产用蒸汽的供热需求。这样，燃气轮机可以常年运行，夏季供生产用蒸汽、生活热水及溴化锂制冷，冬季供采暖和生产用蒸汽、生活热水，实现了热电联供。这样可以创造良好的经济和社会效益。

（3）降低燃气轮机运行维护成本

燃气轮机每年有易损件如过滤器等的更换、清洗。此外，由于燃气轮机的专业零部件的垄断性，其价格虚高，造成机组的维修、保养以及大修实际停机时间和费用均较高，对运行的经济性造成一定影响。

需建立基于燃气轮机可靠性的维修策略，加强关于燃气轮机的日常维护检查工作，将传统检修与状态检修结合在一起，能够对其备件配置做优化处理，降低燃气轮机运行的维护成本，提高其经济效益。

（4）优化燃气轮机的发电运行方式，根据峰平谷电价，多发峰平电，少发或不发谷电，经济效益将更好。

4. 锅炉及附属设备节能运行与优化

锅炉及附属设备节能运行与优化可采用以下几方面措施。

（1）蒸汽凝结水回收利用

各供热用户用热设备凝结水，通过凝结水回收装置经凝结水泵回至锅炉房凝结水箱，蒸汽供汽管凝结水经疏水阀组通过引射三通接入凝结水总管中。锅炉房集中监控系统通过控制水箱水位，使锅炉系统先用凝结水再用软化补水。凝结水回收率85%以上。

（2）锅炉节能器

利用排烟热量降低排烟温度，提高锅炉进水温度，提高热效率。锅炉尾部加装节能器后，可使锅炉排烟温度由241℃降低至150℃，热效率由90%提高到94%。

（3）锅炉排污废热利用

①在锅炉表面排污管上配设根据电导率连续排污的自动控制装置，根据炉水中电导率（相当于炉水盐分浓度）自动进行排污，做到在保证炉水水质符合标准的条件下，使锅炉的排污量最少，达到节能降能耗的目的。

②锅炉表面排污水经连续排污扩容器扩容后产生的二次闪蒸蒸汽，接入热力除氧器加热给水，高温排污水通过板式热交换器，将大量的热能传给循环的冷软化水，提高锅炉补水温度，冷却至30℃以下的排污水再排至室外排污降温池。

排污热量回收系统可回收锅炉排污中的大部分热能，极大降低了锅炉的运行成本，既节能又环保。

5. 大型能源中心运行中的常见问题及应对

在目前的航站楼规划中，无论规模的大小，设置集中能源中心已成为许多机场航站楼规划的首选方案。

（1）大型能源中心运行中的常见问题

1）系统复杂性带来的专业人员紧缺[12]

能源中心项目涉及供冷、供热、电能、消防四大系统，且配置大量技术含量高、智能化程度高的先进设备。另外，为实现经济运行目标，能源中心还会运用水蓄冷系统、热电联供系统等多冷热源复合供冷供热的模式，在降低机场运行费用、节能的同时，系统控制上也越来越复杂性也成倍增加，因而很大程度增加了运行的难度和风险。

因此，要确保系统的正常运行，在设备保障与维修方面需要大量技术型的操作工人和技术型的管理人员。

2）没有充分发挥能源中心的优势

能源中心的建立为多能源的利用创造了有利条件，电力、天然气、余热以及廉价的低品位能源等都可以成为能源中心的能源来源，但在机场的实际运行中，往往由于管理人员的思维固定，运行模式相对单一，并没有充分发挥多能源种类、能源价格波动带来的实际经济效益。

（2）常见问题的解决方法

1）采用委托管理的运行模式[12]

针对能源中心设备先进、系统复杂、自动化程度高，运行人员的专业技术需要涉及电气、暖通、自动化、给排水等的特点，相比于从公司内部挖掘潜能组成这样一只运行队伍来说，委托管理的现成团队的优势就是经验丰富，在各个专业领域都有成熟的技术思路，对于运行设备、设备维保以及故障抢修等工作都具备成熟的管理体系。

委托单位的优势就是具有现成的专业化团队，若发现委托单位员工不符合运行需求，监管方可要求委托方按照合同予以更换。在委托管理模式下，监管方以安全为重点，以保障服务为目标，通过委托单位与监管方的共同协作，分担运行风险，从某种程度上说，通过监管方的现场监管工作，对委托运行也是至关重要的。

2）实时分析运行数据，及时调整运行策略

充分利用能耗在线监测管理系统，实现能源消耗信息的实时采集、监测，掌握重点耗能设备的能源利用状况，综合多方面的因素来考核设备运行能耗水平。

设备的运行、能源价格都是一直处于一个动态的环境中，需要实时分析运行数据，对能源价格保持敏感，及时调整运行策略，充分发挥能源中心的特点和优势。

7.4　能耗计量与能源管理平台[27]

当前，国外专家学者普遍认为节能是一个系统工程，不是单纯依赖某项节能技术或建筑设计优化就可以实现的，应注重对用能过程和节能过程的监测管理。机场节能的目标是在保证服务品质的基础上，降低实际运行过程中的能源消耗。要实现这个目标，需要有准确的能源数据作为能耗分析、统计、诊断的基础。没有对实际用能数据真实全面的掌握，就无法科学有据地找到建筑节能的工作方向[27]。

机场的各个区域功能复杂、使用能耗种类繁多，传统人工统计能耗的方式并不能做到实时、全面的过程监测，这就对能耗系统的监测提出了更高的要求。随着自动化监控的不断发展，对机场设备进行智能化的监控已经成为主流趋势。能耗监测系统结合自动化、计算机等相关技术、网络技术的原理，通过软件与硬件结合的方式，将底层设备能耗数据实时传输至机场数据中心，使得机场管理人员掌握建筑能源消耗的状况。系统可以通过分项、分类、分时计量进一步发现建筑节能中不合理之处，针对各薄弱环节提出改进方案，提高能源利用率，发掘更大的节能潜力。达到合理利用设备、节约能源、节省人力、加强机场能源的现代化管理目标，提高机场节能的经济效益。

具体来说，能耗监测评估系统的总目标是建立一个全局性的能源管理系统，构成覆盖能源信息采集及能源信息管理两个功能层次的计算机网络系统，实现对电能、天然气、生活热水、空调水和自来水等能源介质的自动监测，进而完成能源的优化与管理，实现安全、优质供能，提高工作效率，降低能耗，从而达到降低运行成本的目的。其中包括了能源数据采集、能源数据实时监视和能源数据分析发布管理。其主要功能是实现所需能源数据的采集，进行能源设备优化控制和分析，并在能源管理部门范围内实现数据的发布，为机场管理级的MES、ERP系统提供用能信息。能耗监测评估对于构建机场节能系统具有深远的意义。

对各级政府主管部门而言，需要提供一个公平、定量衡量各机场用能状况的标准，基于规范化、透明化的能耗分项计量和监测结果进行行政监管，并以实际数据为依据，完善奖惩措施。在此基础上，还可进一步实现各类机场的分项用能定额管理，将各项指标量化，实现精确管理。

对于机场而言，可以细化了解各项用能情况，并制定相应的能耗计划。与此同时，通过信息共享查看其他机场的各项用能数据，通过与自身的用能状况比较，清楚地了解自身的优势和差距，明确节能方向。同时，还可推动对自身各个部门的考核制度改革，使得节能管理与机场的经济效益挂钩，激励机场各级运行部门节能运行管理。

第8章 设备维护与管理

随着中国民航业的快速发展，我国机场尤其是大型机场的运量逐年递增，在带来可观经济效益和显著社会效益的同时，机场运行的各类系统和设备的故障问题开始凸显。其中，超大型机场由于航班时刻编排紧密，机场资源长期饱和，系统、设备长时间满负荷甚至超负荷运转，加之接近使用年限，故障率开始升高，为机场的安全运行带来极大隐患。设备的维护与维修建立一个完整的设备检维修体系越来越迫切。

8.1 设备检维修管理体系的建立

设备检维修管理体系是需以设备关键功能受控为核心的一套基于设备现场管理的检维修管理方式，能达到设备管理部门的业务管理过程和业务作业行为处于受控状态，使其运行稳定，最终保障企业高效能运行的目的。一个优良的检维修体系的构成如图8.1所示。

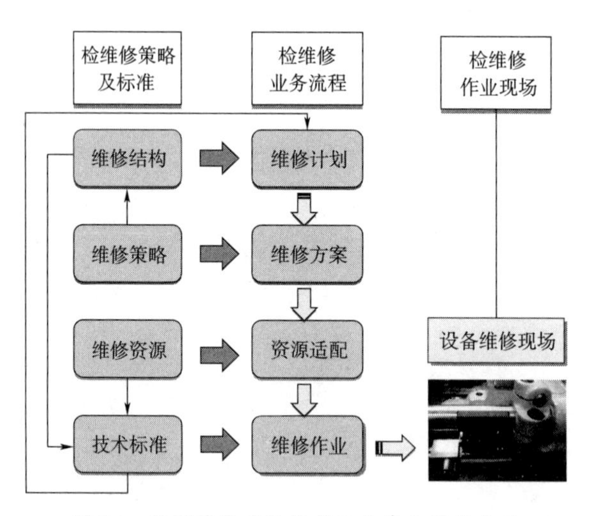

图8.1 检维修体系的构成及要素之间的关系

要保障设备安全、稳定、可靠、高效的运行，需要对关键功能部位的问题（受控因素）进行原因分析（直接或间接导致零部件功能或性能不良的原因），并针对原因给出消除原因的预防或处理措施，从而为关键功能部位的受控管理提供作业行为和管理行为的依据，确保关键功能部位的功能、性能、精度及技术状态处于受控状态。所以需要以设备功能部位（检维修单元）为对象建设设备检维修体系，通过拆分、识别设备关键功能部位台账，设定设备的检维修策略及检维修结构，建立设备的维护（保养）、检查、润滑、维修、备件库存控制标准，优化设备的点检、维护、维修等业务工作流程。

（1）检维修策略是对一台设备需要做哪些检维修作业，以及以什么方式、何时去做所做的设定，这些结果构成设备的检维修结构。设备功能装置或单元的结构及其技术特性各不相同，不仅影响检维修作业的难易程度，也直接决定检维修作业的方式和技术方法。对设备功能部位的功能以及性能、精度和技术状态有较好的认识和理解，是制定适宜的设备检维修策略的技术基础。

（2）检维修资源：检维修资源包括维修人员、维修技术、维修工具、维修用备件、维修经验、技能及知识等，对这些资源进行系统性、规范化管理使之保持与维修作业活动的良好适配性，是检维修体系建设的重要内容。

（3）检维修作业（行为）：检维修结构中列出的检维修作业项目，均应编制检维修管理基准或作业标准，规定作业项目如何做、做到什么程度、如何验证是否达到了规定的要求等，可以将检维修策略及其作业内容、作业方法、作业技术要求、作业质量验证标准等进行基于操作的规定。

8.2　运维管理工作的常见误区及对策[23]

随着很多机场的规模变得越来越大，随之而来的是机场中各种设备数量的增多，管理难度不断增加。因此，如何高效、安全的管理设备已成为目前面临的重要问题。航站楼在运营过程中，航站楼设备的有序管理不但可以节省运营成本，还可以提高企业技术人员的工作效率。同时，大量事例也证明，科学的设备管理可以帮助航站楼高效运转。

做好设备管理，可以保证设备达到或延长设计使用寿命，降本增效；合理调配闲置设备，可以提高设备利用率，减少不必要的投入；做好设备运维，可以提高设备运行效率，更好的为安全、服务做好支撑等。因此，科学的设备管理是提升机场竞争力、实现可持续发展的重要基础。过去往往对设备管理重视程度不够，形成了常见的六大误区。

（1）项目前期工作是建设单位的事，与设备管理单位无关

问题描述：设备投运前的集采、选型、设计阶段，使用单位参与深度不够，没有和建设单位共同深入研究，仅仅依靠设计单位的方案，容易给设备运维阶段造成使用需求偏差、安全可靠度低、维保费用高昂、与现有设备不匹配等问题的出现。

解决措施：应在制度中明确设备管理单位、运维单位和使用单位需全面参与设备前期各项工作，参与设计方案的研究论证、技术标书的编制、设备材料的选型及后期技术服务的谈判；建设（购置）单位在前期阶段应充分征求设备管理、运维单位对设备选型的意见，在技术的先进性与成熟性、性能与价格比、安全性与易用性等因素中寻找平衡，确保设备的可用性、安全性以及运行维护成本费用的最优化。

（2）设备使用单位没必要参与机场建设实施、安装调试阶段

问题描述：部分设备运维、使用单位认为项目建设的职责在建设单位，自己仅负责提出建设需求，没有积极参与建设过程，错失了在安装调试阶段掌握设备关键技术性能和维护维修要点的机会，后期维护维修只能依靠厂家的支持，甚至没有能力监管外包单位的技术服务，受制于人，只能长期承担高额的外包、维护等费用。

解决措施：应在制度中明确设备运维、使用单位应主动参与设备建设的各个阶段，包括参与工程分部分项验收、重要设备的建造、安装调试和验收、试运行等，掌握设备的结构原理、技术要点，为设备全生命周期成本控制及可靠运行打好基础。

（3）设备移交就是现场清点，然后签字确认

问题描述：建设项目普遍存在着设备移交进度慢，移交清单编制不规范，移交工作反复、效率低等现象，影响竣工结算和财务资产（管理）效率，也不利于设备投运后的日常管理。

解决措施：应在制度中明确建设单位应在竣工验收前按照企业设备分类、架构、名称等标准编制设备移交方案和移交清单，清单经设备使用单位结合现场实际调整，项目法人审核后现场签字移交，建设单位据此开展财务资产管理和工程决算工作。

（4）设备运维管理就是维护、维修

问题描述：一是未建立设备使用及维护保养制度，也就是常说的“操作、维保、检修三大规程”，或者仅停留在纸面上，存在落实不力、可操作性不强、未及时修订更新等现象。二是未建立设备操作、维修岗位人员持证上岗制度，人员技术能力没有可靠保证。三是设备运维数据、档案保存不规范，无法为后期经营决策提供依据。

解决措施：设备运维工作是设备管理的核心，是最能体现管理效能的一个阶段，也是生产保障的核心。科学规范的预防性维护、检修，是延长设备使用寿命的最有效途径。我们知道，国外有的机场行李系统自投运来已经连续运行了 70 余年，靠的就是规范的巡检、预防性维护、检修、局部的更新改造，这不仅是靠合理的费用投入，主要依托的是管理人员、操作维修人员的能力素质和水平，给企业降低了大量的设备更新成本，带来的就是效益。

（5）设备维修费管理是财务部门的事

问题描述：一是过分压低维修费预算，造成设备保养“欠账”，使用寿命降低；二是核定维修费用没有数据支撑和依据，仅凭经验；三是维修费使用过程缺乏科学管控。

解决措施：设备维修费用是针对已形成的设备，因运行、维修、维护所产生的费用。可以在制度中对设备维修费用管理进行明确，如以下情况：①备品备件及维修保养所需的消耗品费用；②运行、维修、维护及技术支持外包服务费用；③维修保养时需要租用的工具及需要购置的软件费用；④设备年审、检查、测试费用。

（6）按照财务折旧年限进行设备报废，不考虑设备的实际使用情况

问题描述：一是在年度设备报废鉴定工作中，反映出来拟报废设备普遍存在使用寿命短的现象，部分设备甚至部分设备甚至未达到财务折旧年限就提前报废。二是部分车辆存在履行报废程序后，实际处置时按照设备转让进行了变卖。三是存在着长期设备闲置、未适时保养维护，以致无法继续使用，只好报废处置的问题。

解决措施：企业可以在制度中明确设备报废条件，如设备、车辆和家具用具设备符合以下条款之一者，可以申请报废：①严重损坏无法修复，或虽能修复但累计维修费已接近或超过市场价值的；②经过两次大修，第三次大修费用超过设备原价格 30%，且大修后运行不到下次大修年限的；③属重要设备，存在重大安全隐患，大修改造费用超过新购价格 50%，经过专家鉴定建议报废的；④符合国家和行业相关强制报废标准的。

设备管理作为传统基础管理的一部分，打好基础和持续改进，既能发挥更强的支撑作用，也会给机场运营带来降本增效的直接效果。这个目标的实现，首先基于将设备管理提升至战略支撑的高度，能充分认识到其重要性和作用；其次，按照管理提升的整体要求，持续提高设备管理的规范化、精细化水平，做到科学决策；第三，促进设备从业人员的专业能力提升和工匠精神的培养，为机场航站楼今后长期运行的可持续发展提供动力。

第9章　新技术、管理方式在运维中应用的思考与探讨

9.1　信息管理系统在航站楼的应用与研究[24]

机场航站楼的建筑体量大，结构复杂，随着使用时间的推移以及使用过程中的不断装修改造，对航站楼建筑空间的规划、分配、改造、统计及钢结构、幕墙围护系统等维护管理均带来各方面的困难。机场航站楼的运维管理的困难主要体现在以下几方面：

（1）机场航站楼结构复杂、功能繁多，若有损坏必须及时发现并修复

作为每个城市的标志性建筑，机场航站楼外形新颖、规模巨大、功能复杂，其通常采用大跨度钢结构、玻璃（金属或石材）幕墙围护结构、金属屋面结构、索膜结构等。目前，我国很多机场的航站楼投入使用已超过10年，有的甚至超过20年。由于当初建设中可能存在的质量缺陷、环境变迁导致的钢结构等腐蚀、长期风雨雪或设备震动等荷载带来的影响、地基沉降引起的结构变化等，或多或少地引起了一些结构的损坏或损伤。这些损坏（或损伤）如不能及时检查发现，并及时、合理地修复，则会影响到建筑物的使用功能，甚至对建筑的耐久性和安全性造成不利影响。

（2）信息采集存储困难，精细化管理难度大

机场航站楼体量巨大，而关于机场航站楼的设计信息、施工信息、安装信息以及运营以来的历次维护信息，分散保存在各个相关责任部门，缺乏信息采集存储的工具，不利于航站楼运营维护的精细化、规范化管理。

（3）海量信息共享不充分，可视化程度低

航站楼的设计信息、施工信息、安装信息、维护信息等集成度不够，管理决策部门、运营实施部门、维护单位和构件设备生产厂家间的信息共享程度不高，在管理决策、检查维护等方面都需要对海量信息进行处理，亟需工具支持，实现快速、便捷、形象、直观的信息浏览方式，提高航站楼运营维护的效率。

（4）资料查阅困难，数据管理效率低

从工作形态上来说，航站楼目前的运营维护管理工作基本上是基于纸介质的竣工图和各种报表，为了了解基础设施的实际状况，需要查阅多张竣工图，确认关联数据信息，而竣工图的正确性有时很难保证。这不仅影响到抢修的反应速度，更有可能延误抢修方案的确定。这种传统的工程数据管理方式对运维管理的快速反应要求带来了无法克服的困难[24]。

所以，使用信息化管理手段为机场航站楼基础设施规划、改扩建、维护提供服务，可以提高机场航站楼运维管理水平和管理效率。

1. 能源管理系统在航站楼运维过程中的应用

机场航站楼由于其自身的特点，在能源管理过程中一般存在以下几个特点[24]：

首先，管理范围和面积大，建筑面积往往超过几十万平方米，管理难度大。

其次，能源种类繁多，能耗系统构成复杂，涉及暖通、照明、行李、捷运、信息、GPU等十几个专业系统，对工作人员的技术能力要求高。

第三，航站楼通常是国家或地方的最重要的交通枢纽，保障任务多，对运行的安全性、稳定性要求严格，因此节能改造难度大、周期长。

最后，航站楼作为国家或地方的门户，一般均会致力于提高服务质量以达到提高旅客满意度的目标。但服务质量的提高与节能减排的要求存在一定的矛盾和冲突，要平衡这两者之间的关系，需要投入更多的精力和物力。

由于航站楼能源管理存在的这些特点，传统的人工能源管理方式并不能做到实时、全面的能源管理及能耗监测，这就对航站楼的能源管理提出了更高的要求。随着自动化监控和计算机技术的不断发展，对航站楼能源设备进行智能化的管理已经成为主流趋势。

以某大型机场航站楼为例[26]，该机场于2014年下半年开始建设T2航站楼能源管理系统，从管理措施上入手，通过精细化、系统化的管理措施，挖掘节能机会。通过近半年的精细化管理，T2航站楼的用能占比持续下降（图9.1）。该航站楼管理部门借助能源管理系统实施能源系统化和精细化管理通过一系列管理措施，日均节电量可达1.5万kWh，年均节电量为547.5万kWh。

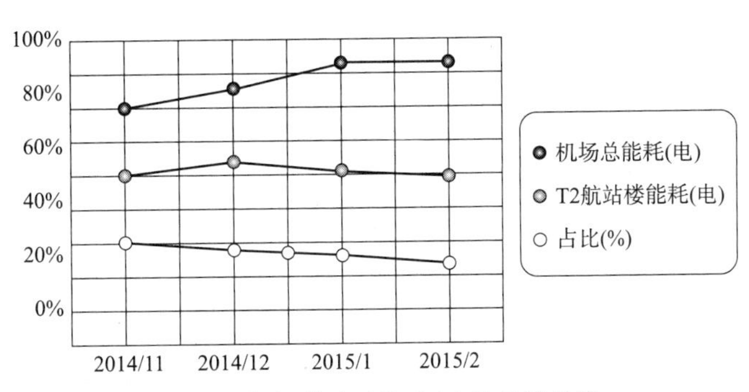

图9.1 机场整体用能及T2航站楼用能

从该机场能源管理平台的应用来看，在机场里要真正地用好能源管理平台。第一，要通过建立机场适用的能耗模型，进行最小用能单元划分，且尽可能划分到可以考核单元，能耗模型划分的适用性直接关系到能源的系统化、精细化管理的效果；第二，通过对于机场行业指标与能耗的关联性分析，找出适合机场用能的管理策略，在保证舒适度、照度的前提下，节约能源，节约人力；第三，最重要的是在保证用能安全的前提下实现节约能源、节约人力、提高效率，因此，多系统集中监管是非常重要的一项功能；第四，机场航站楼内大型设备用能约占30%的比例，因此，应分析大型设备的运行趋势曲线，尽可能使设备处于最佳工作曲线范围内，并通过提早制定维护保养计划来延长设备寿命，提高设备运行效率，节约能源。

2. 设备管理系统在航站楼运维过程中的应用[20]

设备管理系统在运维中的应用有助于推进设备管理标准化、专业化，实现设备管理水平的提升。

设备的运行管理，决不能止步于运行经验基础上人为能动的去管理设备，否则工作任务将会越来越繁重。没有统一的标准和流程，每个人的技术水平和思路不同，个人的工作调动等就会影响到整套设备管理的方式，势必造成资源浪费。必须要有一套先进、合理的管理制度，有相对应的管理标准，在此基础上，还要不断的完善和改进体系，才能把设备管理好。

设备管理软件就是有助于设备管理标准化的管理工具，再结合各设备操作作业标准，就是一套相对完整的设备管理体系。通过设备管理体系，设备管理团队可以将机场各设备的维护、维修流程标准化，各部门随时能了解到设备维护、维修、改造计划的实施情况和审批进度，且实现各审批流程的智能无纸化办公。通过设备操作作业标准，可以将一线工人多年的设备操作经验规范化、标准化，即使新员工，根据作业标准也可操控设备。

在机场设备管理信息化系统的应用过程中，笔者认为有以下几点值得进一步关注：

（1）可以考虑将设备管理系统与财务系统对接。与财务系统对接后，就能实现固定资产及备品备件的折损管理信息化、资产的预算与投资管理信息化、委托合同付款进度信息化、设备维修费用审批信息化。

（2）可以将报修系统与设备管理系统对接和整合。如能将这两个系统整合，不仅可以减少运作一个系统，还可以将日常报修与维护维修、备品备件管理整合为一个平台，对报修的完成与设备故障统计起到良好的促进作用。

（3）设备管理系统中整合好备品备件的管理。备品备件管理是设备设施管理中的一个重点和难点，将备品备件采购与设备的抢修、维修整合起来，不仅提升了维修效率，同时可以完善备品备件管理制度。

3. 报修管理系统在航站楼运维过程中的应用

设备故障接报修是航站楼运维工作中的重点之一，接报修工作最大的特点就是它的被动性，因为只有设备出故障了才会报修，有时要做大量的解释工作。机场航站楼区域设备数量庞大，如果仅仅是被动的接受巡检人员现场报修，然后尝试解决设备故障是远远赶不上故障发生的速度的。所以在运维工程中，需要把被动的报修工作变为主动，不仅需要工程人员解决故障的经验，而且需要将经验制度化，更要研究新方法、引进新观念，建立完善的、长效的、发展的制度，建立完善的接报修管理流程以及信息化的接报修管理系统[20]。

报修系统是航站楼信息管理的重要内容，主要作用是在系统或设备发生故障时，对故障及时进行报修管理以及跟踪处理。报修系统还应该对设备的各种维护请求及时进行记录和处理。它是航站楼运行后技术的支持与服务，由工作人员进行管理和使用，报修系统是流程管理的手段，目标任务就是对报修过程中各步骤进行有效管理，协调统筹和调用人力和资源，最终实现报修业务自动化。航站楼报修系统需要满足航站楼单位用户日常需求，及时更新报修故障类型、报修信息以及设备归类、统计分析，从而保证信息设备维护的高效和安全[21]。

报修管理是基于WEB的应用系统，有后台数据操作和管理终端，由使用者或者值班人员发起报修，现场管理中心人员填写并提交报修单，现场保障人员根据报修单的问题描述，定位故障类型，由维修人员或者值班人员修理设备。由于航站楼报修的数据处理很多，在机场网络中还可能包含其他信息，如旅客信息审查等，因此，报修系统在满足报修信息管理的同时，不能占用过多的宽带资源和服务器资源，对于报修信息需要及时更新，每条报修信息从发起到处理完成都需要跟踪，这对保障机场正常运行至关重要。对于故障的报修级别应该分类，对于特别任务需要及时报警和提醒。

对于某一项报修信息的处理过程是，当有用户将故障通过电话等方式提交给现场管理中心值班人员，经现场管理中心值班人员确认后，再将故障发布给具体部门的值班人员，接下来由具体部门的值班人员指定负责维修的工作人员，由该人员对故障进行即时妥善的处理，维修结束后填写维修记录。

某机场通过这一理念建立了一套完整的接报修系统，该系统可以按部门、区域、专业详细划分，实现了每个报修都落实到责任部门和监督部门，并做到了分类统计、归纳和总结，实时管理，使航站楼报修工作完全实现标准化和专业化。

4. BIM系统在航站楼运维过程中的应用

(1)BIM技术在航站楼运维管理中的作用

通过BIM技术将建筑各个构件的尺寸、位置、颜色、材料、价格、作业时间等信息都作为该构件的属性，存储于统一的模型中，以三维的形式呈现给各层管理者，以在设计、施工、维护过程中信息共享。BIM技术提供了新的工具和视角，其在机场航站楼运营维护管理中的作用体现在以下几个方面[24]。

1)实现海量数据的信息模型化

将机场基础设施的海量数据集成至建筑信息模型中，通过系统自动的统计分析，以使所有信息可以被实时调用、有序管理与充分共享，给机场管理工作带来便利。

2)实现不同部门间的信息互通

通过BIM技术，各相关管理单位可以将各部门的最新运维管理信息加载至BIM三维模型中，同时，也能够实时地调用其他部门的最新BIM数据，用于本部门、设施设备管理所需。

3)实现管理部门间的实时协同作业

运维管理过程中，机场各单位、各部门参与建设和改造项目的主管单位各不相同，相互之间信息互通不够，BIM技术通过实现工程所有相关信息的有效集成，使项目协同作业成为可能。而且协同作业不要求所有的管理方和决策者到现场处理问题，各部门之间的协作更加便捷。

(2)BIM系统在航站楼运维管理中的实施策略

根据航站楼运营维护的实际需要，以BIM的技术为重要手段，设计开发基于BIM的航站楼运维管理系统，支持运营维护管理决策、检测维护信息三维可视和运营维护信息共享，实现机场全生命周期内运营维护的高效识别、判断、处理，提高运营维护效率和效果，降低运营维护管理的资源和成本，提高航站楼运营维护的安全性、高效性、可靠性。

以华东某机场航站楼为例，其系统拥有三层架构，底层为数据层，包含了BIM模型数据、设施设备参数数据，以及设施设备在运维过程中所产生的运维数据；中间层为系统的功能层，是系统的功能模块，通过三维浏览查看BIM 模型，点击模型构件可实现对设施设备基础数据、运维数据的查看；最顶层是管理门户，对系统所有业务数据进行处理（图9.2）。

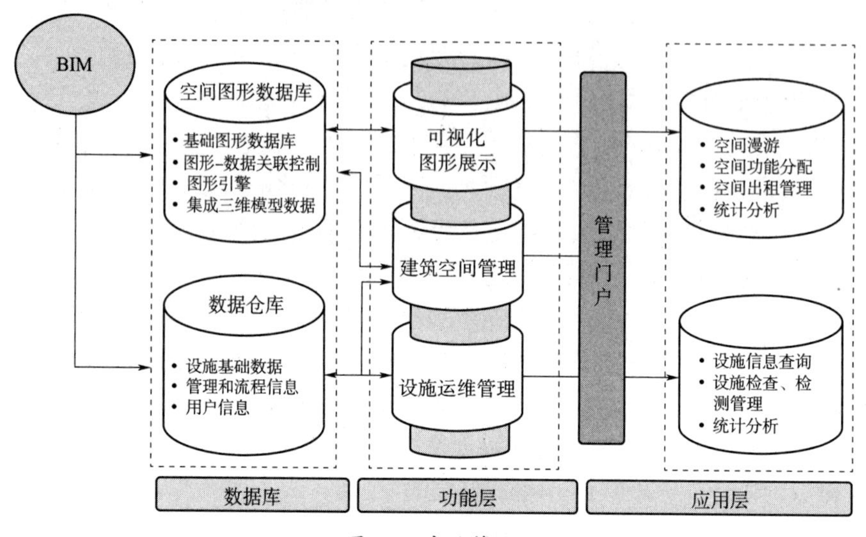

图9.2　实施策略

9.2　合同能源管理的探讨

1. 航站楼节能改造的合同能源管理模式[27]

航站楼的节能改造需要大量的财力物力。近几年，随着对节能减排认识的逐步加深，大多数枢纽机场采取了一系列措施进行航站楼节能改造，上海浦东国际机场、北京首都国际机场、广州白云国际机场也都进行了大规模的节能改造。但与此同时，大多数中小型机场不得不依靠政府补贴维持运转，资金周转困难的局面时有发生。没有充足资金进行节能改造，使得其进入高能耗、高支出的恶性循环。相比其他投资，节能投资效果的体现是较为缓慢的，往往投资成本需要经过几年，甚至几十年才能收回，造成很多中小型机场在节能改造方面困难重重。

合同能源管理这种基于市场的节能投资新机制，随着节能服务公司的完善和发展，可以帮助克服目前我国存在的种种市场的和非市场的节能投资障碍，推动技术和经济可行的节能改造项目在我国的加速普及实施，有效地推动节能产业化进程。

节能服务公司为航站楼实施节能改造项目，承担了与项目实施有关的大部分风险，从而规避了目前实施节能项目的主要市场障碍，使得机场不需要受限于资金问题，同时又减少了政府或机场管理公司的负担。专业化的节能服务公司在实施节能项目时，已经具备了专业技术服务、精细化管理、资金筹措等多方面的综合优势，并可以为机场从业人员提供相关的操作技能培训。长远来说，这种航站楼节能管理模式，有助于提高中小机场航站楼改造的积极性。同时，市场化的节能机制有助于航站楼节能改造的全面开展，从而为其他模式的航站楼节能改造起到好的示范作用。

2. 合同能源管理模式在航站楼节能项目中应用的优势

合同能源管理模式在航站楼节能项目中应用的优势可总结为以下几点[28]：

（1）合同能源管理是一个双赢的模式，可激发合作双方的积极性。

（2）合同能源管理模式的运作，由节能技术服务公司承担照明节能项目技术与资金两个方面的全部风险。克服与避免了节能项目实施中，诸如心理认同、技术认同、节能效果认同、风险承担等多方面的障碍。

（3）合同能源管理模式将合作双方由传统的交易模式，提升到融资与投资、效益分享、产权转移这样一种目标合作关系。合作双方的利益不再对立。

（4）合同能源管理运作的全过程中，节能服务公司拥有节能项目的先进技术和产品、成熟的管理技术和经验以及优良的融资渠道，享受节能收益及国家补贴，可以以最优化的投入，产生最大化的经济社会效益。

合同能源管理引入了一种促进节能的机制，除合同能源管理外，若企业能建立良好的节能激励机制，提高管理人员节能改造的动力，对降低运行能耗也会有很大作用。

9.3　节能运行管理模式与配套规章制度

1. 管理模式探讨[29]

（1）能耗分项计量监测系统的建立

航站楼节能运行管理的一个重要基础是用能的分项计量。由于航站楼设备系统复杂，通常情况下，不同用能系统的管理是由不同人员负责，用能分项计量可以把不同系统的能耗分开，从而把节能的责任落实到各责任人，有利于节能管理的开展。计量的内容包括进入建筑的各种商品能源，如电能、燃料、热能和冷量等。

能耗的分项计量主要针对各个用能系统，如空调系统、照明系统、电梯系统、办公设备系统等。特别的，对于用能密度高、单体设备耗能大的集中空调系统，应进行更细致的计量，包括：电驱动制冷机用电量（对于吸收式制冷机还应对燃料或热量消耗量进行计量）；冷水系统循环泵用电量，冷却水系统循环泵用电量；冷却塔风机用电量；空调机组和新风机组的风机用电量；采暖循环泵用电量；单台功率大于3kW的送、排风机等设备的用电量等。此外，空调系统补水宜加装流量计量装置。

还应实时地采集能耗分项计量结果。通过对计量结果的分析，运行管理人员可以对各系统能耗进行有效的监控、审计和诊断，了解各设备用能情况，发现节能潜力所在。

（2）基于全程调整优化的管理模式

由于建筑设计时往往对能源管理的需求考虑的很少，所以系统往往不能达到运营管理的要求，这就给后期的系统运行管理带来很大的不便。因此，节能管理应该从设计开始，运营管理部门应该从设计阶段介入，参与建筑施工调试和再调试。

运行阶段通过用能耗计量的实际数据和能源审计过程得出的标准能耗进行对比分析，发现设备系统能耗问题，不断进行系统的优化调整，不断比较实际运行数据，以保证建筑系统在整个寿命周期内保持最佳运行状态。

（3）设备的节能运行管理

1）照明系统节能运行管理

照明系统的节能运行管理除节能灯具的使用外，更重要的一点在于节约，即减少不必要的开启时间和照明强度。可行的节能运行管理措施包括：

①针对公共区域，合理降低照明密度，车库、走廊等对照明要求不高的地方可以适当拆换部分灯管，达到节能目的；合理控制照明时间，制定严格的公共区域照明时间表，在非使用时间关灯，避免大厅、走廊、地下室等处的“长明灯”现象。

②针对非公共区域，若原设计照明密度过高，可采用拆换灯管的方式适当降低；采用照度控制、感应控制等技术手段，减少照明能耗的浪费。

2）空调系统的节能运行管理

航站楼多采用集中空调系统，具有结构复杂、设备众多、用能相对集中、能耗水平高等特点，对它的节能运行管理应从制度和技术方面双管齐下。制度方面，在对空调系统的能耗进行独立计量甚至分项计量的基础上，对空调系统用能状况进行审计以确定整体节能潜力的大小，同时确定管理节能的潜力大小，进而采用定额管理、合同管理、目标管理等措施，对运行管理者进行约束和激励，达到管理节能的目的。

此外，还应对运行管理人员、运行操作人员进行专业节能培训，使之掌握正确的节能理念和实用的节能技术。

常用的理念和技术包括：

①设置合理的空调运行参数，例如，空调系统运行时，民用建筑室内空气参数设定值应控制在合理范围内，不盲目追求高标准，以降低运行能耗。

②冷热源的节能运行，例如，间歇运行的冷源设备，应根据实际需要选择合理的运行时间，宜在供冷前0.5 ~ 2h开启，供冷结束前0.5 ~ 1h关闭。多台冷热源设备并联运行时，应根据负荷变化实行合理的群控策略，使得每台冷热源设备均在合理、高效的负载率下运行。 当多台制冷机并联运行时，不开启的制冷机前后的冷水、冷却水管道阀门必须关闭，防止不必要的短路旁通；同时，应调整各冷热源设备间输配介质流量的分配，使其流量与负载相匹配。冷热源设备宜根据室外气候和建筑使用状况，在有条件时及时调节供水温度，实现变水温调节。制冷机额定流量宜保持蒸发器蒸发温度与冷却水出口温度、冷凝器温度与冷却水出口温度的温差均小于1.5℃，超出时应及时检查清洗蒸发器和冷凝器。

③空调水系统节能运行，例如，冷水和冷却水循环泵开启台数与开启冷机的数量相等。应按照冷机的实际需要，在冷机开启时只开启相应的冷冬水泵，避免多开水泵的现象。

④空调风系统节能运行，例如，间歇运行的空调系统宜在使用前30min启动空气处理机组进行预冷或预热，预冷和预热时关闭新风风阀，预冷或预热结束后开启新风风阀；宜在使用结束前15 ~ 30min关闭空气处理机组。人员密度相对较大且变化较大的房间，宜采用新风需求控制方法。为保持空调运行期间建筑物内部的风平衡，应合理控制新风机组和排风机的运行，避免外窗开启，减少无组织新风，同时，避免楼梯间与电梯间等非

空调空间与空调空间之间不合理的空气流动。

（4）用户节能行为管理措施

1）开展节能知识培训和宣传，提高使用者节能意识和节能知识水平

通过开展节能知识的培训让使用者知道如何降低建筑负荷，例如，在没有人员出入时，尽量保持房间门处于关闭状态，减少走廊内的空气流入增加空调的冷负荷等节能常识。同时，通过节能宣传提高使用者的节能意识，减少能源浪费现象的发生。

2）加强环保意识的教育及节能的环境影响教育

通过环境意识教育提高大型公共建筑中工作人员的节能意识，让工作人员清楚自己的用能行为会对环境产生怎样的影响。

3）空调使用者的行为节能

对有可控空调末端装置的，宜将房间温度设定值设为26℃或以上。下班后或暂时离开1 h以上应关闭房间空调末端装置。对于新风机组运行的空调系统，室内不应开启外窗。空调系统不运行时，开窗可作为调节室内温度的手段。空调季节，阳光直射时把窗帘放下以减少空调负荷。

2. 建立配套规章制度[30]

（1）能耗统计制度

能耗的数据信息是制定节能监管措施和经济激励政策的依据，是开展各项节能工作与活动的基础。能耗是指航站楼建筑的使用能耗，主要包括供暖供热、空调、照明系统和主要的用能设备的能耗。

能耗统计为能源审计提供最原始的数据，是实行用能定额和能效审计的数据保证，为用能系统运行管理提供依据，为建筑节能改造提供数据基础。能耗统计制度不仅是能源审计制度和整个航站楼节能监管制度体系的基础，也是建筑节能标准制定和节能效果评价的基础。

（2）能源审计制度

能源审计，是指由专职能源审计机构或具备资格的能源审计人员对建筑的能耗活动进行检查、诊断、审核，对能源利用的合理性作出评价，并提出整改措施方案，能源审计可以增强对用能活动的监控能力，提高能源利用的经济效益。

能源审计是控制高能耗的一个关键环节，以节能改造为目的，为进行后续的节能改造提供改造建议。

通过能源审计制度可以实现两个目的：

一是通过对航站楼建筑的能耗统计，分析其能耗过高的症结。另外，建立起用能数据库，为能效公示和实现“低成本”或“无成本”改造提供依据。

二是通过对能耗统计确定用能额度，并建立标杆指标和标杆节能运行方案的数据库，为后续能耗定额标准的确定提供依据。

（3）用能定额制度

要将节能愿望和需求转变为实际的节能行为，就需要制定一个能耗标准。用能定额制度就是对能耗标准的具体化。

用能定额，是通过对航站楼建筑以及用户的能耗统计和分析，根据不同用户的功能

确定其一定时期内的合理用能水平。作为节能活动的标杆，是运营管理单位实际运营中能耗的考核标准。

（4）超定额惩罚制度

国内外的峰谷电价制度、分时电价制度等，利用价格形成机制对电网用电冲击起到了很好的调节效果。同样，对建筑节能运用市场规律，采用价格机制，通过对建筑耗能进行累进加价，提高高耗能的成本，以促使高耗能建筑主动加强节能运行管理和节能改造。

超定额惩罚是在用能定额制度的基础上，根据用能水平，一是对不同航站楼的运营单位的绩效考核，二是对航站楼内租户建筑能耗超过合理用能水平部分执行累进加价。通过罚劣奖优，激励实际运营中的节能运行管理和节能改造。

（5）用能公示制度

上级运营管理主体可以建立能耗信息反馈方式，将航站楼内类型用户能耗、建筑能效信息展示在网站或公众场所。要达到引起比较、竞争的效果，能效公示的内容应根据用户类型，包含总能耗、总水耗、单位能耗、单位水耗和能效水平等指标，甚至包含分项能耗指标、能效排名等。

通过用能公示制度，可使用能单位之间自发进行建筑能耗比较，寻找建筑高能耗、低能效的原因，采取节能运行管理和节能改造手段，降低建筑运营成本，形成用能单位之间的比较竞争。

（6）结论

节能管理制度体系是对建筑实行有效节能监管，是推动航站楼这类大型公共建筑的节能运行管理和节能改造的手段。建立以能效公示制度为核心，以能耗统计制度为数据基础，以能源审计制度为技术支撑，以用能定额制度为节能标杆和以超定额惩罚制度为价格杠杆的完整的节能制度体系，可以推动航站楼建筑节能运行管理和节能改造，实现航站楼的节能运行管理，释放潜在的节能量需求，将潜在节能量转变成节能需求，同时起到示范和带动我国全面公共建筑节能的作用。

本篇参考文献

[1] 吴念祖．浦东国际机场二期工程节能研究．上海：上海科学技术出版社，2008.

[2] 张涛，刘效辰，刘晓华等. 机场航站楼空调系统设计、运行现状及研究展望 [J]. 暖通空调，2018，48(1)：53–59.

[3] 董宝春．浦东机场航站楼暖通空调系统的节能运行 [A]．上海空港，第 12 辑：71–74.

[4] 陈沛霖，岳孝方．空调与制冷技术手册（第二版）[M]．上海：同济大学出版社，1999.

[5] 屠大燕．流体力学与流体机械 [M]．北京：中国建筑工业出版社，1994.

[6] 蔡增基，龙天渝．流体力学泵与风机（第四版）[M]．北京：中国建筑工业出版社，1999.

[7] 董宝春，刘传聚，杨伟．变流量水系统优化运行的探讨 [J]．暖通空调，2007，37(1)：55–57.

[8] 董宝春，刘传聚，刘东，等．一次泵 / 二次泵变流量系统能耗分析 [J]．暖通空调，

2005，35(7)：82–85.
[9] 邵民杰，闵加，毛亮．浦东机场二期航站楼楼宇自控系统节能研究 [A]．上海空港，第 2 辑：81–85.
[10] 濮子赢，林建海，孙禾．浦东国际机场楼宇自控系统航班动态联动节能控制技术研究 [A]．上海空港，第 12 辑：57 –62.
[11] 杨文辉．公共建筑空调系统综合节能运行模式研究 [D]．重庆：重庆大学，2008.
[12] 朱亚明，忻奇峰，王颋．上海虹桥机场能源中心委托管理模式探讨 [J]．科技资讯，2012，9：127–129.
[13] 刘正华．大型水蓄冷空调系统在浦东机场的应用 [J]．机场管理，2009，20(1)：54–58.
[14] http://www.shdrc.gov.cn/gk/xxgkml/zcwj/jgl/27915.htm.
[15] 林在豪．浦东国际机场能源中心燃气分布式供能系统运行情况与技术经济分析 [J]．上海节能，2012，9：45–50.
[16] 忻奇峰．冷热电三联供系统在浦东国际机场的应用 [J]．电力侧需求管理，2004，6(5)：40–42.
[17] 李龙海．绿色机场航站楼节能设计 [J]．建筑节能，2008，36(11)：22–27.
[18] 瞿燕．绿色机场中被动式设计技术的应用方法研究 [J]．建筑技术，2015，46(7)：656–660.
[19] 马晔．航站楼的光节能和热节能 [J]．中国民用航空，2007，84(12)：36–37.
[20] 董宝春．浅谈机场楼宇设备管理水平提升的方法 [A]．上海空港，第 13 辑：78–86.
[21] 郝小鸫．基于 AJAX 的虹桥机场网上报修系统的研究和应用 [D]．成都：电子科技大学，2013.
[22] 郑重，徐旭东，刘德峰，等．设备检维修管理体系在热压罐系统中的应用 [J]．设备管理与维修，2017，7(上)：14–16.
[23] 任晓华．企业设备管理常见误区浅析 [J]．中国设备工程，2017，10 (上)：36–37.
[24] 董政民．BIM 技术在航站楼运维管理中的应用——以浦东国际机场 T1 航站楼为例 [J]．建筑经济，2013(9)：91–93.
[25] 张伟．能源管理案例之首都机场 [J]．中国标准化，2017，6（上）：53–55.
[26] 张凤鸣．基于能源管理平台下的机场能耗及节能策略解析——南京禄口国际机场节能应用案例分析 [J]．智能建筑与城市信息，2015，8：90–93.
[27] 张积洪，刘天浩．运用合同能源管理提高机场节能减排效果 [J]．中国民用航空，2014，169(1)：16–17.
[28] 徐晓明．合同能源管理在航站楼照明改造中的应用 [J]．中国民用航空，2011，131(11)：25–26.
[29] 高懂理．大型公共建筑运行节能管理研究 [D]．天津：天津理工大学，2009.
[30] 金振星，武涌，梁境．大型公共建筑节能监管制度设计研究 [J]．暖通空调，2007，37(8)：19–22.